应用型本科信息大类专业"十三五"系列教材

U0756152

数字信号处理

主　编 ◎ 李丽芬　蔡小庆
副主编 ◎ 卜旭芳　纪　萍　史迎春　刘继超

华中科技大学出版社
http://www.hustp.com
中国·武汉

内 容 简 介

本书系统地介绍了数字信号处理的基本理论、基本算法及其软件实现方法,注重基本概念、基本方法的讲解,简化了烦琐的理论推导。全书内容共分为7章,包括绪论、离散时间信号与系统、z变换、离散傅里叶变换及其快速算法、IIR数字滤波器的设计与实现、FIR数字滤波器的设计与实现,以及MATLAB简介。

本书结构清晰,通俗易懂,便于自学。书中各章节的例题和习题紧扣基本概念、基本原理和基本方法的应用,每章后面均配有MATLAB示例程序及上机练习,便于读者更好地理解和掌握数字信号处理的理论知识。

为了方便教学,本书还配有电子课件等教学资源包,电子课件可以在"我们爱读书"网(www.ibook4us.com)浏览,任课教师可以发邮件至hustpeiit@163.com索取。

本书可作为高等学校通信工程、电子信息工程、自动化控制工程等专业的本科生教材,也可以作为图像处理、语音信号处理等领域工程技术人员的业务参考书。

图书在版编目(CIP)数据

数字信号处理/李丽芬,蔡小庆主编.—武汉:华中科技大学出版社,2014.12(2020.8重印)
ISBN 978-7-5609-9731-5

Ⅰ.①数…　Ⅱ.①李…②蔡…　Ⅲ.①数字信号处理-高等学校-教材　Ⅳ.①TN911.72

中国版本图书馆 CIP 数据核字(2014)第 289988 号

数字信号处理　　　　　　　　　　　　　　　　　　李丽芬　蔡小庆　主编

策划编辑:康　序
责任编辑:康　序
封面设计:孢　子
责任校对:刘　竣
责任监印:朱　玢
出版发行:华中科技大学出版社(中国·武汉)　　　电话:(027)81321913
　　　　　武汉市东湖新技术开发区华工科技园　　　邮编:430223
录　　排:武汉正风天下文化发展有限公司
印　　刷:武汉科源印刷设计有限公司
开　　本:787mm×1092mm　1/16
印　　张:15.75
字　　数:429千字
版　　次:2020年8月第1版第3次印刷
定　　价:45.00元

前言

随着信息科学、计算机科学以及电子技术的高速发展,数字信号处理的理论与应用也迅速发展,形成了一套较为完整的理论体系,已经成为一门极其重要的学科。数字信号处理不仅是高等院校电子信息类专业的一门重要的专业基础课,而且还是通信与信息系统、信号与信息处理等专业的硕士研究生入学考试的科目之一。数字信号处理系统由于计算机的使用而得到了广泛应用。数字信号处理技术现已广泛应用于数字通信、电子测量、遥感遥测、生物医学工程,以及数字图像处理、振动分析等领域。

数字信号处理课程开设的目的是让学生掌握数字信号处理的基本概念、基本理论、基本分析和实现方法。但是由于该课程理论性较强,所涉及的内容需要烦琐的数学推导,学生在学习过程中往往感觉过于抽象、难以理解和掌握。而本书以培养应用型人才为基本目的,侧重于数字信号处理的基础知识讲解,用软件实现烦琐计算的替代,既能减轻学习负担,又能满足实际应用。本书的主要特点如下。

(1)内容精练,侧重于讲解基本概念、基本理论和基本实现方法。

(2)引入 MATLAB 实现各章节的理论和方法。MATLAB 将矩阵运算、数值分析、信号处理和图形显示有机地融合起来,形成了一个使用方便、用户界面友好的操作环境。MATLAB 在很多工程技术领域中得到了广泛的应用,在信号处理方面更具有巨大的优势。本书中各章节的大部分例题都给出了具体的 MATLAB 实现程序,有助于学生理解和掌握数字信号处理的基本理论和基本实现方法。

(3)例题、习题丰富,便于自学。大量的例题有助于学生理解和掌握书中的基本理论和方法,培养学生分析和解决问题的能力;每章最后的相关习题的训练,有助于学生巩固所学知识。

(4)理论联系实际,侧重实用。以实用为原则,简化了烦琐的理论推导,将理论学习和实验仿真相结合,使学生在实践中掌握数字信号处理的基本概念、基本方法和基本应用。

全书共分 7 章,第 0 章为绪论,对全书的内容进行了总体介绍;第 1 章介绍离散时间信号与系统,包括离散时间信号、连续时间信号的采样、离散时间系统的特性、离散卷积运算、线性常系数差分方程的时域解法等内容;第 2 章介绍 z 变换,包括序列的傅里叶变换、z 变换与逆 z 变换、z 变换的性质、z 变换与其他变换的关系、离散系统的系统函数等内容;第 3 章介绍离散傅里叶变换及其快速算法,包括离散傅里叶级数、离散傅里叶变换及性质、离散傅里叶变换与其他变换之间的关系和快速傅里叶变换等内容;第 4 章介绍 IIR 数字滤波器的设计与实现,包括 IIR 数字滤波器的实现结构、模拟低通滤波器的设计方法和数字滤波器的转换方法等;第 5 章介绍 FIR 数字滤波器的设计与实现,包括 FIR 数字滤波器的实现结构、窗函数设计法和频率采样设计法。第 6 章介绍了 MATLAB 的使用方法。

本书由燕京理工学院李丽芬、蔡小庆任主编,由燕京理工学院卜旭芳、河海大学文天学院纪萍、燕京理工学院史迎春和刘继超任副主编。全书由李丽芬统稿。

为了方便教学,本书还配有电子课件等教学资源包,电子课件可以在"我们爱读书"网(www.ibook4us.com)浏览,任课教师可以发邮件至 hustpeiit@163.com 索取。

本书在编写过程中,参考了书后所列参考文献中的某些内容、例题或习题,在此向这些文献的作者表示衷心的感谢。

由于编者水平有限,书中难免有错误和不妥之处,恳请读者批评指正。

编　者

2020 年 5 月于北京

目录 CONTENTS

绪　论

数字信号处理(digital signal processing,DSP)是利用计算机或专用的数字信号处理设备、采用数值计算的方法对信号进行处理的一门学科,本书主要研究用数字或符号序列来表示信号以及对这些序列进行处理的原理及实现方法。数字信号处理的起源可追溯到 17 世纪,如今随着信息科学、计算机科学以及电子技术的高速发展,数字信号处理学科得以蓬勃发展,在生物医学、声学、雷达、地层学、语音通信、数据通信、核科学等许多领域发挥着重要作用。

0.1　信号、系统与信号处理

人们相互问候、发布新闻、传播图像或者传递数据,其目的都是要把某些信息借一定形式的信号传送出去。信号是信息的载体,是信息的物理表现形式。

同一种信号可以从不同的角度进行分类。

1) 确定性信号与随机信号

若信号被表示为一个确定的时间函数,即对于指定的某一时刻,可以确定相应的函数值,这样的信号称为确定信号,如正弦信号。但是实际传输的信号往往具有不可预知的不确定性,这种信号称为随机信号或不确定信号。

2) 周期信号与非周期信号

所谓周期信号就是信号按一定的时间间隔重复,而且是无始无终的信号,并且可表示为如下形式

$$x(t) = x(t + kT)(k \text{ 为整数})$$

或

$$x(n) = x(n + kN) \quad (N \text{ 为正整数}, k \text{ 和 } n + kN \text{ 为任意整数})$$

则 $x(t)$ 和 $x(n)$ 都是周期信号,周期分别为 T 和 N。否则就是非周期信号。

3) 能量信号与功率信号

若信号能量 E 有限,则称为能量信号。若信号平均功率 P 有限,则称为功率信号,这种信号的总能量一般趋于无穷。周期信号与随机信号一般是功率信号,而非周期的绝对可积(和)信号一般是能量信号。

4) 连续时间信号与离散时间信号

按照时间函数取值的连续性和离散性,可将信号划分为连续时间信号和离散时间信号(简称连续信号与离散信号)。

连续信号的幅值可以是连续的,也可以是离散的,时间和幅值都为连续的信号又称为模拟信号。在实际应用中,模拟信号与连续信号往往不予区分。

离散信号在时间上是离散的,只是在某些不连续的规定瞬时给出函数值,在其他时间没有定义,用 n 表示离散时间变量。如果离散时间信号的幅值是连续的,则又可以称之为采样信号。如果离散时间信号的幅值被限定为某些离散值,即时间与幅度都具有离散性,则又可以称之为数字信号。图 0-1 中给出了模拟信号、采样信号与数字信号的示例。

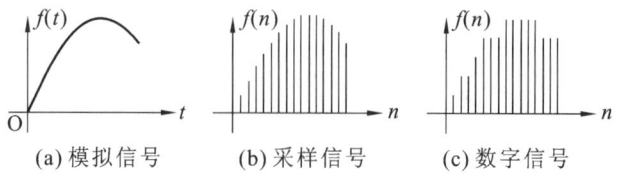

(a) 模拟信号   (b) 采样信号   (c) 数字信号

图 0-1　模拟信号、采样信号与数字信号

5) 一维信号与多维信号

信号的变量可以是时间、频率、空间位置或其他的物理量,若信号是一个变量的函数,则称为一维信号,如语音信号等;若信号是两个变量的函数,则称为二维信号,如黑白图像中每个像素点具有不同的光强度,任一点都是两个变量的函数。推而广之,若信号是多个变量的函数,则称为多维信号,如空间中传播的电磁波,同时考虑时间变量而构成四维变量。

 0.2　数字信号处理系统的基本组成

通常,数字信号处理系统由 A/D 转换器、数字信号处理器、D/A 转换器三大部分组成,如图 0-2 所示。图 0-3 给出了图 0-2 中各有关信号的波形。整个系统的工作过程如下。

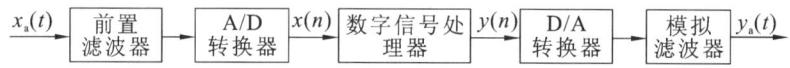

$x_a(t)$ → 前置滤波器 → A/D 转换器 → $x(n)$ → 数字信号处理器 → $y(n)$ → D/A 转换器 → 模拟滤波器 → $y_a(t)$

图 0-2　采样信号数字处理系统

(1) 为了避免采样出现频谱混叠现象,输入信号 $x_a(t)$ 先经过前置滤波器,将模拟信号 $x_a(t)$ 中的高于某一频率(折叠频率,等于采样频率的一半)的分量滤除。

(2) 在 A/D 转换器中每隔 T 秒对 $x_a(t)$(见图 0-3(a))进行一次采样,得到离散时间信号 $x_a(nT)$,如图 0-3(b)所示。然后在 A/D 转换器的保持电路中对采样信号进行量化,得到数字信号 $x(n)$,如图 0-3(c)所示。

(3) 数字信号序列 $x(n)$ 通过数字信号处理系统的核心部分,即数字信号处理器,按照预定的要求进行加工处理,得到输出数字信号 $y(n)$,如图 0-3(d)所示。

(4) $y(n)$ 通过 D/A 转换器,将数字信号序列反过来转换为成模拟信号,得到的模拟信号通过一个模拟滤波器,滤除不需要的高频分量,将信号平滑成所需的模拟输出信号 $y_a(t)$,如图 0-3(e)所示。

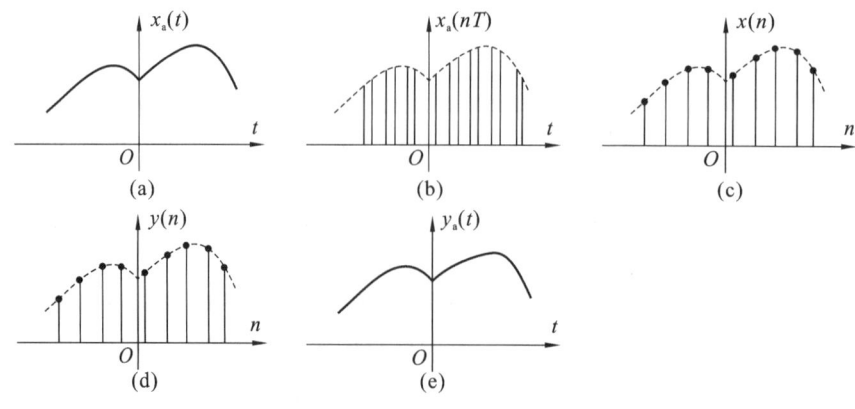

图 0-3　采样信号数字处理系统的信号波形

0.3 数字信号处理的优势

与模拟信号处理系统相比,数字信号处理系统具有以下优点。

1)精度高

模拟信号处理系统中元器件的精度很难达到 10^{-3} 以上,而数字信号处理系统只要 17 位字长就可以达到 10^{-5} 的精度,因而可以获得高性能指标。

2)灵活性强

通过修改存储器中数字信号处理系统的系数值,就可以得到不同的系统,比改变模拟系统方便得多。

3)可靠性好

由于数字系统只有两个信号电位"0"和"1",因而受周围环境温度及噪声的影响较小。而模拟系统的各元器件都有一定的温度系数,而且电平是连续变化的,易受温度、噪声、电磁感应等的影响。

4)容易大规模集成

由于数字部件有高度规范性,便于大规模集成、大规模生产。

5)时分复用

将各路输入信号连接至一个多路开关,在同步器控制下,按一定的时间顺序依次进行 A/D 转换和数字处理,各路处理结果用位于输出端的分路器按相同的时间顺序分离开来,分别输出。时分复用技术使设备利用率提高、成本降低。

6)多维处理

利用庞大的存储单元,可以存储一帧或数帧图像信号,实现二维甚至多维信号的处理,包括二维或多维滤波、二维及多维频谱分析等。

 ## *0.4* 数字信号处理的实现与应用

数字信号处理的实现一般分为软件实现、专用硬件实现和软/硬件结合实现等三种方法。

(1)软件实现:在通用计算机或微处理机上编程可实现各种复杂的处理算法。

(2)专用硬件实现:利用加法器、乘法器和延时器构成的专用数字信号处理机,或用专用集成电路实现某种专用的数字信号处理芯片,如快速傅里叶变换芯片、数字滤波器芯片等。

(3)软/硬件结合实现:目前,通用的数字信号处理芯片既有专门执行信号处理算法的硬件,如乘法累加器、流水线工作方式、并行处理、多总线、位翻转(倒位序)硬件等;又配有相应的信号处理软件和专用指令,可以实现工程实际中的各种信号处理。

数字信号处理系统由于计算机的使用而得到广泛应用。数字信号处理技术已广泛应用于数字通信、电子测量、遥感遥测、生物医学工程,以及数字图像处理、振动分析等领域。具体如下。

(1)滤波:滤波是现代数字信号处理的重要研究内容,在信号分析、图像处理、模式识别、自动控制等领域得到了广泛应用。

(2)语音信号处理:包括语音邮件、语音编码、数字录音系统、语音识别、语音合成、语音

增强、文本语音变换等。

（3）图形和图像处理：包括图像变换、图像复原、图像重建、图像压缩、图像增强、模式识别、计算机视觉、图像分割等。

（4）自动控制：包括机器人控制、激光打印机控制、自动机、电力线监视器、计算机辅助制造、自适应驾驶控制等。

（5）仪器：包括频谱分析仪、函数发生器、地震信号处理器、瞬态分析仪等。

（6）通信：包括自适应差分脉码调制、自适应脉码调制、数字公用交换、信道复用、移动电话、调制解调器、卫星通信等。

（7）医疗：包括健康助理、远程医疗、生物医学、计算机辅助诊断、病人监视、超声仪器、CT扫描、核磁共振、助听器等。

（8）军事：包括雷达处理、声呐处理、遥感遥测、导航、射频调制解调器、全球定位系统（GPS）、侦察卫星、航空航天测试、自适应波束形成、阵列天线信号处理等。

0.5 关于数字信号处理的学习

数字信号处理是一门理论性较强的课程，所涉及的内容需要烦琐的数学推导，学生在学习过程中往往会感觉过于抽象，难以理解和掌握，因此，对于初学者给出以下几方面的建议 。

1）注重基础理论和基本概念的理解

在学习的过程中，理论够用即可，没有必要埋头在复杂的理论及公式推导中。例如，FFT算法的学习中，只需理解算法的基本原理和具体的应用方法，不必花费大量的时间在算法的推导上。

2）借助 MATLAB 工具

对于一些无须深入理解的内容，如连续时间滤波器的设计、IIR 滤波器的频率变换等内容，可以借助 MATLAB 工具进行实现，动态直观的效果有利于理论知识的理解。

3）理论联系实际，培养工程的思维方法

数字信号处理的理论包含有许多研究问题和解决问题的科学方法。例如，从时间看信号只能看到信号变化的大小和快慢，看不到信号的基本成分，可以录制一段语音信号，对该信号进行 FFT 变换，从时域变换到频域，从而观察该信号的频谱分布和带宽等信息，进而联系FFT 在语音信号处理中的应用。

4）建立课程之间的关联性

数字信号处理和信号与系统都是信号处理类的课程，前者为离散时间系统，后者为连续时间系统，有很多原理和方法都是类似的，如 z 变换的内容可以对比拉普拉斯变换的特点和性质进行学习。

第❶章 离散时间信号与系统

本章主要介绍离散时间信号和离散时间系统的基本概念,重点研究线性时不变离散系统。首先介绍了离散时间信号序列,然后分析了连续时间信号的采样过程,重点研究了线性时不变系统的特点及描述该系统的两种方法 —— 离散卷积和线性常系数差分方程。

1.1 离散时间信号 —— 序列

离散时间信号是指信号在时间上是离散的,即只在某些不连续的瞬时给出信号的函数值,而在其他时间点没有定义。一般用 $x(n)$ 表示离散时间信号(序列),它可以是实数,也可以是复数,这里的 n 只能取整数($n = 0, \pm 1, \pm 2, \cdots$)来表示各函数值出现的序号。也就是说,一个离散时间信号就是一组序列值的集合,在离散时间信号的传输与处理中,将这些序列值寄存在存储器中,以便随时取用。

序列有如下三种表示方法。

(1)函数表示法   例如,$x(n) = a^n u(n)$。

(2)集合表示法   例如,$x(n) = \{\cdots, -5, -3, \underline{-1}, 0, 2, -8, \cdots\}$,一般来说,用集合表示序列时,都将 $n = 0$ 时的值用下画线标注。这个例子中,$x(-1) = -3, x(0) = -1$,$x(1) = 0\cdots\cdots$

(3)图形表示法   如图 1-1 所示,横轴虽为连续直线,但只在 n 为整数时才有意义。纵轴线段的长短代表各序列值的大小。

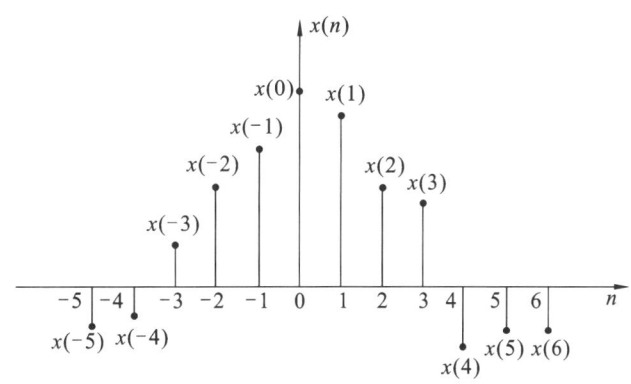

图 1-1   离散时间信号

1.1.1   几种典型的序列

我们所要处理的信号都是来自于工程中的实际信号,其波形是各种各样的。在数字信号处理的理论研究中,有一些典型的信号,如正弦信号、指数信号、单位脉冲信号、阶跃信号等,它们起到了重要的作用。下面对这些信号进行简要的介绍。

1. 单位脉冲序列

单位脉冲序列(又称单位抽样序列、单位冲激序列)用符号 $\delta(n)$ 表示,其定义如下。

$$\delta(n) = \begin{cases} 1, & n = 0 \\ 0, & n \neq 0 \end{cases}$$

$\delta(n)$ 序列只在 $n = 0$ 处取值为1,其余点处取值均为0,如图1-2所示。它是最常用、最重要的一种序列,在离散时间信号与系统中的作用类似于连续时间信号与系统中的单位冲激函数 $\delta(t)$。

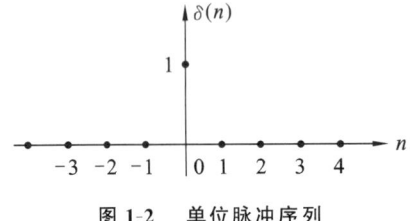

图 1-2　单位脉冲序列　　　　图 1-3　单位阶跃序列

2. 单位阶跃序列

单位阶跃序列用符号 $u(n)$ 表示,其定义如下。

$$u(n) = \begin{cases} 1, & n \geqslant 0 \\ 0, & n < 0 \end{cases}$$

$u(n)$ 在离散时间信号与系统中的作用类似于连续时间信号与系统中的单位阶跃函数 $u(t)$,但 $u(t)$ 在 $t = 0$ 时发生跳变,往往不予定义,而 $u(n)$ 在 $n = 0$ 时,定义为 $u(0) = 1$,如图1-3所示。

$\delta(n)$ 和 $u(n)$ 间的关系为:

$$\delta(n) = u(n) - u(n-1)$$

$$u(n) = \sum_{m=0}^{+\infty} \delta(n-m) = \delta(n) + \delta(n-1) + \delta(n-2) + \cdots$$

3. 单位矩形序列

单位矩形序列用符号 $R_N(n)$ 表示,其定义如下。

$$R_N(n) = \begin{cases} 1, & 0 \leqslant n \leqslant N-1 \\ 0, & 其他 \end{cases}$$

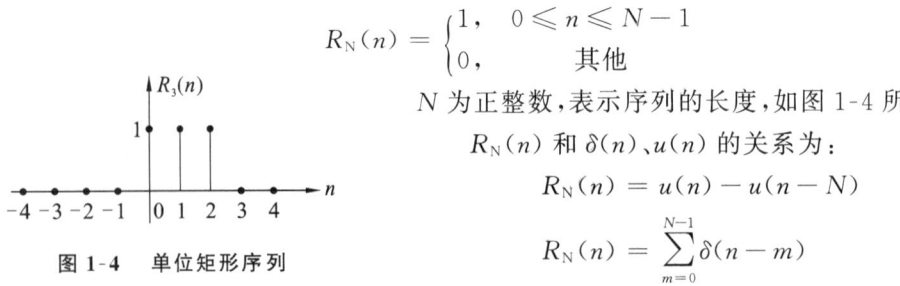

图 1-4　单位矩形序列

N 为正整数,表示序列的长度,如图1-4所示。

$R_N(n)$ 和 $\delta(n)$、$u(n)$ 的关系为:

$$R_N(n) = u(n) - u(n-N)$$

$$R_N(n) = \sum_{m=0}^{N-1} \delta(n-m)$$

4. 实指数序列

实指数序列的表达式如下。

$$x(n) = a^n u(n) \quad (a \text{ 为实数})$$

当 a 为实数时,a^n 称为实指数序列。当 $n < 0$ 时,任何序列乘以 $u(n)$ 后,都有 $x(n) = 0$。当 $|a| < 1$ 时,信号随 n 指数衰减,序列收敛,如图1-5(a)所示;当 $|a| > 1$ 时,信号随 n 指数增长,序列发散,如图1-5(b)所示;当 a 为负数时,序列值正负交替变化,如 $-1 < a < 0$ 时,

序列收敛,如图 1-5(c) 所示。

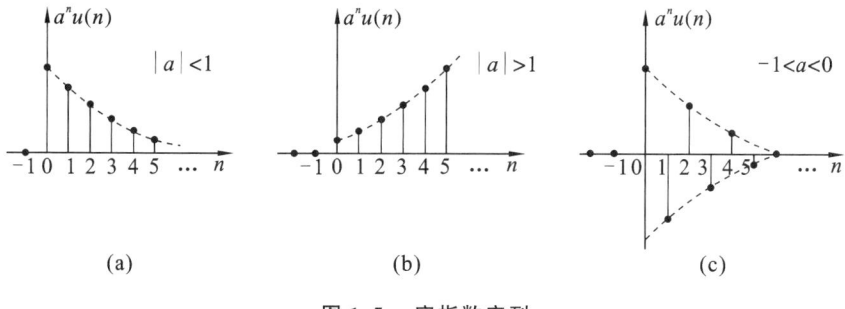

图 1-5　实指数序列

5. 复指数序列

复指数序列的表达式如下。

$$x(n) = \mathrm{e}^{(\sigma + j\omega_0)n}$$

根据欧拉公式,复指数序列可以展开为如下形式。

$$x(n) = \mathrm{e}^{(\sigma + j\omega_0)n} = \mathrm{e}^{\sigma n}\left[\cos(\omega_0 n) + j\sin(\omega_0 n)\right]$$

由上式可知:复指数序列的实部和虚部都是幅度按指数规律变化的正弦序列;复指数序列在离散时间信号与系统中的作用类似于连续时间信号与系统中的复指数信号 $\mathrm{e}^{(\sigma + j\Omega_0)t}$。

6. 正弦序列

正弦序列是包络为正弦、余弦变化的序列,其表达式如下。

$$x(n) = A\sin(\omega_0 n + \varphi)$$

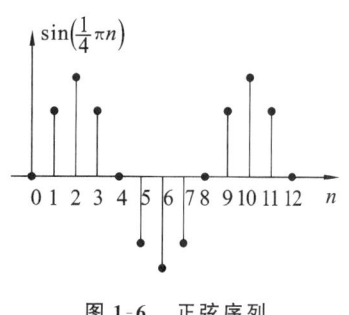

图 1-6　正弦序列

其中:A 为幅度;ω_0 为数字频率,它反映了序列变化快慢的速率,或者为相邻两个样点的弧度;φ 为初相位。例如,如图 1-6 所示的 $x(n) = \sin\left(\dfrac{1}{4}\pi n\right)$ 的波形。正弦序列在离散时间信号与系统中的作用类似于连续时间信号与系统中的 $x_a(t) = A\sin(\Omega_0 t + \varphi)$。

可以利用这些典型序列作用在系统上,研究测试系统的某些时域、频域特性。例如,最基本的信号是 $\delta(n)$,它作用在系统上,可以得到系统的单位抽样响应 $h(n)$,从而得到系统的频率响应,又可以利用 $\delta(n)$ 表示任意序列。

1.1.2　序列的基本运算

信号处理是通过各种运算来完成的,序列的运算都是通过三个基本运算单元 —— 加法器、乘法器和延时器来实现。将这些运算组合起来,可以使系统处理信号的能力得以增强。在数字信号处理中,序列有以下几种基本运算,即乘法、加法、移位、反褶及尺度变换。

1. 序列的和

两序列的和是指同序号 n 的序列值逐项对应相加而构成的一个新序列 $f(n)$,其表示如下。

$$f(n) = x(n) + y(n)$$

2．序列的乘积

两序列相乘是指同序号 n 的序列值逐项对应相乘。乘积序列 $f(n)$ 可表示如下。

$$f(n) = x(n) \cdot y(n)$$

两个序列在做相加和相乘运算时，要求两个序列不但要有相同的长度而且还要有相同的时间范围，如不满足，则先将较短的序列后补零，使二者有相同的长度和区间，再进行运算。

3．序列的标乘

序列 $x(n)$ 的标乘是指 $x(n)$ 的每个序列值乘以常数 c。标乘序列 $f(n)$ 可表示为

$$f(n) = cx(n)$$

c 可以是复数也可以是实数。当 c 为实数，并且 $c > 1$ 时，就是通常所说的放大作用，即把序列 $x(n)$ 的幅度放大了 c 倍。

4．序列的移位

序列 $x(n)$ 向右（左）平移，是将序号减去（加上）m，如 $y_1(n) = x(n-m)$、$y_2(n) = x(n+m)$。此时，$y_1(n)$ 是整个 $x(n)$ 在时间轴上右移 m 个单位所得到的新序列，而 $y_2(n)$ 是整个 $x(n)$ 在时间轴上左移 m 个单位所得到的新序列。如图 1-7 所示，一个信号在 n 时刻的值 $x(n)$ 和在 $n-1$ 时刻的值 $x(n-1)$ 相比，$x(n-1)$ 出现在前，$x(n)$ 出现在后，相差一个单位。同理，$x(n+2)$ 和 $x(n)$ 相比，$x(n+2)$ 出现在 $x(n)$ 之后两个单位。在数字信号处理的硬件设备中，延迟（移位）实际上是由一系列的移位寄存器来实现的。

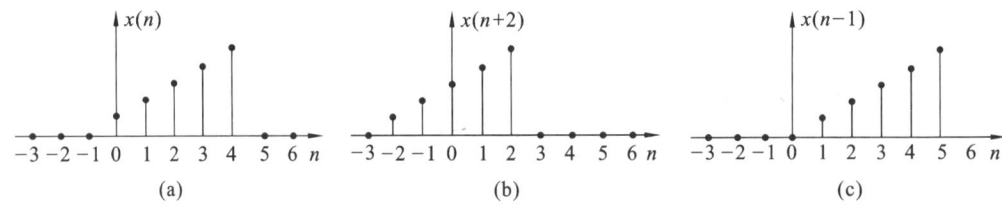

图 1-7　序列的移位

5．序列的反褶

反褶是指将序列 $x(n)$ 的自变量 n 变换成 $-n$ 得到一个新序列 $x(-n)$ 的变换方式。反褶是序列波形以 $n=0$ 轴为中心进行的 $180°$ 翻转，反褶过程如图 1-8 所示。

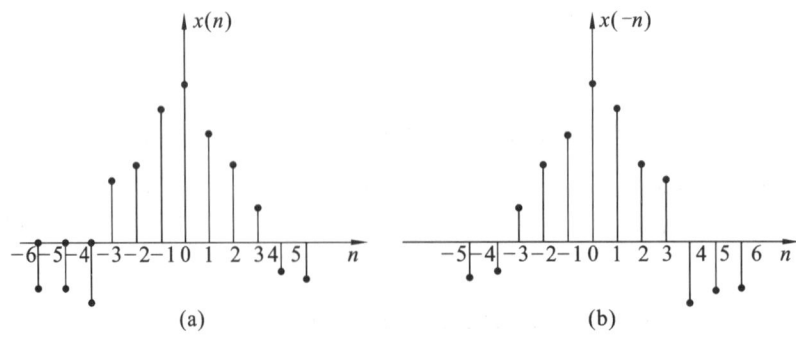

图 1-8　序列的反褶

6．序列的尺度变换（抽取与插值）

序列的尺度变换包括抽取和插值两种运算，分别对应于序列波形的压缩和扩展。

（1）抽取　　将序列 $x(n)$ 的自变量 n 换成 mn，$(m \geqslant 2$，为正整数）得到一个新序列 $x(mn)$，如图 1-9 所示。

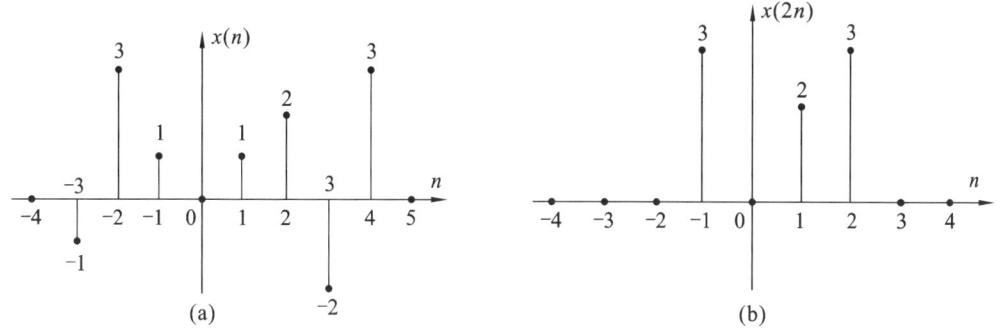

图 1-9　信号的抽取

（2）插值　　将序列 $x(n)$ 的自变量 n 换成 n/m（$m \geqslant 2$，为正整数）得到一个新序列 $x(n/m)$，如图 1-10 所示，实际上是在 $x(n)$ 的相邻序列值之间插入 $m-1$ 个"0"。

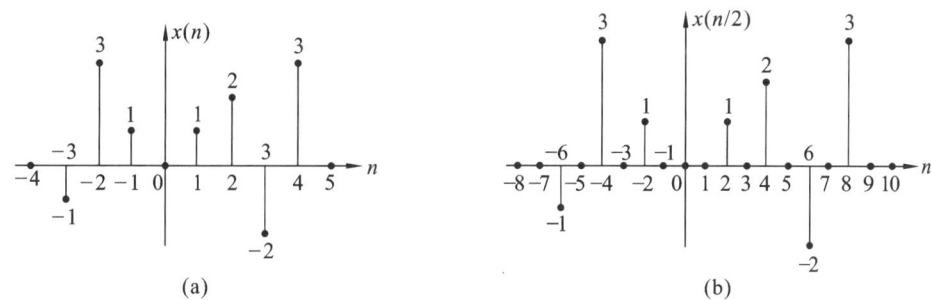

图 1-10　信号的插值

1.1.3　序列的周期性

对于任意整数 n，若满足：$x(n+rN) = x(n)$（r, n, N 为整数），则序列 $x(n)$ 是周期序列，其周期为 N。

现在讨论正弦序列的周期性。大家知道，正弦型模拟信号 $x_a(t) = A\sin(\Omega_0 t + \varphi)$ 是周期信号，t 是时间变量，角频率 Ω_0 越大，则 $x_a(t)$ 的变化越快，信号的周期 $T_0 = 2\pi/\Omega_0$。

正弦序列 $x(n) = A\sin(\omega_0 n + \varphi)$ 可以看成是对连续周期信号 $x_a(t)$ 的采样，但是对序列周期性的要求中 $x(n) = x(n+rN)$（r, n 和 N 都是整数），因而周期性的模拟信号采样得到的正弦序列就不一定是周期性的，必须要满足一定的条件，才能是离散时域的周期性序列。

若 $x(n) = A\sin(\omega_0 n + \varphi)$，则 $x(n+N) = A\sin[\omega_0(n+N) + \varphi] = A\sin(\omega_0 n + \omega_0 N + \varphi)$。

当 $\omega_0 N = 2\pi k$，且 k 为整数时，$x(n+N) = x(n)$，这时正弦序列才是周期性的序列，其周期满足 $N = 2\pi k/\omega_0$（N, k 必须为整数），则周期取决于角频率 ω_0 的取值，下面分情况进行讨论。

（1）当 $\dfrac{2\pi}{\omega_0} = N$，$N$ 为正整数，序列是周期性的，周期为 N。

（2）$\dfrac{2\pi}{\omega_0} = \dfrac{N}{m}$，$\dfrac{N}{m}$ 为有理数，序列仍然是周期的，周期 $N = m\dfrac{2\pi}{\omega_0}$。

（3）当 $\dfrac{2\pi}{\omega_0}$ 为无理数时，找不到满足 $x(n+N)=x(n)$ 的 N 值，这时为非周期序列。

【例 1-1】 有正弦序列 $x(n)=A\sin\left(\dfrac{\pi}{5}n\right)$，判断其周期性。

【解】 已知 $N=2\pi k/\omega_0$，将 $\omega_0=\dfrac{\pi}{5}$ 代入，得

$$N=\dfrac{2\pi k}{\omega_0}=10k$$

所以它是一个周期序列，最小周期为 $N=10$。

1.1.4 用单位脉冲序列表示任意序列

$\delta(n)$ 序列是一种最基本的序列，通过序列的基本运算，任何一个序列都可以由 $\delta(n)$ 来构造，即任意序列都可以表示成 $\delta(n)$ 的移位加权和，由式(1-1)表示。

$$x(n)=\sum_{m=-\infty}^{+\infty}x(m)\delta(n-m) \tag{1-1}$$

由于单位抽样序列 $\delta(n)$ 满足 $\quad \delta(n-m)=\begin{cases}1, & m=n\\0, & 其他\end{cases}$

则

$$x(m)\delta(n-m)=\begin{cases}x(n), & m=n\\0, & 其他\end{cases}$$

这种任意序列的表示方法具有普遍意义，在分析线性时不变系统中是一个很有用的公式。

例如：$x(n)=\begin{cases}a^n, & -10\leqslant n\leqslant 10\\0, & 其他\end{cases}$，可表示为 $x(n)=\sum_{m=-10}^{10}a^m\delta(n-m)$。

再如 $x(n)$ 的波形如图 1-11 所示。

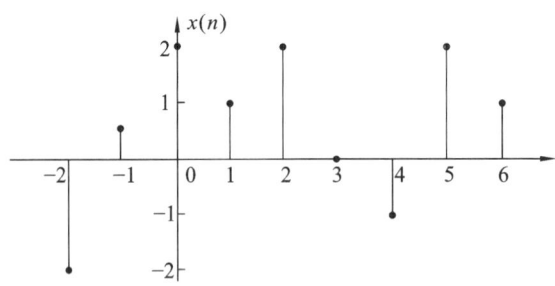

图 1-11 序列 $x(n)$ 的波形

可以用表达式表示成如下形式。

$$x(n)=-2\delta(n+2)+0.5\delta(n+1)+2\delta(n)+\delta(n-1)$$
$$+2\delta(n-2)-\delta(n-4)+2\delta(n-5)+\delta(n-6)$$

1.2 连续时间信号的采样

实际生活中我们遇到的都是连续时间信号，比如压力随高度变化的规律，飞机在空中飞行的位置是时间 t 的连续信号，但是我们用计算机监测这些信号的时候，读入的是某些离散

时刻的值,即用有限个离散的点来近似表达实际光滑的连续函数曲线。也就是说,在某些条件的限制下,一个连续时间信号的变化规律可以用它的等间隔点上的离散值来表示,即一个连续时间信号能用其采样序列表示。连续时间信号的处理往往是通过对其采样得到的离散时间序列的处理来完成的,本节将详细讨论采样过程,包括信号采样后,信号的频谱将发生怎样的变换,信号内容会不会丢失,以及由离散信号恢复成连续信号应该具备哪些条件等。

首先从采样过程的分析开始。采样器可以看成是一个电子开关,设开关 S 每隔 T 秒闭合一次,实现一次采样。如果开关每次闭合的时间为 τ 秒,那么采样器的输出将是一串周期为 T、宽度为 τ、幅度是 τ 时间内信号幅度的脉冲。

如果用 $x_a(t)$ 代表输入的连续信号,用 $p(t)$ 代表一串周期为 T、宽度为 τ 的矩形脉冲信号,则采样输出信号可表示如下。

$$\hat{x}_a(t) = x_a(t) \cdot p(t)$$

当采样脉冲序列为脉宽为 τ 的矩形脉冲时,称为实际采样,如图 1-12(a) 所示;当采样脉冲宽度 $\tau \rightarrow 0$ 时,得到的是理想采样,如图 1-12(b) 所示。

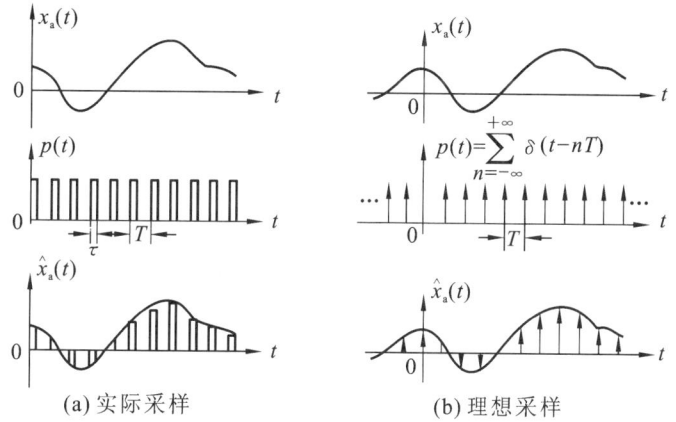

图 1-12 连续时间信号的采样

1.2.1 采样函数

理想采样系统模型可以用如图 1-12(b) 所示的曲线图表示。其中,$x_a(t)$ 表示连续信号,$\hat{x}_a(t)$ 表示理想采样输出。如前所示,理想采样就是假设采样开关闭合时间无限短,即 $\tau \rightarrow 0$ 的极限情况。此时,采样脉冲序列 $p(t)$ 变成冲激函数序列 $\delta_T(t)$,因而输出的采样信号为

$$\hat{x}_a(t) = x_a(t) p(t) = x_a(t) \sum_{n=-\infty}^{+\infty} \delta(t - nT)$$

$$= \sum_{n=-\infty}^{+\infty} x_a(t) \delta(t - nT) = \sum_{n=-\infty}^{+\infty} x_a(nT) \delta(t - nT)$$

其中

$$p(t) = \delta_T(t) = \sum_{n=-\infty}^{+\infty} \delta(t - nT)$$

1.2.2 采样信号频谱

下面讨论理想采样后,信号的频谱发生的变化。用 FT[ ] 表示连续时间信号的傅里叶变

换,设:

$$X_a(j\Omega) = FT[x_a(t)]$$
$$P(j\Omega) = FT[p(t)]$$
$$\hat{X}_a(j\Omega) = FT[\hat{x}_a(t)]$$

在信号与系统中学习过,时域相乘,则傅里叶变换(频域)为卷积运算,因而有

$$\hat{X}_a(j\Omega) = \frac{1}{2\pi}[P(j\Omega) * X_a(j\Omega)] \tag{1-2}$$

首先将冲激函数序列 $\delta_T(t)$ 用傅里叶级数展开。注意:这里不是进行傅里叶变换,而是将序列 $\delta_T(t)$ 展开。

$$p(t) = \sum_{n=-\infty}^{+\infty} \delta(t - nT) = \sum_{r=-\infty}^{+\infty} c_r e^{jr\Omega_s t}$$

其中系数为

$$c_r = \frac{1}{T}\int_{-T/2}^{T/2} p(t)e^{-jr\Omega_s t}dt = \frac{1}{T}\int_{-T/2}^{T/2}\sum_{n=-\infty}^{n=+\infty}\delta(t-nT)e^{-jr\Omega_s t}dt = \frac{1}{T}\int_{-T/2}^{T/2}\delta(t)e^{-jr\Omega_s t}dt = \frac{1}{T}$$

由于 $\Omega_s = 2\pi f_s = 2\pi/T$,则

$$p(t) = \sum_{n=-\infty}^{+\infty}\delta(t-nT) = \frac{1}{T}\sum_{r=-\infty}^{+\infty}e^{jr\Omega_s t}$$

利用 $FT[e^{jk\Omega_s t}] = 2\pi\delta(\Omega - k\Omega_s)$ 得

$$P(j\Omega) = FT[p(t)] = FT\left[\frac{1}{T}\sum_{r=-\infty}^{+\infty}e^{jr\Omega_s t}\right] = \frac{2\pi}{T}\sum_{n=-\infty}^{+\infty}\delta(j\Omega - jr\Omega_s) \tag{1-3}$$

将式(1-3)代入式(1-2)得

$$\hat{X}_a(j\Omega) = F[x_a(t)p(t)] = \frac{1}{2\pi}X_a(j\Omega) * P(j\Omega)$$

$$= \frac{1}{T}\sum_{n=-\infty}^{+\infty}X_a(j\Omega) * \delta(j\Omega - jn\Omega_s) \tag{1-4}$$

$$= \frac{1}{T}\sum_{n=-\infty}^{+\infty}X_a(j\Omega - jn\Omega_s)$$

式(1-4)表明,采样信号 $\hat{x}_a(t)$ 的频谱与连续时间信号 $x_a(t)$ 的频谱密切相关,即由无限多个 $1/T$ 倍的连续时间信号 $x_a(t)$ 的频谱叠加而成。当 $n=0$ 时,$\hat{x}_a(t)$ 的频谱为 $1/T$ 倍的连续信号的频谱;当 $n=1$ 时,$\hat{x}_a(t)$ 的频谱为右移 Ω_s 的 $1/T$ 倍的连续信号的频谱;当 $n=-1$ 时,$\hat{x}_a(t)$ 的频谱为左移 Ω_s 的 $1/T$ 倍的连续信号的频谱,依此类推。可以看出,采样信号的频谱是原连续时间信号频谱的周期延拓(以 Ω_s 为间隔进行重复)。采样信号的频谱与原连续时间信号的频谱关系如图 1-13 所示。

1.2.3 采样定理

采样信号的频谱是频率的周期函数。如果原信号 $x_a(t)$ 是带限信号,其最高频率不超过 $\Omega_s/2$,那么在采样信号的频域中,基带频谱以及各次谐波频谱是互不重叠的。如图 1-13(c)所示,如果用一个带宽为 $\Omega_s/2$ 的理想低通滤波器,就可以将它的各次谐波滤除掉,从而只保留不失真的基带频谱。也就是说,可以不失真的还原出原来的连续信号来。

但是如果信号的最高频谱超过 $\Omega_s/2$,那么在采样信号频谱中,基带频谱及各次谐波频谱

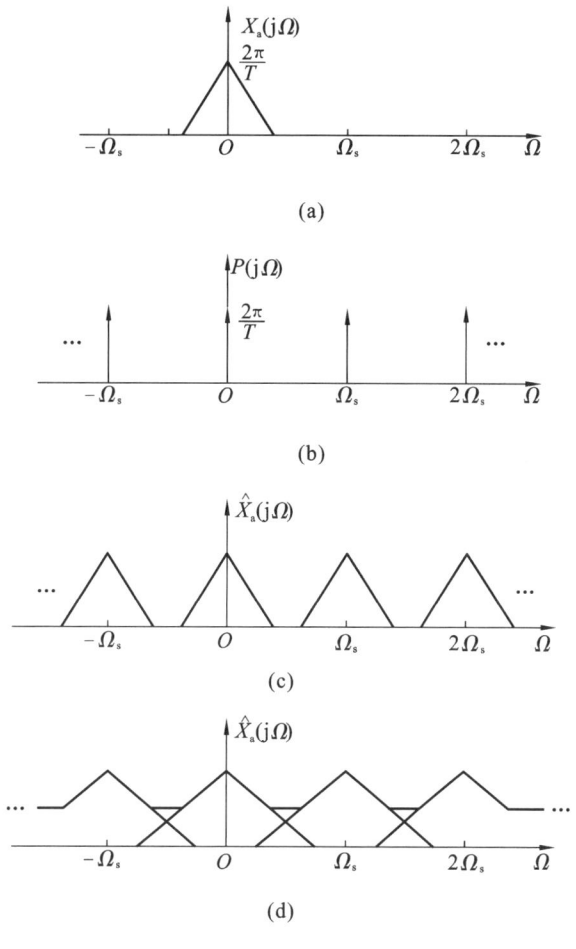

图 1-13 连续时间信号的频谱与采样后的频谱

就会相互交叠起来,这就是频谱的"混叠"现象,如图 1-13(d) 所示。因此将采样频率的一半,即 $\Omega_s/2$ 也称为折叠频率,因为它好像一面镜子,信号频谱超过它时就会被折叠回来,造成频谱的混叠。

由此可以得出如下结论:为了使真实信号在采样后能够不失真还原,则采样频率必须大于等于信号最高频谱的两倍,这就是奈奎斯特采样定理。

在实际工作中,为了避免频谱混叠的现象发生,采样频率总是选得比奈奎斯特频率更大一些,如选择三倍到四倍奈奎斯特频率的大小。同时为了避免高于折叠频率的杂散频谱进入采样器造成频谱混叠,一般在采样器前加入一个保护性的前置低通滤波器,称为防混叠滤波器,其截止频率为 $\Omega_s/2$,以便滤除掉高于 $\Omega_s/2$ 的频率分量。

1.2.4 样值恢复

如果理想采样满足奈奎斯特定理,即模拟信号谱的最高频率小于折叠频率,则采样后不会产生频谱混叠,由式(1-4)知

$$\hat{X}_a(j\Omega) = \frac{1}{T} x_a(j\Omega), \quad |\Omega| < \Omega_s/2$$

这时可以将 $\hat{X}_a(j\Omega)$ 通过一个理想低通滤波器,这个理想低通滤波器应该只让基带频谱

通过,因而其带宽应该等于折叠频率,如图 1-14 所示。

$$H(j\Omega) = \begin{cases} T, & |\Omega| \leqslant \Omega_s/2 \\ 0, & |\Omega| > \Omega_s/2 \end{cases}$$

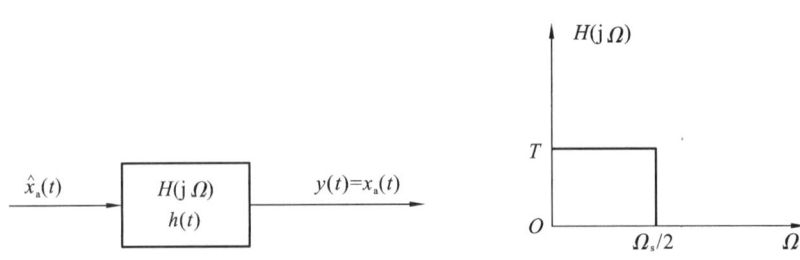

图 1-14　采样的恢复

采样信号通过这个滤波器后,就可滤出原模拟信号的频谱为

$$Y(j\Omega) = \hat{X}_a(j\Omega) H(j\Omega) = X_a(j\Omega)$$

因此,在输出端可以得到原模拟信号 $y(t) = x_a(t)$,理想低通滤波器虽不可实现,但是在一定精度范围内,总可以用一个可实现的网络逼近它。

理想低通滤波器 $H(j\Omega)$ 的冲激响应为

$$h(t) = \frac{1}{2\pi}\int_{-\infty}^{+\infty} H(j\Omega)e^{j\Omega t}\,d\Omega = \frac{T}{2\pi}\int_{-\Omega_s/2}^{\Omega_s/2} e^{j\Omega t}\,d\Omega = \frac{\sin\frac{\Omega_s}{2}t}{\frac{\Omega_s}{2}t} = \frac{\sin\frac{\pi}{T}t}{\frac{\pi}{T}t}$$

根据卷积公式,低通滤波器的输出为

$$\begin{aligned} y(t) &= \hat{x}_a(t) * h(t) = \int_{-\infty}^{\infty} \hat{x}_a(t)h(t-\tau)\,d\tau \\ &= \int_{-\infty}^{+\infty} \Big[\sum_{n=-\infty}^{+\infty} x_a(\tau)\delta(\tau-nT)\Big] h(t-\tau)\,d\tau \\ &= \sum_{n=-\infty}^{+\infty} \int_{-\infty}^{+\infty} x_a(\tau)h(t-\tau)\delta(\tau-nT)\,d\tau \\ &= \sum_{-\infty}^{+\infty} x_a(nT)h(t-nT) \end{aligned}$$

其中

$$h(t-nT) = \frac{\sin[\pi(t-nT)/T]}{\pi(t-nT)/T}$$

该函数称为内插函数,其波形如图 1-15 所示。其特点为:在采样点 nT 上,函数值为 1,其余采样点上,函数值都为 0。

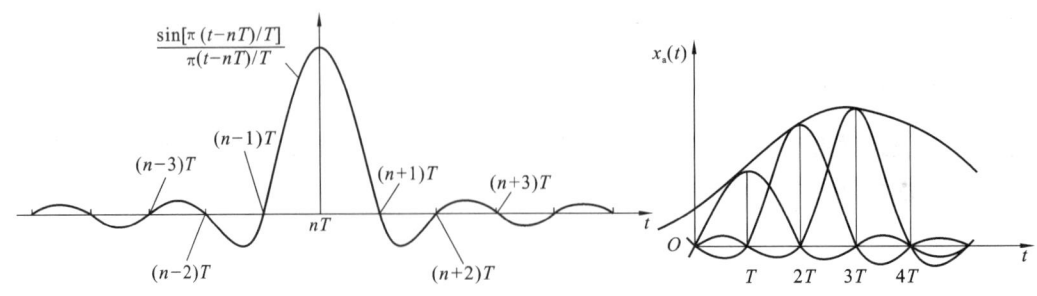

图 1-15　内插函数　　　　　　　　　　图 1-16　采样内插恢复

由于 $y(t) = x_a(t)$，因此以上卷积结果也可以表示为

$$x_a(t) = \sum_{n=-\infty}^{\infty} x_a(nT) \frac{\sin[\pi(t-nT)/T]}{\pi(t-nT)/T} \tag{1-5}$$

式(1-5)称为采样内插公式，即信号的采样值 $x_a(nT)$ 经此公式而得到连续信号 $x_a(t)$。也就是说，$x_a(t)$ 等于 $x_a(nT)$ 乘以对应的内插函数的总和。在每一个采样点上，只有该点所对应的内插函数不为零，这使得各采样点上信号值不变，而采样点之间的信号则由加权内插函数波形的延伸叠加而成，如图 1-16 所示。这个公式说明：只要采样频率高于两倍信号最高频率，则整个连续信号就可以完全用它的采样值来代表，而不会丢掉任何信息。这就是奈奎斯特采样定理的意义。

1.3 离散时间系统分析

数字信号的任何处理都是依靠系统来完成，所谓系统，是指将输入序列 $x(n)$ 变换为输出序列 $y(n)$ 的一种运算，以 $T[\ ]$ 来表示这种运算，则一个离散时间系统可以用图 1-17 来表示，其表达式如下。

$$y(n) = T[x(n)]$$

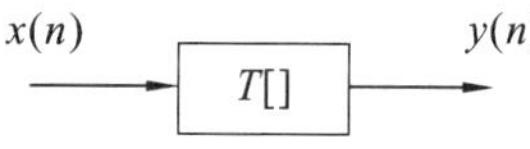

$$x(n) \longrightarrow \boxed{T[\ ]} \longrightarrow y(n)$$

图 1-17 离散时间系统

离散时间系统中最重要、最常用的是线性时不变系统。许多物理过程都可以用线性时不变系统来表征，而且这种系统便于分析，本节主要研究的是离散线性时不变系统。

1.3.1 线性系统

线性系统是根据系统输入和输出是否具有线性关系来定义的。满足叠加原理的系统具有线性特性，叠加原理有以下两层含义。

1）可加性

若 $x_1(n)$ 和 $x_2(n)$ 的激励分别为 $y_1(n)$ 和 $y_2(n)$，即 $y_1(n) = T[x_1(n)]$，$y_2(n) = T[x_2(n)]$，则有

$$y_1(n) + y_2(n) = T[x_1(n)] + T[x_2(n)] = T[x_1(n) + x_2(n)]$$

也就是说，若系统输入是两个（或多个）序列之和，则输出是每一单个序列的输出之和。

2）齐次（比例）性

若 a 为任意系数，则有

$$ay(n) = T[ax(n)] = aT[x(n)]$$

也就是说若系统输入序列乘以任意常系数，则系统输出是原输出序列乘以同一常系数。这两个性质合在一起就成为叠加定理，写成如下形式。

$$a_1 y_1(n) + a_2 y_2(n) = a_1 T[x_1(n)] + a_2 T[x_2(n)] = T[a_1 x_1(n) + a_2 x_2(n)] \tag{1-6}$$

要证明一个系统是线性系统时，必须证明此系统同时满足可加性和齐次性。

> **注意**：必须是所有的常系数（包括复数）和所有的输入（包括复数）同时满足叠加定理，不能用某一特定的输入或某一特定系数。

【**例 1-2**】 已知某一系统输入 $x(n)$ 和输出 $y(n)$ 满足以下关系：$y(n) = 3x(n) - 5$，判断该系统是否为线性系统。

【解】 根据线性系统的判定原则，只需判断式(1-6)是否成立即可。

$$a_1 y_1(n) + a_2 y_2(n) = a_1[3x_1(n)-5] + a_2[3x_2(n)-5] = 3[a_1 x_1(n) + a_2 x_2(n)] - 5(a_1 + a_2)$$

而

$$T[a_1 x_1(n) + a_2 x_2(n)] = 3[a_1 x_1(n) + a_2 x_2(n)] - 5$$

显然 $a_1 y_1(n) + a_2 y_2(n) \neq T[a_1 x_1(n) + a_2 x_2(n)]$，则此系统不满足叠加原理，故不是线性系统。

$y(n) = 3x(n) - 5$ 明明是一个线性方程，但它却不代表一个线性系统，这是因为系统的总输出由一个线性系统的响应与一个零输入响应叠加构成，而它的零输入响应(即输入为零时的输出)不为零。这种系统称为增量线性系统，也就是说，这类系统的响应对输入中的变化部分是呈现线性关系的。

1.3.2 时不变系统

若系统的变换关系不随时间变化，或者说系统的输出随着输入的移位而相应移位但形状不变，则称该系统为时不变系统(或称为移不变系统)。对时不变系统，若 $y(n) = T[x(n)]$ 则有

$$T[x(n-m)] = y(n-m)$$

【例 1-3】 试证明 $y(n) = \sum_{m=-\infty}^{n} x(m)$ 是时不变系统。

【证明】 当输入序列移动 k 位，则有

$$T[x(n-k)] = \sum_{m=-\infty}^{n} x(m-k) = \sum_{m=-\infty}^{n-k} x(m)$$

输出序列移动 k 位，则有

$$y(n-k) = \sum_{m=-\infty}^{n-k} x(m)$$

两个式子结果相等，所以是时不变系统。

【例 1-4】 证明 $y(n) = x(n)\sin\left(0.2\pi n + \dfrac{\pi}{3}\right)$ 是时变系统。

【证明】 当输入序列移动 k 位，则有

$$T[x(n-k)] = x(n-k)\sin\left[0.2\pi(n-k) + \dfrac{\pi}{3}\right]$$

输出序列移动 k 位，则有

$$y(n-k) = x(n-k)\sin\left(0.2\pi n + \dfrac{\pi}{3}\right)$$

由于二者不相等，所以不是时不变系统。

【例 1-5】 证明 $y(n) = nx(n)$ 是时变系统。

【证明】 假如系统输入为 $x_1(n) = \delta(n)$，此时系统输出为 $y_1(n) = n\delta(n) = 0$。

当输入序列右移一位时 $x_2(n) = \delta(n-1)$，此时系统输出为 $y_2(n) = n\delta(n-1) = 1$。

可以看出，输入序列 $x_2(n)$ 是 $x_1(n)$ 的右移一位的序列，但是输出序列 $y_2(n)$ 不是 $y_1(n)$ 右移一位的序列，因此该系统不是时不变系统。

在证明一个系统是时变系统的时候，可以找一个特定的输入，使时不变系统的条件不成立即可，非线性系统的证明也可以利用这种举反例的方法来证明。

既满足线性又满足时不变条件的系统是线性时不变系统。这是一种最常用也最容易进行理论分析的系统。此后如不加说明，所说的系统均指线性时不变系统，简称 LTI 系统。

1.3.3 因果系统

在实时处理信号时,输入信号的采样值是一个接一个地进入系统的,因此系统在任意时刻(比如 n)的输出 $y(n)$ 只取决于此时及此时之前的输入 $x(n),x(n-1),x(n-2)\cdots\cdots$ 则称该系统是因果的。如果系统的输出 $y(n)$ 还取决于 $x(n+1),x(n+2)\cdots\cdots$ 也即系统的输出还取决于未来的输入,这样在时间上就违背了因果关系,系统物理上无法实现,因而是非(反)因果系统。根据上述定义,可以知道 $y(n)=nx(n)$ 表达的系统是一个因果系统,而 $y(n)=x(n+2)$ 表达的系统是非因果系统。

对于系统的因果性,除了利用上述因果性概念进行判断外,还可以利用系统的单位冲激响应来判断。线性时不变系统具有因果性的充分必要条件是系统的单位冲激响应满足

$$h(n)=0 (n<0)$$

因果性定理 线性时不变系统具有因果性的充分必要条件是系统单位冲激响应满足下式。

$$h(n)=0 (n<0)$$

【证明】 (1)充分条件,若 $n<0$ 时,则 $h(n)=0$,有

$$y(n)=\sum_{m=-\infty}^{+\infty}x(m)h(n-m)$$

因而

$$y(n_0)=\sum_{m=-\infty}^{n_0}x(m)h(n-m)$$

所以,$y(n_0)$ 和 $m\leqslant n_0$ 时的 $x(m)$ 值有关,故系统是因果系统。

必要条件用反证法来证明。已知系统为因果系统,如果假设 $n<0$ 时 $h(n)\neq 0$,则

$$y(n)=\sum_{m=-\infty}^{n}x(m)h(n-m)+\sum_{m=n+1}^{+\infty}x(m)h(n-m)$$

根据所假设的条件,第二个求和式中至少有一项不为零,$y(n)$ 至少与 $m>n$ 时的一个 $x(m)$ 值有关,这不符合因果性的条件,所以假设不成立。

因为单位冲激响应 $h(n)$ 是输入为 $\delta(n)$ 的零状态响应,在 $n=0$ 以前即 $n<0$ 时,没有加入信号,输出只能为零。因此,将 $x(n)=0(n<0)$ 的序列称为因果序列。

对非实时情况,输入数据的全体是已知的,这时非因果系统是可以实现的。即使是实时处理,也允许有很大延时,这对于某一个输出 $y(n)$ 来说,已有大量的"未来"输入 $x(n+1)$,$x(n+2)\cdots\cdots$ 记录在存储器中可以被调用,因而可以很接近地实现这些非因果系统。也就是说,可以用具有很大延时的因果系统去逼近非因果系统。这个概念在以后讲解有限长单位冲激响应滤波器设计时会常用到,这也是数字系统优于模拟系统的特点之一。

1.3.4 稳定系统

如果存在一个实数 M,对于任意 n,序列 $x(n)$ 都满足条件 $|x(n)|\leqslant M$,则称该序列是有界的。输入信号序列有界就能保证输出信号序列也有界的线性时不变系统称为稳定系统。一个线性时不变系统完全由单位冲激响应 $h(n)$ 来表征,因此,系统的稳定性必然和 $h(n)$ 有关。下面的定理给出了这种关系。

稳定性定理 线性时不变系统稳定的充要条件是系统的单位冲激响应绝对可和,即

$$\sum_{n=-\infty}^{+\infty}|h(n)|<\infty \tag{1-7}$$

【证明】 充分条件,若

$$\sum_{n=-\infty}^{+\infty} |h(n)| = P < +\infty$$

如果输入信号 $x(n)$ 有界,即所有的 n 有 $x(n) < M$,则

$$|y(n)| = \left| \sum_{m=-\infty}^{+\infty} x(m)h(n-m) \right| \leqslant \sum_{m=-\infty}^{+\infty} |x(m)| \cdot |h(n-m)|$$

$$\leqslant M \sum_{m=-\infty}^{+\infty} |h(n-m)| = MP < +\infty$$

即输出信号 $y(n)$ 有界,满足充分条件。

下面利用反证法证明必要性。已知系统稳定,假如

$$\sum_{n=-\infty}^{+\infty} |h(n)| = \infty$$

则可以找到一个有界的输入为

$$x(n) = \begin{cases} 1, & n \geqslant 0 \\ -1, & n < 0 \end{cases}$$

使得

$$y(0) = \sum_{m=-\infty}^{+\infty} x(m)h(n-m) = \sum_{m=-\infty}^{+\infty} |h(-m)| = \infty$$

即在 $n=0$ 时输出无界,系统不稳定,因此假设不成立。所以 $\sum_{n=-\infty}^{+\infty} |h(n)| < +\infty$ 是稳定的必要条件。

要证明一个系统不稳定,只需找一个特别的有界输入,如果此时能得到一个无界的输出,那么就一定能判定这个系统是不稳定的。但是要证明一个系统是稳定的,就不能只用某一个特定的输入作用来证明,而要采用任何有界的输入下都产生有界输出的办法来证明系统的稳定性。

显然,满足稳定条件又满足因果条件的系统,即稳定的因果系统是最主要的系统。这种线性时不变系统的单位冲激响应不仅是因果的(单边的),而且也是绝对可和的,即该稳定因果系统既可以实现,又能稳定工作,因而是一切数字系统设计的目标。

【例 1-6】 若一个线性时不变系统的单位冲激响应为 $h(n) = a^n u(n)$,讨论系统的因果性和稳定性。

【解】 (1)因果性 因为当 $n < 0$,则 $h(n) = 0$,故此系统为因果系统。

(2)稳定性 根据稳定性定理,由式(1-7)得

$$\sum_{n=-\infty}^{+\infty} |h(n)| = \sum_{n=0}^{+\infty} |a^n| = \begin{cases} \dfrac{1}{1-|a|}, & |a| < 1 \\ \infty, & |a| \geqslant 1 \end{cases}$$

所以 $|a| < 1$ 时,此系统稳定;$|a| \geqslant 1$ 时,此系统不稳定。

【例 1-7】 某线性时不变系统的单位冲激响应为 $h(n) = -a^n u(-n-1)$,讨论系统的因果性和稳定性。

【解】 (1)因果性 因为当 $n < 0$ 时,$h(n) \neq 0$,故此系统为非因果系统。

(2)稳定性 根据稳定性定理,由式(1-7)得

$$\sum_{n=-\infty}^{+\infty} |h(n)| = \sum_{n=-\infty}^{-1} |a^n| = \sum_{n=1}^{+\infty} |a|^{-n} = \sum_{n=1}^{+\infty} \frac{1}{|a|^n} = \frac{\frac{1}{|a|}}{1 - \frac{1}{|a|}} = \begin{cases} \dfrac{1}{|a|-1}, & |a| > 1 \\ \infty, & |a| \leqslant 1 \end{cases}$$

所以当 $|a| > 1$ 时,此系统稳定;当 $|a| \leqslant 1$ 时,此系统不稳定。

 ## 1.4 离散卷积

1.4.1 单位冲激响应

前面讲过,线性时不变系统的响应(输出)为 $y(n) = T[x(n)]$。其中,$x(n)$ 是系统的激励(输入),$T[\ ]$ 为系统的算子。单位冲激响应是指系统的输入为单位脉冲序列时系统的输出。一般用 $h(n)$ 表示单位冲激响应,即 $h(n) = T[\delta(n)]$。

线性时不变系统可以用它的单位冲激响应 $h(n)$ 来表征,有了 $h(n)$,就可以求出此线性时不变系统对于任意输入的输出。

1.4.2 离散卷积

任意序列都可以表示成 $\delta(n)$ 的移位加权和形式,即

$$x(n) = \sum_{m=-\infty}^{+\infty} x(m)\delta(n-m)$$

那么系统的输出

$$y(n) = T[x(n)] = T\Big[\sum_{m=-\infty}^{+\infty} x(m)\delta(n-m)\Big]$$

由于系统是线性的,可以利用叠加定理,则

$$T\Big[\sum_{m=-\infty}^{+\infty} x(m)\delta(n-m)\Big] = \sum_{m=-\infty}^{+\infty} x(m)T[\delta(n-m)]$$

利用系统的时不变特性,即 $T[\delta(n-m)] = h(n-m)$

因此系统输出

$$y(n) = \sum_{m=-\infty}^{+\infty} x(m)h(n-m) = x(n) * h(n)$$

这就是线性时不变离散系统的卷积表示,简称离散卷积。该式表明,线性时不变系统的输出序列等于输入序列和系统单位冲激响应的线性卷积。

1.4.3 离散卷积的性质

1. 交换律

卷积的运算与进行卷积的两序列的次序无关,即卷积服从交换律,故

$$y(n) = x(n) * h(n) = h(n) * x(n)$$

这说明,对于线性时不变系统,输入和单位冲激响应两者互换位置后,输出保持不变,如图 1-18 所示。

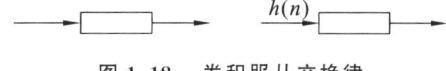

图 1-18　卷积服从交换律

2. 结合律

卷积运算还服从结合律,即

$$x(n) * h_1(n) * h_2(n) = [x(n) * h_1(n)] * h_2(n)$$
$$= [x(n) * h_2(n)] * h_1(n)$$
$$= x(n) * [h_1(n) * h_2(n)]$$

也就是说,两个线性时不变系统级联后仍然构成一个线性时不变系统,其单位冲激响应为两系统各自单位冲激响应的卷积,并且线性时不变系统的单位冲激响应与它们的级联次序无关。线性时不变系统的级联组合如图 1-19 所示。

图 1-19   线性时不变系统的级联组合

3. 分配率

卷积运算也服从加法分配率,即

$$x(n) * [h_1(n) + h_2(n)] = x(n) * h_1(n) + x(n) * h_2(n)$$

也就是说,两个线性时不变系统并联后的单位冲激响应等于两个系统各自单位冲激响应之和,如图 1-20 所示。

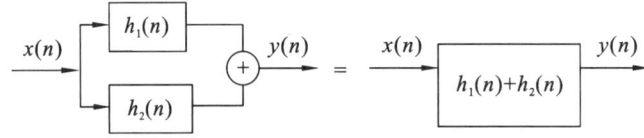

图 1-20   线性时不变系统的并联组合

此外,线性卷积还有以下两个特性。

(1) 与 $\delta(n)$ 卷积不变性。即

$$x(n) * \delta(n) = x(n)$$

其物理意义为输入信号通过一个零相位的全通系统。

(2) 与 $\delta(n-m)$ 卷积的移位性。即

$$x(n) * \delta(n-m) = x(n-m)$$

其物理意义为输入信号通过一个线性相位的全通系统。

1.4.4   离散卷积的计算

卷积是一种非常重要的计算,它在数字信号处理过程中起着举足轻重的作用。在已知系统的单位冲激响应下,常用它来计算相应输入序列下的输出序列。

$$y(n) = x(n) * h(n) = \sum_{m=-\infty}^{+\infty} x(m)h(n-m) \tag{1-8}$$

根据式(1-8),在运算过程中,应使序列 $x(n)$ 不动,并将自变量改为 m,以表示与卷积结果的自变量 n 有所区别。而将另一个序列 $h(n)$ 的自变量改为 m 后,再取它对于纵坐标的"镜像"(式中的"—")。求卷积时,先将 $h(-m)$ 在相同的 m 下与 $x(m)$ 的每一个值两两相乘再相加,就得到了 $n=0$ 时的卷积值 $y(0)$。接下来,将 $h(-m)$ 向右移动一个单位,变成 $h(1-m)$,

同样在相同的 m 下与 $x(m)$ 的每一个值两两相乘再相加,得到卷积值 $y(1)$……如此反复,直到所有的序列值都计算完为止。

注意:把 $h(-m)$ 向右移动,计算出的卷积值 $y(n)(n > 0)$,把 $h(-m)$ 向左移动计算出的卷积值 $y(n)(n < 0)$。

卷积的计算常用方法有图解法、解析法、向量-矩阵乘法。下面来介绍各种计算方法。

1. 图解法

【例 1-8】 求 $y(n) = x(n) * h(n)$ 的分段卷积。

$$设 \, x(n) = \begin{cases} \dfrac{1}{2}n, & 1 \leqslant n \leqslant 3 \\ 0, & 其他 \end{cases}, h(n) = \begin{cases} 1, & 0 \leqslant n \leqslant 2 \\ 0, & 其他 \end{cases}$$

【解】 采用图解法。

由式(1-8)得 $\qquad y(n) = x(n) * h(n) = \displaystyle\sum_{m=-\infty}^{+\infty} x(m)h(n-m)$

(1) 当 $n < 1$ 时,$h(n-m)$ 和 $x(m)$ 无交叠,相乘处处为零,故 $y(n) = 0 (n < 1)$。

(2) 当 $1 \leqslant n \leqslant 2$ 时,$h(n-m)$ 和 $x(m)$ 有交叠项,从 $m=1$ 到 $m=n$,故

$$y(n) = \sum_{m=1}^{n} x(m)h(n-m) = \sum_{m=1}^{n} \frac{1}{2}m = \frac{1}{2} \times \frac{1}{2}n(1+n)$$

(3) 当 $3 \leqslant n \leqslant 5$ 时,$h(n-m)$ 和 $x(m)$ 有交叠项,上限为 3,下限为 $n-2$,故

$$y(n) = \sum_{m=n-2}^{3} x(m)h(n-m) = \frac{1}{2}\sum_{m=n-2}^{3} m$$

(4) 当 $n \geqslant 6$ 时,$h(n-m)$ 和 $x(m)$ 无交叠,相乘处处为零,故 $y(n) = 0 (n \geqslant 6)$。

求解过程如图 1-21 所示。

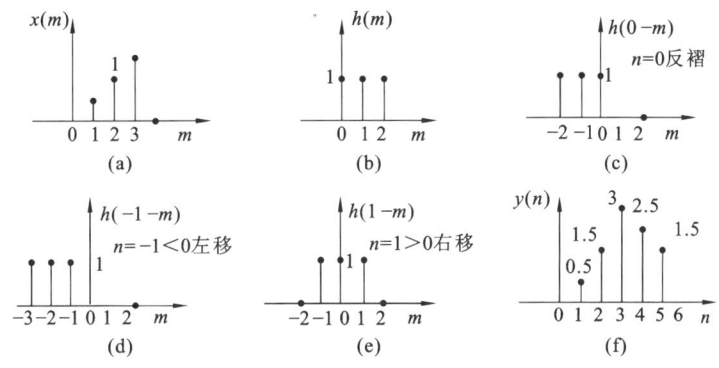

图 1-21 例 1-8 卷积运算的图解

由例 1-8 可以看出,若 $x(n)$ 的取值范围为 $N_1 \leqslant n \leqslant N_2$,则 $x(n)$ 的长度点数为 $N = N_2 - N_1 + 1$;若 $h(n)$ 的取值范围为 $N_3 \leqslant n \leqslant N_4$,则 $h(n)$ 的长度点数为 $M = N_4 - N_3 + 1$。

由式(1-8),显然应该满足

$$N_3 \leqslant m \leqslant N_4$$
$$N_1 \leqslant n - m \leqslant N_2$$

将两不等式相加,可得

$$N_1 + N_3 \leqslant n \leqslant N_2 + N_4$$

故 $y(n)$ 的存在范围为 $\qquad N_1 + N_3 \leqslant n \leqslant N_2 + N_4$

则 $y(n)$ 的长度点数 L 应为

$$
\begin{aligned}
L &= (N_2 + N_4) - (N_1 + N_3) + 1 \\
&= (N_2 - N_1 + 1) + (N_4 - N_3 + 1) - 1 \\
&= N + M - 1
\end{aligned}
$$

即若 $x(n)$ 为 N 点长序列，$h(n)$ 为 M 点长序列，则 $y(n) = x(n) * h(n)$ 为 $L = N + M - 1$ 点长序列。

2. 解析法

【例 1-9】 已知 $x(n) = a^n u(n)(0 < a < 1)$，$h(n) = u(n)$，求 $y(n) = x(n) * h(n)$。

【解】 $y(n) = x(n) * h(n) = \displaystyle\sum_{m=-\infty}^{+\infty} a^m u(m) u(n-m) = \left(\sum_{m=0}^{n} a^m \right) \cdot u(n) = \dfrac{1 - a^{n+1}}{1 - a} u(n)$

当 $n \to +\infty$ 时，有 $\qquad y(n) = \dfrac{1}{1-a}$

3. 向量-矩阵乘法(有限长序列的卷积)

重写卷积和公式如下。

$$y(n) = x(n) * h(n) = \sum_{m=-\infty}^{+\infty} x(m) h(n-m) = \sum_{m=0}^{N_x - 1} x(m) h(n-m) \quad (n = 0, 1, \cdots, L-1)$$

其中，设 $x(n)$ 的长度为 N_x，则 $0 \leqslant n \leqslant N_x - 1$；$h(n)$ 长度为 N_h，则 $0 \leqslant n \leqslant N_h - 1$。故 $y(n)$ 长度为 $L = N_x + N_h - 1(0 \leqslant n \leqslant N_x + N_h - 2)$。

对每一个 n，上面卷积和公式可写成如下形式。

$$y(n) = x(0)h(n) + x(1)h(1-n) + \cdots + x(N_x - 1)h(n - N_x + 1) \quad (n = 0, 1, \cdots, L-1)$$

将其写成向量乘积形式如下。

$$y(n) = [x(0), x(1), \cdots, x(N_x - 1)] \cdot \begin{bmatrix} h(n) \\ h(n-1) \\ \vdots \\ h(n - N_x + 1) \end{bmatrix} \tag{1-9}$$

若将 $y(n)$ 的所有值写成行向量 $\boldsymbol{y} = [y(0), y(1), \cdots, y(L-1)]$ 的形式，则应将其 $\boldsymbol{h}$ 向量顺序沿列排列，并且由于 $n < 0$ 时，$h(n) = 0$，可得

$$[y(0), y(1), \cdots, y(L-1)] = [x(0), x(1), \cdots, x(N_x - 1)] \cdot \begin{bmatrix} h(0) & h(1) & h(2) & \cdots & h(L-1) \\ 0 & h(0) & h(1) & \cdots & h(L-2) \\ 0 & 0 & h(0) & \cdots & h(L-3) \\ \vdots & \vdots & \vdots & \vdots & \vdots \\ 0 & 0 & 0 & \cdots & h(L-N_x) \end{bmatrix} \tag{1-10}$$

由此可以将卷积运算写成矩阵乘法的形式，即 $\boldsymbol{y} = \boldsymbol{x}\boldsymbol{H}$。

其中：$\boldsymbol{x} = [x(0), x(1), \cdots, x(N_x - 1)]$，$\boldsymbol{y} = [y(0), y(1), \cdots, y(L-1)]$。

则 $\qquad \boldsymbol{H} = \begin{bmatrix} h(0) & h(1) & h(2) & \cdots & h(L-1) \\ 0 & h(0) & h(1) & \cdots & h(L-2) \\ 0 & 0 & h(0) & \cdots & h(L-3) \\ \vdots & \vdots & \vdots & \vdots & \vdots \\ 0 & 0 & 0 & \cdots & h(L-N_x) \end{bmatrix} \tag{1-11}$

这种算法中,向量 x 就是序列 $x(n)$ 的值,矩阵 H 是需要构造的,矩阵 H 共有 N_x 行、$L = N_x + N_h - 1$ 列。各对角线元素是相同的,其第一行为单位冲激响应的数值(N_h 个)及后面补零($N_x - 1$ 个)后的序列,即为 $\{h(0), h(1), \cdots, h(N_h - 1), 0, 0, \cdots, 0\}$,补至长度为 L 点,以下各行依次等于前一行向右移位一位,移出的左边一位补零,直到形成 N_x 行。这种依次右移一位后下移一行形成的各对角线元素相同的矩阵称为 Toeplitz 矩阵(常对角矩阵)。

【例 1-10】　$x(n) = \{2, 5, 7, -3, 2\}$,$h(n) = \{4, -1, 3, 2\}$,试用矩阵乘法求解 $y(n) = x(n) * h(n)$。

【解】　$x(n)$ 的长度为 $N_x = 5$,$h(n)$ 的长度为 $N_h = 4$,则 $y(n)$ 长度为 $L = N_x + N_h - 1 = 8$。由式(1-11)可得

$$
H = \begin{bmatrix}
4 & -1 & 3 & 2 & 0 & 0 & 0 & 0 \\
0 & 4 & -1 & 3 & 2 & 0 & 0 & 0 \\
0 & 0 & 4 & -1 & 3 & 2 & 0 & 0 \\
0 & 0 & 0 & 4 & -1 & 3 & 2 & 0 \\
0 & 0 & 0 & 0 & 4 & -1 & 3 & 2
\end{bmatrix}
$$

由式(1-9)、式(1-10)可得

$$
y = xH = [2, 5, 7, -3, -2] \cdot \begin{bmatrix}
4 & -1 & 3 & 2 & 0 & 0 & 0 & 0 \\
0 & 4 & -1 & 3 & 2 & 0 & 0 & 0 \\
0 & 0 & 4 & -1 & 3 & 2 & 0 & 0 \\
0 & 0 & 0 & 4 & -1 & 3 & 2 & 0 \\
0 & 0 & 0 & 0 & 4 & -1 & 3 & 2
\end{bmatrix} = [8, 18, 29, 0, 42, 3, 0, 4]
$$

1.5　线性常系数差分方程

连续时间系统的输入与输出的关系常用微分方程描述,而在离散时间系统中,由于它的变量 n 是离散的整型变量,故用差分方程来描述系统的输入与输出的关系。对于线性时不变系统,则主要讨论常系数差分方程及解法。

1. 常系数线性差分方程的定义

一个 N 阶常系数线性差分方程,其一般形式为

$$
\sum_{k=0}^{N} a_k y(n-k) = \sum_{r=0}^{M} b_r x(n-r)
$$

或

$$
y(n) = \sum_{r=0}^{M} b_r x(n-r) - \sum_{k=1}^{N} a_k y(n-k) \tag{1-12}
$$

所谓常系数,是指系数 b_r、a_k 是与序号 n 无关的常数,体现出"时不变"特性。所谓线性,是指 $x(n-r)$、$y(n-k)$ 各项均为一次项,没有高次项,也不存在它们的相乘项,符合系统的线性特性。式中,N 是差分方程的阶,表示 $y(n)$ 的当前输出值与前 M 个输入值、前 N 个输出值有关,或者说对前面的输出有 N 位"记忆"。差分方程可以看成是一个递推公式,作为递推的出发点,初始条件是不可缺少的。初始条件反映了信号未到达前系统的状况。如果系统初始状态不是零,即使没有输入,系统也会有输出,这就是系统的零输入响应;假设系统初始状态为零,计算输入激励下的输出,得到的便是零状态响应。将零输入响应和零状态响应相加,才得到真正的系统响应。从求解差分方程的角度来看,零输入响应和零状态响应分别是差分

方程的特解和通解。

差分方程表示法的一个优点是可以直接得到系统的结构。当然,这里所说的结构是将输入变换成输出的运算结构,而非实际的物理结构。

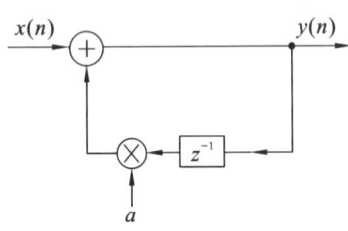

图 1-22 一阶差分方程的运算结构

例如,一个一阶差分方程为 $y(n) = x(n) + ay(n-1)$,其运算结构如图 1-22 所示。

$x(n)$ 表示输入,$ay(n-1)$ 表示将序列 $y(n)$ 延时一位后乘以常数 a,将此两个结果相加就得到输出序列 $y(n)$。

2. 常系数线性差分方程的求解方法

求解线性常系数差分方程有三种方法,即经典解法、z 变换方法和递推方法。

(1)经典解法 经典解法类似于模拟系统中的微分方程的解法,通过求解方程的齐次解和特解,由边界条件确定待定系数。这种方法比较复杂,在数字信号处理中已很少使用,本书中将不做介绍。

(2)z 变换法 z 变换法与连续时间系统的拉普拉斯变换法相类似,将差分方程变换到 z 域进行求解。这种方法简单而有效,是一种非常重要的方法。z 变换法将在第 2 章中详细讨论。

(3)递推解法 一种是利用迭代法,此方法较简单,并且很适合计算机求解,但是只能得到数值解,不易直接得到闭合形式(公式)的解答;另一种是可以利用卷积和计算法,该方法适合于系统初始状态为零时的求解。

下面仅简单讨论离散时域的递推解法。

差分方程在给定的输入和给定的初始条件下,可用递推迭代的方法求系统的响应。由式(1-12)可以看出,如果要计算 n 时刻的输出,则需要知道 n 时刻及 n 时刻以前的输入序列,还要知道 n 时刻以前的 N 个输出信号值。因此,求解差分方程除了给定输入序列条件外,还需要 N 个初始条件才能得到方程的唯一解。

如果输入是 $\delta(n)$ 这一特定情况,输出响应就是单位冲激响应。例如,利用 $\delta(n)$ 只在 $n = 0$ 时取值为 1 的特点,可用迭代法求出其单位冲激响应 $h(0), h(1), \cdots, h(n)$ 的值。

【例 1-11】 常系数线性差分方程 $y(n) = x(n) + ay(n-1)$,输入序列 $x(n) = \delta(n)$,初始条件 $y(n) = 0 (n < 0)$,试求系统的输出。

【解】 先由初始条件及输入求 $y(0)$ 值。

$$y(0) = 1$$
$$y(0) = ay(-1) + \delta(0) = 0 + 1 = 1$$
$$y(1) = ay(0) + \delta(1) = a + 0 = a$$
$$y(2) = ay(1) + \delta(2) = a^2 + 0 = a^2$$
$$\vdots \qquad\qquad \vdots \qquad\qquad \vdots$$
$$y(n) = ay(n-1) + \delta(n) = a^n + 0 = a^n$$

故系统的输出 $y(n)$ 为

$$y(n) = \begin{cases} a^n, & n \geqslant 0 \\ 0, & n < 0 \end{cases}$$

即

$$y(n) = a^n u(n)$$

【例 1-12】 已知常系数线性差分方程 $y(n) = x(n) + ay(n-1)$,输入序列为 $x(n) =$

$\delta(n)$,初始条件为 $y(n) = 0 (n > 0)$,试求系统的输出。

【解】　由于 $n > 0$ 时,$y(n) = 0$,故将式 $y(n) = x(n) + ay(n-1)$ 改为另一种递推关系如下。

$$y(n-1) = a^{-1}\left[y(n) - x(n)\right]$$

可得

$$y(0) = a^{-1}\left[y(1) - \delta(1)\right] = 0$$
$$y(-1) = a^{-1}\left[y(0) - \delta(0)\right] = -a^{-1}$$
$$y(-2) = a^{-1}\left[y(-1) - \delta(-1)\right] = -a^{-2}$$
$$\vdots \qquad\qquad \vdots \qquad\qquad \vdots$$
$$y(n) = a^{-1}y(n+1) = -a^{-n}$$

所以,有

$$y(n) = \begin{cases} 0, & n \geqslant 0 \\ -a^{-n}, & n < 0 \end{cases}$$

也可以表示为

$$y(n) = -a^{-n}u(-n-1)$$

由【例 1-11】和【例 1-12】可以看出,对于同一个系统和同一个输入,因初始条件不同,所得到的输出也不相同。

以上例题是采用递推方法来解差分方程的。在给定输入序列和初始条件情况下,可以求得离散系统的瞬态解。在整个递推过程中,我们对变化的过渡过程看得比较清楚,但造成这种变化的原因以及系统的一些重要特性如稳定性、频响等被则掩盖在大堆的数据之下,并没有清晰地展现出来。因此,离散系统解差分方程与连续系统解微分方程一样,是一种系统时域分析的工具,还需要寻找一些其他途径,就像模拟系统中的拉普拉斯变换那样,作为分析系统的有力工具。这个工具就是 z 变换,将在第 2 章中详细介绍。

 ## 1.6　本章内容有关的 MATLAB 应用示例

【例 1-13】　用 MATLAB 产生各种离散序列,如图 1-23 所示。
【解】　MATLAB 程序如下。

```
n = [- 5:5];
x1 = impseq(0, - 5,5);
subplot(2,2,1);stem(n,x1);title(' 单位脉冲序列 ')
xlabel('n');ylabel('x(n)');
n = [0:10];
x2 = stepseq(0,0,10);
subplot(2,2,2);stem(n,x2);title(' 单位阶跃序列 ');
xlabel('n');ylabel('x(n)');
n = [0:10];
x3 = stepseq(0,0,10) - stepseq(5,0,10);
subplot(2,2,3);stem(n,x3);title(' 矩形序列 ');
xlabel('n');ylabel('x(n)');
n = [0:20];
x4 = sin(0.3* n);
subplot(2,2,4);stem(n,x4);title(' 正弦序列 ');
xlabel('n');
ylabel('x(n)');
```

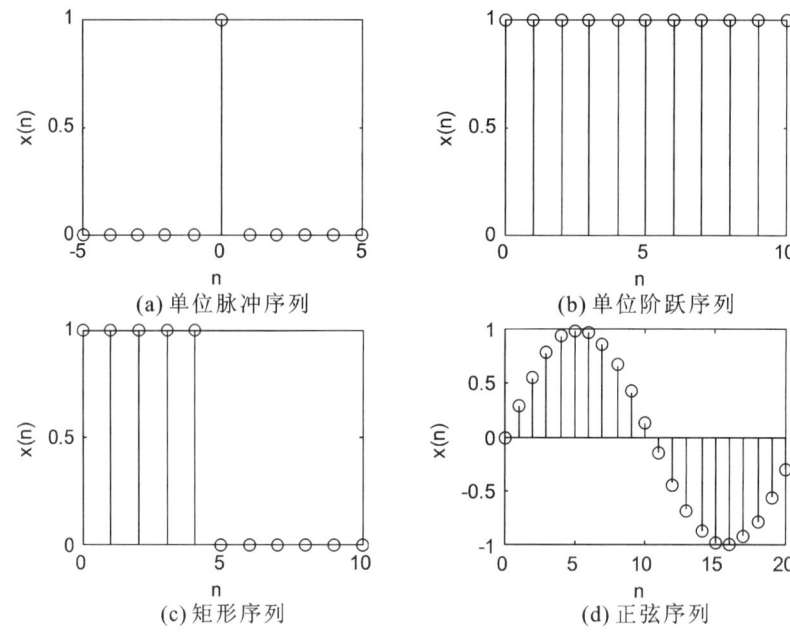

(a) 单位脉冲序列　　　　　　　　　(b) 单位阶跃序列

(c) 矩形序列　　　　　　　　　(d) 正弦序列

图 1-23　各种离散序列图

【例 1-14】　画出以下序列在给出的区间内的波形：$x(n) = e^{(-0.1+j0.3)n}$。

【解】　MATLAB 程序如下。

```
n = [- 10:10];              %给出序号序列
alpha = - 0.1+0.3* j;       %给出指数序列
x = exp(alpha* n);          %给出复指数信号
Real_x = real(x);           %取复指数信号的实部
Image_x = imag(x);          %取复指数信号的虚部
Mag_x = abs(x);             %取复指数信号的振幅
Phase_x = (180/pi)* angle(x);       %取复指数信号的相位,转化为度
subplot(2,2,1),stem(n,Real_x);      %绘制复指数信号的实部
title(' 实部 '),ylabel('x(n)');grid on;
subplot(2,2,2),stem(n,Image_x);     %绘制复指数信号的虚部
title(' 虚部 '),ylabel('x(n)');grid on;
subplot(2,2,3),stem(n,Mag_x);       %绘制复指数信号的振幅
title(' 振幅 '),ylabel('x(n)');grid on;
subplot(2,2,4),stem(n,Phase_x);     %绘制复指数信号的相位
title(' 相位 '),ylabel('x(n)');grid on;
```

其波形图如图 1-24 所示。

【例 1-15】　试判断以下信号的周期性,并画出相应的波形。

(1) $x(n) = 0.8\sin\left(0.2\pi n + \dfrac{\pi}{4}\right)$

(2) $x(n) = 0.8\sin\left(0.5n + \dfrac{\pi}{4}\right)$

【解】　MATLAB 程序如下。

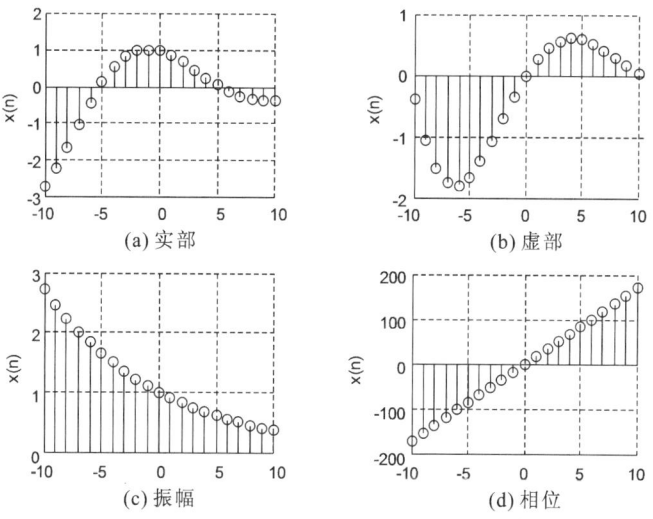

图 1-24　例 1-14 的波形图

```
n = [0:20];                              %给出序号序列
x = 0.8* sin(0.2* pi* n+ pi/4);          %给出值序列
subplot(1,2,1);
stem(n,x);                               %绘制离散图
ylabel('x(n)');title(' 正弦序列(周期为 10)')   %必要标记
grid  on;                                %添加网格线
n = [0:30];                              %给出序号序列
x = 0.8* sin(0.5* n+pi/4);               %给出值序列
subplot(1,2,2);
stem(n,x);                               %绘制离散图
ylabel('x(n)');title(' 正弦序列(非周期)')      %必要标记
grid  on;                                %添加网格线
```

其波形图如图 1-25 所示。

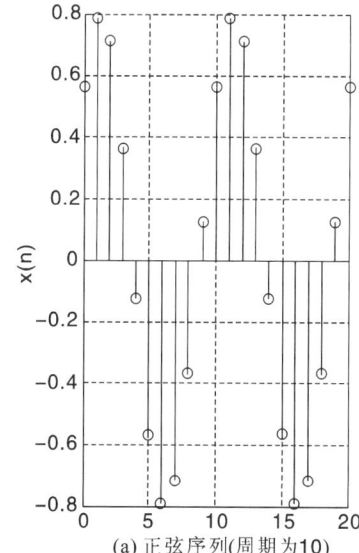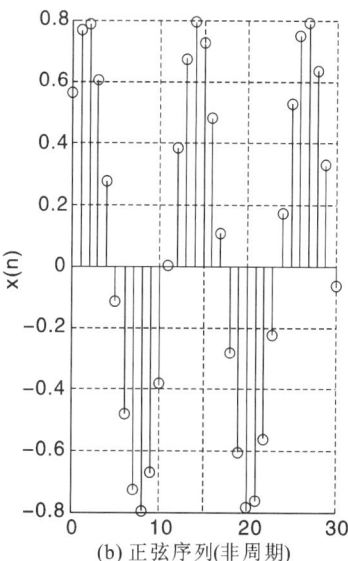

图 1-25　例 1-15 的波形图

【例1-16】 用 MATLAB 实现两序列相乘和相加。

【解】 MATLAB 程序如下。

```
clc;
clear;
x1 = [0,1,2,3,4,3,2,1,0];n1 = -2:6;
x2 = [2,2,0,0,0,-2,-2];n2 = 2:8;
[y1,n] = sigmult(x1,n1,x2,n2);
[y2,n] = sigadd(x1,n1,x2,n2);
subplot(2,2,1);stem(n1,x1);title('序列 x1')
xlabel('n');ylabel('x1(n)');
subplot(2,2,2);stem(n2,x2);title('序列 x2')
xlabel('n');ylabel('x2(n)');
subplot(2,2,3);stem(n,y1);title('两序列相乘')
xlabel('n');ylabel('y1(n)');
subplot(2,2,4);stem(n,y2);title('两序列相加')
xlabel('n');ylabel('y2(n)');
```

其波形图如图 1-26 所示。

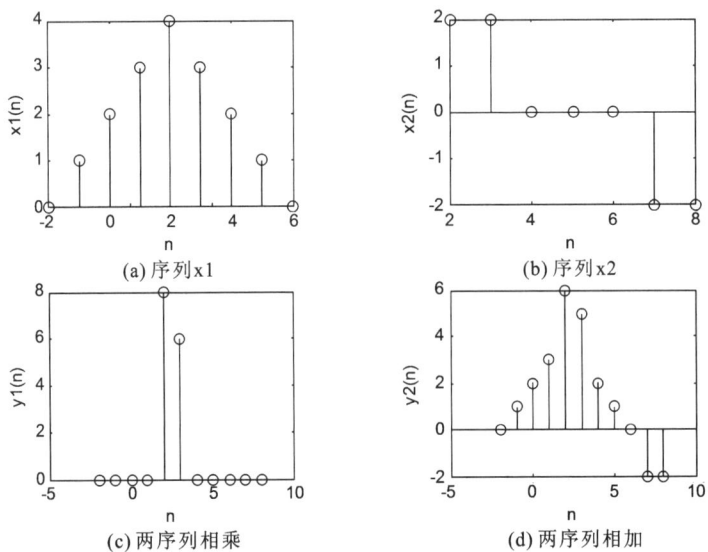

(a)序列x1   (b)序列x2

(c)两序列相乘   (d)两序列相加

图 1-26　例 1-16 的波形图

【例1-17】 用 MATLAB 实现序列的移位和折叠。

【解】 MATLAB 程序如下。

```
x1 = [0,1,2,3,4,3,2,1,0];n1 = -2:6;
[y1,n2] = sigshift(x1,n1,2);
[y2,n3] = sigfold(x1,n1);
subplot(3,1,1);stem(n1,x1);title('序列 x1')
xlabel('n');ylabel('x1(n)');
subplot(3,1,2);stem(n2,y1);title('序列移位')
xlabel('n');ylabel('y1(n)');
subplot(3,1,3);stem(n3,y2);title('序列折叠')
xlabel('n');ylabel('y2(n)');
```

其波形图如图 1-27 所示。

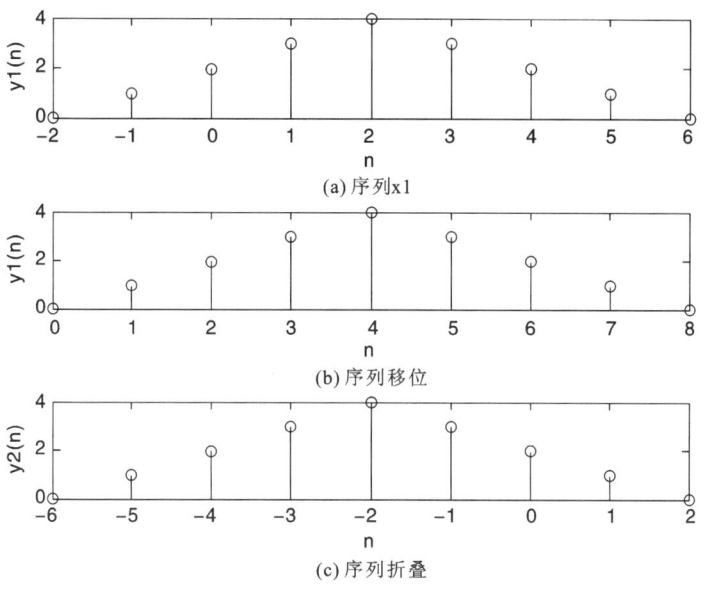

(a) 序列x1

(b) 序列移位

(c) 序列折叠

图 1-27　例 1-17 的波形图

【例 1-18】　已知某模拟信号 $x_a(t) = \mathrm{e}^{-1000|t|}$，将它分别用不同的采样频率进行采样得到离散时间信号，分析采样频率对信号频谱的影响。

（1）采样频率 $f_s = 5000\mathrm{Hz}$；（2）采样频率 $f_s = 2000\mathrm{Hz}$。

【解】　（1）因为 $x_a(t)$ 的带宽是 $2000\mathrm{Hz}$，采样频率 $f_s = 5000\mathrm{Hz}$ 时满足采样定理，所以不会产生频谱混叠现象，如图 1-28 所示。

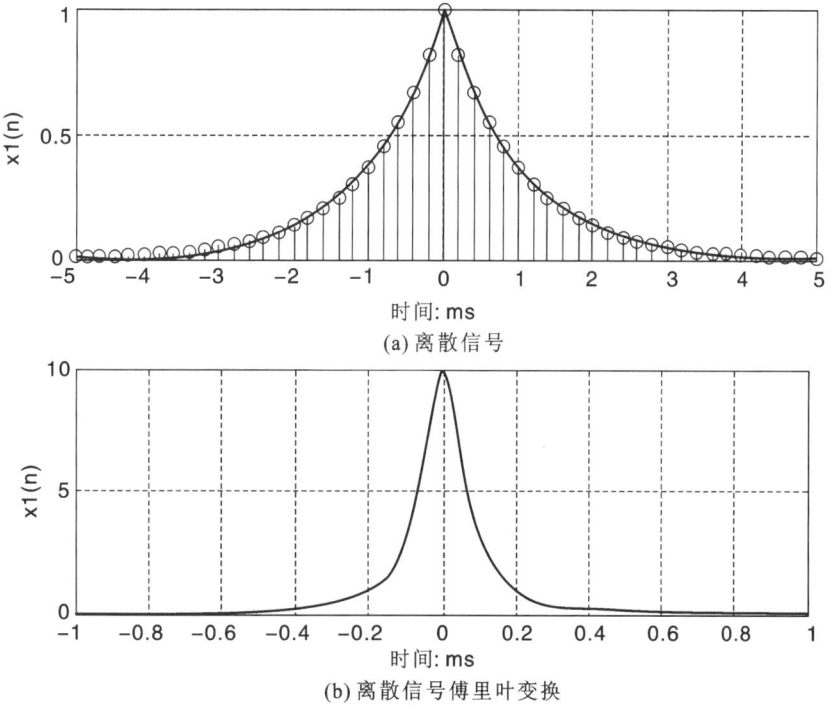

(a) 离散信号

(b) 离散信号傅里叶变换

图 1-28　满足采样定理

（2）采样频率 $f_s = 2\ 000$ Hz 时,不满足采样定理 $f_s \geqslant 2f_{\max} = 4\ 000$ Hz,所以会有频谱混叠现象,其频谱形状与信号采样前的频谱有较大的不同,如图 1-29 所示。

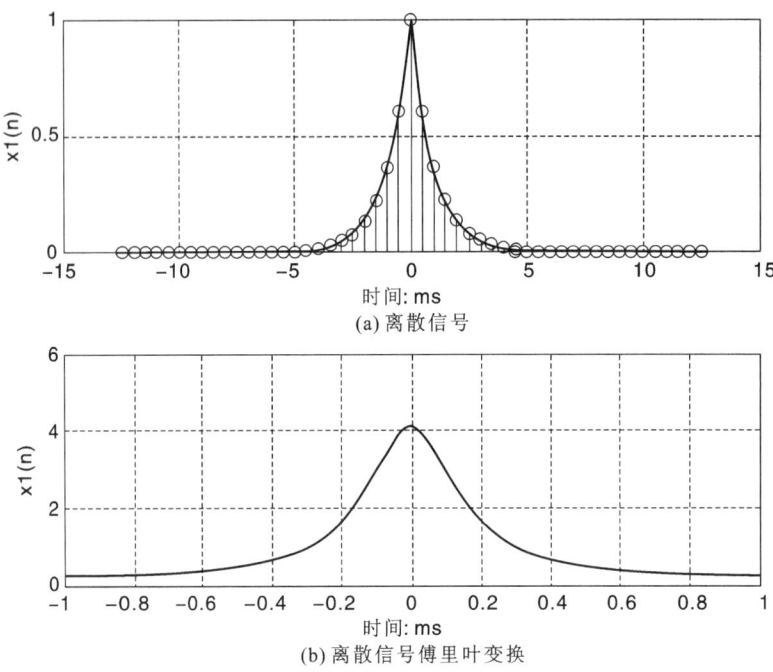

(a) 离散信号

(b) 离散信号傅里叶变换

图 1-29　不满足采样定理

MATLAB 程序如下。

```
dt = 0.00005;t = - 0.005:dt:0.005;
xa = exp(- 1000* abs(t));
fs = 5000,Ts = 1/fs;n = - 25:1:25;
x = exp(- 1000* abs(n* Ts));
N = 500;k = 0:1:N;w = pi* k/N;
X = x* exp(- j* n'* w);X = real(X);
w = [- fliplr(w),w(2:N+1)];X = [fliplr(X),X(2:N+1)];
subplot(2,1,1);plot(t* 1000,xa);xlabel('时间:ms');ylabel('x1(n)')
title('离散信号');hold on;grid on;
stem(n* Ts* 1000,x);hold off
subplot(2,1,2);plot(w/pi,X);xlabel('时间:ms');ylabel('x1(n)')
title('离散信号傅里叶变换');grid on;
```

【例 1-19】　用 MATLAB 实现 $y(n) = x(n) * h(n)$,其中:

$$x(n) = \begin{cases} \dfrac{1}{2}n, & 1 \leqslant n \leqslant 3 \\ 0, & \text{其他} \end{cases}; \quad h(n) = \begin{cases} 1, & 0 \leqslant n \leqslant 2 \\ 0, & \text{其他} \end{cases}$$

【解】　MATLAB 程序如下。

```
x = [0 0.5 1 1.5 0];nx = 0:4;
h = [1 1 1 0 0]; nh = 0:4;
[y,ny] = conv_m(x,nx,h,nh);
subplot(2,2,1);stem(nx,x);title('序列 x')
```

```
xlabel('n');ylabel('x(n)');
subplot(2,2,2);stem(nh,h);title('序列 h')
xlabel('n');ylabel('h(n)');
subplot(2,2,3);stem(ny,y);title('两序列卷积 ')
xlabel('n');ylabel('y(n)');
```

其波形图如图 1-30 所示。

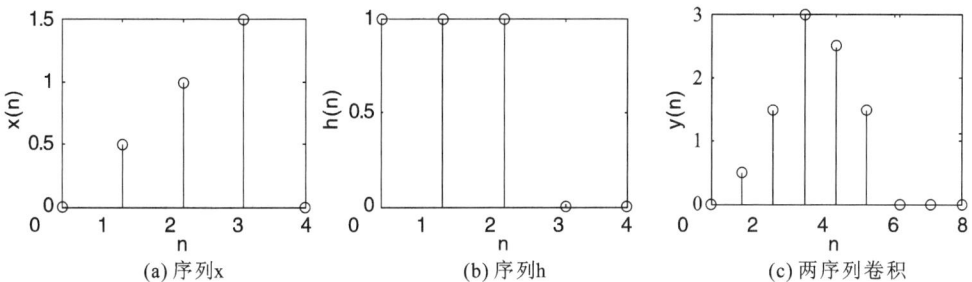

(a) 序列x (b) 序列h (c) 两序列卷积

图 1-30   例 1-19 波形图

【例 1-20】   有如下的差分方程：
$$y(n) + 0.7y(n-1) - 0.45y(n-2) - 0.6y(n-3)$$
$$= 0.8x(n) - 0.44x(n-1) + 0.36x(n-2) + 0.02x(n-3)$$

用 MATLAB 计算当输入序列为 $x(n) = \delta(n)$ 时的输出结果 $y(n)(0 \leqslant n \leqslant 30)$ 。

【解】   MATLAB 程序如下。

```
N = 31;
b = [0.8 - 0.44 0.36 0.22];
a = [1 0.7 - 0.45 - 0.6];
x = [1 zeros(1,N-1)];
k = 0:1:N-1;
y = filter(b,a,x);
stem(k,y)
xlabel('n');ylabel(' 输出 y(n)')
grid on;
```

其波形图如图 1-31 所示。

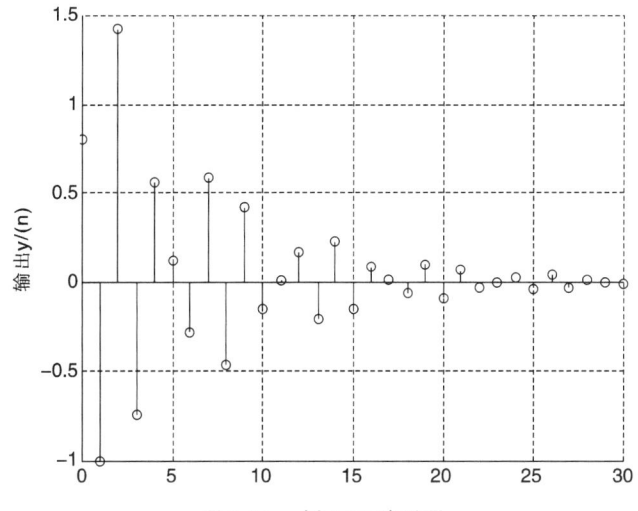

图 1-31   例 1-20 波形图

【例 1-21】 有如下差分方程

$$y(n) = 0.8y(n-1) + x(n)$$

当输入为 $x(n) = \delta(n)$,初始条件 $y(-1) = 1$ 时,用 MATLAB 计算输出结果 $y(n)(0 \leqslant n \leqslant 30)$。

【解】 MATLAB 程序如下。

```
N = 31;
a = [1 - 0.8];ys = 1;
b = 1;
x = [1 zeros(1,N-1)];
xi = filtic(b,a,ys);
k = 0:1:N-1;
y = filter(b,a,x,xi);
stem(k,y)
xlabel('n');
ylabel('输出 y(n)')
```

其波形图如图 1-32 所示。

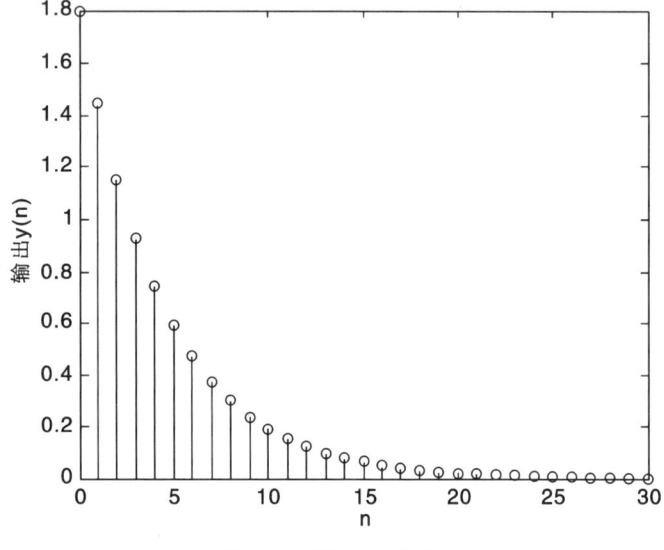

图 1-32 例 1-21 波形图

本 章 小 结

本章主要介绍离散时间信号、连续时间信号的抽样、离散时间线性时不变系统、常系数线性差分方程等基础知识。通过本章的学习,应掌握以下主要内容。

(1)离散时间系统的信号是序列 $x(n)$,包括单位脉冲序列、单位阶跃序列、矩形序列、实指数序列、正弦序列和复指数序列。

(2)序列的运算包括和、积、标乘、移位、反褶、累加、差分、时间尺度变换和卷积和等,重点是学习卷积和的计算,它是求解离散时间系统响应的重要方法。

(3)理想采样的基本原理及过程,采样过程的恢复。

(4)离散时间系统是将输入序列变换成输出序列的一种运算,掌握线性系统、时不变系统、因果系统、稳定系统和物理可实现系统的判定条件。

习题与上机练习 1

1. 给定离散信号如下：

$$x(n) = \begin{cases} 2n+5, & -4 \leqslant n \leqslant -1 \\ 6, & 0 \leqslant n \leqslant 4 \\ 0, & 其他 \end{cases}$$

分别画出序列 $x(n)$、$x_1(n) = x(2n)$、$x_2(n) = x(n-2)$ 和 $x_3(n) = x(2-n)$ 的波形。

2. 已知有模拟信号 $x_a(t) = \cos(2\pi ft + \varphi)$，其中 $f = 20\,\text{Hz}$，$\varphi = \pi/2$。

求：(1) $x_a(t)$ 的周期；(2) 使用采样间隔 $T = 0.02\,\text{s}$ 对 $x_a(t)$ 采样，求采样信号 $\hat{x}_a(t)$，并求 $x(n)$ 的周期。

3. 判断下列每个序列是否是周期性的，若是周期性的，试确定其周期。

(1) $x(n) = -6\cos\left(\dfrac{3\pi}{7}n + \dfrac{\pi}{4}\right)$

(2) $x(n) = 2\sin\left(\dfrac{11}{3}\pi n\right)$

(3) $x(n) = e^{j\left(\frac{n}{6} - \pi\right)} + e^{j\left(\frac{n}{8} + \pi\right)}$

(4) $x(n) = 2\sin\left(8\pi n + \dfrac{\pi}{8}\right) + 0.2\cos\left(0.8\pi n + \dfrac{\pi}{4}\right)$

4. 试判断以下系统是否是线性的和时不变的。

(1) $y(n) = \sum\limits_{m=n_0}^{n_1} x(m)$

(2) $y(n) = [x(n)]^2$

(3) $y(n) = x(n)\sin(0.2\pi n + 0.4\pi)$

(4) $y(n) = c(n)x(n)$

(5) $y(n) = x(n) + 2x(n-1) + 3x(n-1)$

(6) $y(n) = x(n-8)$

(7) $y(n) = x(-n)$

(8) $y(n) = e^{x(n)}$

5. 以下序列是系统的单位冲激响应 $h(n)$，试判断系统是否是因果的和稳定的。

(1) $\dfrac{1}{n}u(n)$ (2) $\dfrac{1}{n!}u(n)$

(3) $2^{-n}u(n)$ (4) $2^{-n}u(-n)$

(5) $0.5^n u(n)$ (6) $0.5^n u(-n-1)$

(7) $4\delta(n+7)$ (8) $\sin(2\pi n + 3)$

6. 已知线性时不变系统的输入为 $x(n)$，系统的单位冲激响应为 $h(n)$，试求系统的输出 $y(n)$。

(1) $x(n) = \delta(n)$，$h(n) = R_3(n)$

(2) $x(n) = \{4, 2, 3, 1\}$，$h(n) = \{2, 4, 1\}$

(3) $x(n) = \delta(n-2)$，$h(n) = 0.2^n R_3(n)$

(4) $x(n) = \delta(n-5)$，$h(n) = 2^n R_3(n)$

(5) $x(n) = 2^n u(-n-1)$，$h(n) = 0.5^n u(n)$

(6) $x(n) = R_3(n)$，$h(n) = R_4(n)$

7. 设时域离散线性时不变系统的单位冲激响应 $h(n)$ 和输入激励信号 $x(n)$ 分别为 $h(n) = \left(\dfrac{j}{2}\right)^n u(n)(j = \sqrt{-1})$，$x(n) = \cos(\pi n)u(n)$。求系统的稳态响应 $y(n)$。

8. 假设 $x(n)$、$y(n)$、$z(n)$ 表示三个任意的序列，试证明：

(1) $x(n) * y(n) = y(n) * x(n)$

(2) $x(n) * [y(n) * z(n)] = [x(n) * y(n)] * z(n)$

(3) $x(n) * [y(n) + z(n)] = x(n) * y(n) + x(n) * z(n)$

9. 设有一个线性时不变的离散系统，单位冲激响应为 $h(n)$，如果输入 $x(n)$ 是周期为 N 的周期序列，试证明输出 $y(n)$ 也是周期为 N 的周期序列。

10. 已知 $h(n) = (0.5)^{-n}u(-n-1)$，通过直接计算卷积和的方法，试确定单位冲激响应为 $h(n)$ 的线性时不变系统的阶跃响应。

11. 设因果系统的输入与输出关系由以下差分方程确定

$$y(n) - \frac{1}{2}y(n-1) = x(n) + \frac{1}{2}x(n-1)$$

试求：(1) 该系统的单位冲激响应；

(2) 由(1)的结果，利用卷积和求输入为 $x(n) = e^{j\omega n}u(n)$ 时的响应。

12. 有一个理想采样系统，采样频率为 $\Omega_s = 16\pi$，经采样后通过理想的低通滤波器 $H_a(j\Omega)$ 还原，其中

$$H_a(j\Omega) = \begin{cases} 1, & |\Omega| < 8\pi \\ 0, & |\Omega| \geqslant 8\pi \end{cases}$$

现有两个输入 $x_{a_1}(t) = \cos 12\pi t$ 和 $x_{a_2}(t) = \cos 5\pi t$，问输出信号 $y_{a_1}(t)$，$y_{a_2}(t)$ 有无失真？为什么？

13. 设系统用一阶差分方程 $y(n) = ay(n-1) + x(n)$ 描述，初始条件为 $y(-1) = 0$，试分析该系统是否是线性时不变系统。

14. 已知序列 $x(n) = 3\delta(n) + 2\delta(n-1) + \delta(n-2)$，$h(n) = 2\delta(n) + \delta(n-1) + \delta(n-2)$，求 $y(n) = x(n) * y(n)$，用 MATLAB 编程实现。

15. 已知系统的差分方程和输入信号分别为 $y(n) + \frac{1}{2}y(n-1) = x(n) + 2x(n-2)$，$x(n) = \{1, 2, 3, 4, 2, 1\}$，用 MATLAB 编程计算系统的零状态响应。

16. 已知系统的差分方程为 $y(n) = 0.6y(n-1) - 0.08y(n-2) + x(n)$。用 MATLAB 函数 filter 计算系统的单位冲激响应和单位阶跃响应。

第②章　z 变换

本章在介绍序列的傅里叶变换、z 变换及其与拉普拉斯变换、傅里叶变换关系的基础上，研究了离散时间系统的 z 域分析法，并给出了离散系统的系统函数与频域响应的概念。重点是序列的傅里叶变换、z 变换及离散时间系统的系统函数和频率响应。类似于连续时间系统的 s 域分析，在离散系统的 z 域分析中，利用系统函数在 z 平面的零点和极点分布特征研究系统的时域特性、频域特性及稳定性的方法也具有同样重要的意义。

 ## 2.1　序列的傅里叶变换

2.1.1　DTFT 的定义

通过傅里叶变换，可以将信号从时域变换到频域，进而对信号进行频谱分析，连续信号的傅里叶变换是通过积分 $F(\Omega) = \int_{-\infty}^{+\infty} f(t)\mathrm{e}^{-\mathrm{j}\Omega} \mathrm{d}t$ 定义的。同样，对离散时间信号 $x(n)$ 也能进行频谱分析。$x(n)$ 的离散时间傅里叶变换定义为

$$X(\mathrm{e}^{\mathrm{j}\omega}) = \sum_{n=-\infty}^{+\infty} x(n)\mathrm{e}^{-\mathrm{j}n\omega}$$

其反变换为

$$x(n) = \frac{1}{2\pi}\int_{-\pi}^{\pi} X(\mathrm{e}^{\mathrm{j}\omega})\mathrm{e}^{\mathrm{j}n\omega} \mathrm{d}\omega$$

上述变换对也可简记为如下形式。

$$\begin{cases} X(\mathrm{e}^{\mathrm{j}\omega}) = \mathrm{DTFT}[x(n)] \\ x(n) = \mathrm{IDTFT}[X(\mathrm{e}^{\mathrm{j}\omega})] \end{cases}$$

离散序列的傅里叶变换也称为离散时间傅里叶变换。从定义上可以看出，离散序列傅里叶变换与连续信号傅里叶变换的定义相似，连续信号傅里叶正变换是对时间的积分，而离散序列傅里叶变换是对 n 的求和。其中，$X(\mathrm{e}^{\mathrm{j}\omega})$ 是 ω 的复合函数，可以表示为

$$X(\mathrm{e}^{\mathrm{j}\omega}) = \left| X(\mathrm{e}^{\mathrm{j}\omega}) \right| \mathrm{e}^{\mathrm{j}\varphi(\omega)}$$

$X(\mathrm{e}^{\mathrm{j}\omega})$ 称为 $x(n)$ 的频谱，$\left| X(\mathrm{e}^{\mathrm{j}\omega}) \right|$ 称为 $x(n)$ 的幅度谱，$\varphi(\omega)$ 称为 $x(n)$ 的相位谱，它们都是关于数字角频率 ω 的连续函数。由于 $\mathrm{e}^{\mathrm{j}\omega}$ 的周期为 2π，因此 $X(\mathrm{e}^{\mathrm{j}\omega})$ 也是周期为 2π 的周期函数。

连续信号存在傅里叶变换的条件是 $f(t)$ 绝对可积，同样，序列 $x(n)$ 的离散时间傅里叶变换存在的条件是 $x(n)$ 绝对可和。

与 $f(t)$ 绝对可积只是其傅里叶变换存在的充分条件而非必要条件类似，$x(n)$ 绝对可和也只是其傅里叶变换存在的充分条件而非必要条件。也就是说，有的序列虽然不满足绝对可和条件，但其傅里叶变换仍然存在。

2.1.2　DTFT 的性质

设 $\mathrm{DTFT}[x(n)] = X(\mathrm{e}^{\mathrm{j}\omega})$，$\mathrm{DTFT}[y(n)] = Y(\mathrm{e}^{\mathrm{j}\omega})$。DTFT 的基本性质如下。

1. 线性性质

$$\mathrm{DTFT}[ax(n)+by(n)]=aX(\mathrm{e}^{\mathrm{j}\omega})+bY(\mathrm{e}^{\mathrm{j}\omega})$$

式中:a 和 b 为任意常数。上式可由序列的傅里叶变换定义式直接得到,读者可自行证明。

2. 时移与频移特性

$$\mathrm{DTFT}[x(n-n_0)]=\mathrm{e}^{-\mathrm{j}\omega n_0}X(\mathrm{e}^{\mathrm{j}\omega})$$

$$\mathrm{DTFT}[\mathrm{e}^{\mathrm{j}\omega_0 n}x(n)]=X(\mathrm{e}^{\mathrm{j}(\omega-\omega_0)})$$

可见,时域位移对应于频域相移,频域位移对应于时域调制。

3. 周期性

序列的傅里叶变换 $X(\mathrm{e}^{\mathrm{j}\omega})$ 是 ω 的周期函数,周期为 2π,即

$$X(\mathrm{e}^{\mathrm{j}(\omega+2\pi)})=X(\mathrm{e}^{\mathrm{j}\omega})$$

4. 频域微分性质

$$\mathrm{IDTFT}\left[\mathrm{j}\frac{\mathrm{d}}{\mathrm{d}\omega}X(\mathrm{e}^{\mathrm{j}\omega})\right]=nx(n)$$

5. 序列的反褶性质

$$\mathrm{DTFT}[x(-n)]=X(\mathrm{e}^{-\mathrm{j}\omega})$$

可见,时域反褶对应于频域反褶。

6. 奇偶虚实性质

若 $x(n)$ 为实序列,则

$$\mathrm{DTFT}[x(n)]=X(\mathrm{e}^{\mathrm{j}\omega})=\mathrm{Re}[X(\mathrm{e}^{\mathrm{j}\omega})]+\mathrm{jIm}[X(\mathrm{e}^{\mathrm{j}\omega})]$$

此时 $X(\mathrm{e}^{\mathrm{j}\omega})$ 具有以下特性。

$$\mathrm{Re}[X(\mathrm{e}^{\mathrm{j}\omega})]=\mathrm{Re}[X(\mathrm{e}^{-\mathrm{j}\omega})]$$

$$\mathrm{Im}[X(\mathrm{e}^{\mathrm{j}\omega})]=-\mathrm{Im}[X(\mathrm{e}^{-\mathrm{j}\omega})]$$

$$|X(\mathrm{e}^{\mathrm{j}\omega})|=|X(\mathrm{e}^{-\mathrm{j}\omega})|$$

$$\varphi(\omega)=-\varphi(-\omega)$$

$$X(\mathrm{e}^{\mathrm{j}\omega})=X^*(\mathrm{e}^{-\mathrm{j}\omega})$$

即复函数 $X(\mathrm{e}^{\mathrm{j}\omega})$ 的实部是偶函数,虚部是奇函数;模为偶函数,辐角为奇函数;$X(\mathrm{e}^{\mathrm{j}\omega})$ 与 $X(\mathrm{e}^{-\mathrm{j}\omega})$ 互为共轭。

若把 $x(n)$ 分解为偶分量 $x_e(n)$ 和奇分量 $x_o(n)$ 的和,即

$$x_e(n)=\frac{1}{2}[x(n)+x(-n)]$$

$$x_o(n)=\frac{1}{2}[x(n)-x(-n)]$$

则偶分量 $x_e(n)$ 和奇分量 $x_o(n)$ 的离散时间傅里叶变换分别为

$$\mathrm{DTFT}[x_e(n)]=\mathrm{Re}[X(\mathrm{e}^{\mathrm{j}\omega})]$$

$$\mathrm{DTFT}[x_o(n)]=\mathrm{jIm}[X(\mathrm{e}^{\mathrm{j}\omega})]$$

7. 时域卷积定理

$$\mathrm{DTFT}[x(n)*y(n)]=X(\mathrm{e}^{\mathrm{j}\omega})Y(\mathrm{e}^{\mathrm{j}\omega})$$

8. 频域卷积定理

$$\mathrm{DTFT}[x(n)y(n)]=\frac{1}{2\pi}X(\mathrm{e}^{\mathrm{j}\omega})*Y(\mathrm{e}^{\mathrm{j}\omega})$$

9. 帕塞瓦尔定理

$$\sum_{n=-\infty}^{+\infty} \left| x(n) \right|^2 = \frac{1}{2\pi} \int_{-\pi}^{\pi} \left| X(e^{j\omega}) \right|^2 d\omega$$

 ## 2.2 变换的定义及收敛域

z 变换是对离散信号和离散系统进行分析处理的重要数学工具,类似于连续时间与系统的拉普拉斯变换可以将连续信号从时域转变到频域进行分析,z 变换可以将离散时间信号和系统变换到复频域下进行分析,它可以把离散系统的数学模型 —— 差分方程转化为简单的代数方程,从而简化求解过程。

2.2.1 z 变换的定义

离散时间序列的 z 变换定义如下。

$$X(z) = \sum_{n=-\infty}^{+\infty} x(n) z^{-n} \tag{2-1}$$

式中,z 为复变量,它所在的平面称为 z 平面。通常,我们用其表示对序列 $x(n)$ 进行 z 变换,即

$$Z[x(n)] = X(z)$$

这种 z 变换也被称为双边 z 变换,与之对应的单边 z 变换定义如下。

$$X(z) = \sum_{n=0}^{+\infty} x(n) z^{-n}$$

单边 z 变换只是在双边 z 变换的基础上将求和限变为从零到无穷大,那么由因果序列的定义可知,用这两种 z 变换计算出的因果序列 z 变换的结果是一样的。本书如不特别说明,以后所讨论的 z 变换均指双边 z 变换。

式(2-1)实际上是 z^{-1} 的幂级数形式,即

$$
\begin{aligned}
X(z) &= \sum_{n=-\infty}^{+\infty} x(n) z^{-n} \\
&= \cdots + x(-2)z^2 + x(-1)z^1 + x(0)z^0 + x(1)z^{-1} + x(2)z^{-2} + \cdots + x(n)z^{-n} + \cdots
\end{aligned}
$$

其中,级数的系数是 $x(n)$。当 $-\infty < n \leqslant -1$ 时,z 的正幂级数构成左边序列;当 $0 \leqslant n < +\infty$ 时,z 的负幂数构成右边序列。

2.2.2 z 变换的收敛域

对于任意序列 $x(n)$,使 z 变换 $X(z) = \sum\limits_{n=-\infty}^{+\infty} x(n) z^{-n}$ 收敛的所有 z 值的取值范围称为 z 变换的收敛域,用符号 ROC(region of convergence)来表示。不同的序列 $x(n)$,由于选择的收敛域不同,可能对应相同的 z 变换,所以在确定 z 变换时,一定要指明其收敛域。

根据级数理论,式(2-1)的级数收敛的充分条件是该级数绝对可和,即

$$\sum_{n=-\infty}^{+\infty} \left| x(n) z^{-n} \right| < +\infty \tag{2-2}$$

式(2-2)左边构成正项级数,通常可以用两种方法来判断正项级数的收敛性,分别为比值判别法和根值判别法,具体介绍如下。

1. 比值判别法

若正项级数 $\sum\limits_{n=-\infty}^{+\infty} |a_n|$，令

$$\lim_{n \to +\infty} \left| \frac{a_{n+1}}{a_n} \right| = \rho$$

则 $\rho < 1$ 时级数收敛，$\rho = 1$ 时级数可能收敛也可能发散，$\rho > 1$ 时级数发散。

2. 根值判别法

正项级数的一般项 $|a_n|$，令

$$\lim_{n \to +\infty} \sqrt[n]{|a_n|} = \rho$$

则 $\rho < 1$ 时级数收敛，$\rho = 1$ 时级数可能收敛也可能发散，$\rho > 1$ 时级数发散。

下面利用上述判定法和 z 变换的定义讨论几类序列的 z 变换的收敛域问题。

1. 有限长序列

有限长序列的定义为

$$x(n) = \begin{cases} x(n), & N_1 \leqslant n \leqslant N_2 \\ 0, & \text{其他} \end{cases}$$

此类序列 z 变换的收敛域为 $0 < |z| < \infty$，称为有限 z 平面，如图 2-1 所示。在 $z = 0$ 处，当 $N_2 > 0$ 时不收敛，在 $z = +\infty$ 处，当 $N_1 < 0$ 时不收敛。如果是因果序列，则收敛域包含无穷大点。有限长序列的收敛域可以总结如下。

（1）$N_1 < 0, N_2 \leqslant 0$ 时，$0 \leqslant |z| < +\infty$

（2）$N_1 < 0, N_2 > 0$ 时，$0 < |z| < +\infty$

（3）$N_1 \geqslant 0, N_2 > 0$ 时，$0 < |z| \leqslant +\infty$

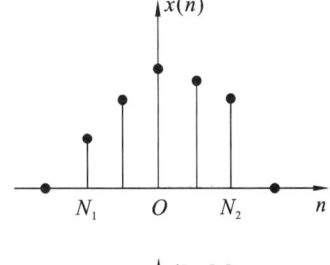

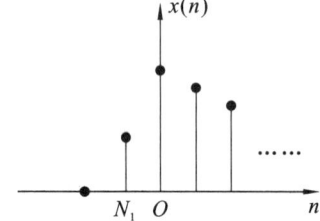

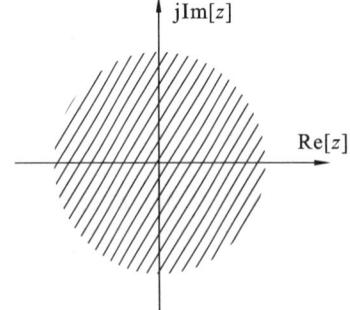

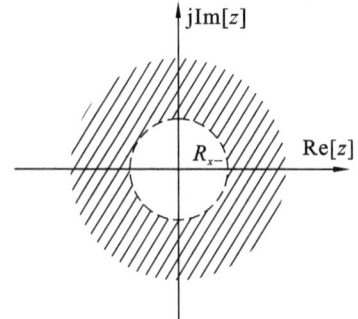

图 2-1　有限长序列及其收敛域　　　　图 2-2　右边序列及其收敛域

2. 右边序列

右边序列的定义为

$$x(n) = \begin{cases} x(n), & n \geqslant N_1 \\ 0, & \text{其他} \end{cases}$$

此类序列的 z 变换为

$$X(z) = \sum_{n=-\infty}^{+\infty} x(n)z^{-n} = \sum_{n=N_1}^{-1} x(n)z^{-n} + \sum_{n=0}^{+\infty} x(n)z^{-n} \tag{2-3}$$

从式(2-3)可以看出,序列 $x(n)$ 的 z 变换包含两部分:第一部分为 $N_1 \leqslant n \leqslant -1$,可以视为有限长序列,其收敛域为 $0 < |z| < +\infty$;第二部分为 $0 \leqslant n < +\infty$,其收敛域为 $R_{x-} < |z| < +\infty$。综合两项得序列 $x(n)$ 的收敛域为 $R_{x-} < |z|$,即 $X(z)$ 在以 R_{x-} 为半径的圆外部分(无穷大除外)都收敛,如图 2-2 所示。

3. 左边序列

左边序列的定义为

$$x(n) = \begin{cases} x(n), & n \leqslant N_2 \\ 0, & \text{其他} \end{cases}$$

此类序列的 z 变换为

$$X(z) = \sum_{n=-\infty}^{+\infty} x(n)z^{-n} = \sum_{n=-\infty}^{0} x(n)z^{-n} + \sum_{n=1}^{N_2} x(n)z^{-n} \tag{2-4}$$

从式(2-4)可以看出,序列 $x(n)$ 的 z 变换包含两部分:第一部分是 z 的正幂级数,其收敛域为 $|z| < R_{x+}$;第二部分是有限长序列,其收敛域为有限 z 平面。综合两部分得序列 $x(n)$ 的收敛域为 $0 < |z| < R_{x+}$,即在以 R_{x+} 为半径的圆内部分,除零点外都收敛。如果 $N_2 \leqslant 0$,则收敛域应包含 $z = 0$,即 $|z| < R_{x+}$,如图 2-3 所示。

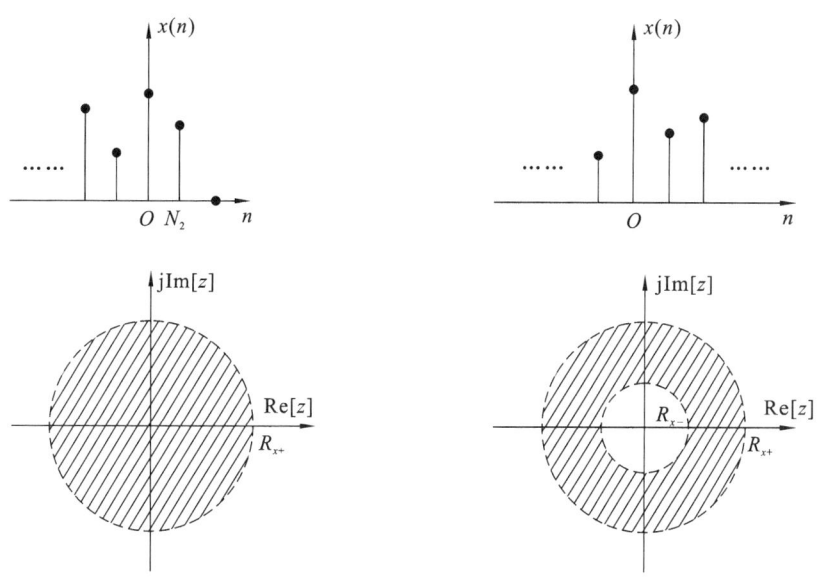

图 2-3 左边序列及其收敛域   图 2-4 双边序列及其收敛域

4. 双边序列

双边序列 n 的取值为 $-\infty$ 到 $+\infty$,因此双边序列可以看成是左边序列与优先序列的和。其 z 变换可以表示为

$$X(z) = \sum_{n=-\infty}^{+\infty} x(n)z^{-n} = \sum_{n=-\infty}^{-1} x(n)z^{-n} + \sum_{n=0}^{+\infty} x(n)z^{-n}$$

其中,第一项是左边序列,其收敛域为 $|z| < R_{x+}$,第二项是右边序列,收敛域为 $R_{x-} < |z|$,综合两项得双边序列的收敛域为 $R_{x-} < |z| < R_{x+}$,如图 2-4 所示。如果 $R_{x-} > R_{x+}$,则两项没有公共收敛区域,此时序列的 z 变换不存在。

需要指出的是，z 变换的收敛域里没有极点，但收敛域是以极点为边界的。因此，可以通过找出 z 变换的极点，然后根据序列的分类特性，确定序列 z 变换的收敛域。

2.2.3　典型序列的 z 变换

下面介绍几种典型序列的 z 变换。

1. 单位脉冲序列

$$\delta(n) = \begin{cases} 1, & n = 0 \\ 0, & n \neq 0 \end{cases}$$

$$X(z) = \sum_{n=-\infty}^{+\infty} \delta(n) z^{-n} = 1$$

可见，单位脉冲序列的 z 变换与单位脉冲函数的拉普拉斯变换类似，结果都为 1。

2. 单位阶跃序列

$$u(n) = \begin{cases} 1, & n \geqslant 0 \\ 0, & n < 0 \end{cases}$$

$$X(z) = \sum_{n=0}^{+\infty} z^{-n} = 1 + z^{-1} + z^{-2} + z^{-3} + \cdots = \frac{1}{1-z^{-1}} = \frac{z}{z-1} \quad (|z| > 1)$$

3. 斜变序列

$$x(n) = nu(n)$$

$$X(z) = \sum_{n=0}^{+\infty} n z^{-n} = \frac{z}{(z-1)^2} \quad (|z| > 1) \tag{2-5}$$

式(2-5)的证明过程如下。

$$Z[u(n)] = \sum_{n=0}^{+\infty} z^{-n} = \frac{1}{1-z^{-1}} \quad (|z| > 1)$$

上式两端同时对 z^{-1} 求导，得

$$\sum_{n=0}^{+\infty} n (z^{-1})^{n-1} = \frac{1}{(1-z^{-1})^2}$$

等式两边同时乘以 z^{-1}，得

$$Z[nu(n)] = \sum_{n=0}^{+\infty} n z^{-n} = \frac{z}{(z-1)^2} \quad (|z| > 1)$$

4. 指数序列

1）右边序列

$$x(n) = a^n u(n)$$

$$X(z) = \sum_{n=0}^{+\infty} a^n z^{-n} = \frac{1}{1-az^{-1}} = \frac{z}{z-a} \quad (|z| > |a|)$$

2）左边序列

$$x(n) = -a^n u(-n-1)$$

$$X(z) = \sum_{n=-\infty}^{-1} (-a^n) z^{-n} = -\sum_{n=0}^{+\infty} (a^{-1}z)^n + 1 = \frac{z}{z-a} \quad (|z| < |a|)$$

5. 正弦与余弦序列

单边余弦序列

$$x(n) = \cos(\omega_0 n) u(n)$$

由欧拉公式,可得

$$\cos(\omega_0 n) = \frac{\mathrm{e}^{\mathrm{j}\omega_0 n} + \mathrm{e}^{-\mathrm{j}\omega_0 n}}{2}$$

所以

$$Z[\cos(\omega_0 n)]u(n) = \frac{1}{2}\left(\frac{z}{z - \mathrm{e}^{\mathrm{j}\omega_0}} + \frac{z}{z - \mathrm{e}^{-\mathrm{j}\omega_0}}\right) = \frac{z(z - \cos\omega_0)}{z^2 - 2z\cos\omega_0 + 1} \quad (\mid z \mid > 1)$$

同理,可得

$$Z[\sin(\omega_0 n)]u(n) = \frac{1}{2}\left(\frac{z}{z - \mathrm{e}^{\mathrm{j}\omega_0}} - \frac{z}{z - \mathrm{e}^{-\mathrm{j}\omega_0}}\right) = \frac{z\sin\omega_0}{z^2 - 2z\cos\omega_0 + 1} \quad (\mid z \mid > 1)$$

为了便于读者查阅,在表 2-1 中列出了几种常见序列的 z 变换。

表 2-1 常见序列的 z 变换

序　　列	z 变换	收敛域
$\delta(n)$	1	$0 \leqslant \mid z \mid \leqslant + \infty$
$u(n)$	$\dfrac{1}{1 - z^{-1}} = \dfrac{z}{z - 1}$	$\mid z \mid > 1$
$u(-n-1)$	$\dfrac{-1}{1 - z^{-1}} = \dfrac{z}{1 - z}$	$\mid z \mid < 1$
$R_N(n)$	$\dfrac{1 - z^{-N}}{1 - z^{-1}} = \dfrac{z(1 - z^{-N})}{z - 1}$	$\mid z \mid > 0$
$nu(n)$	$\dfrac{z^{-1}}{(1 - z^{-1})^2} = \dfrac{z}{(z - 1)^2}$	$\mid z \mid > 1$
$a^n u(n)$	$\dfrac{1}{1 - az^{-1}} = \dfrac{z}{z - a}$	$\mid z \mid > \mid a \mid$
$-a^n u(-n-1)$	$\dfrac{1}{1 - az^{-1}} = \dfrac{z}{z - a}$	$\mid z \mid < \mid a \mid$
$na^n u(n)$	$\dfrac{az^{-1}}{(1 - az^{-1})^2} = \dfrac{az}{(z - a)^2}$	$\mid z \mid > \mid a \mid$
$-na^n u(-n-1)$	$\dfrac{az^{-1}}{(1 - az^{-1})^2} = \dfrac{az}{(z - a)^2}$	$\mid z \mid < \mid a \mid$
$\mathrm{e}^{\mathrm{j}\omega_0 n}u(n)$	$\dfrac{z}{z - \mathrm{e}^{-\mathrm{j}\omega_0}} = \dfrac{1}{1 - \mathrm{e}^{-\mathrm{j}\omega_0}z^{-1}}$	$\mid z \mid > 1$
$\sin(\omega_0 n)u(n)$	$\dfrac{z\sin\omega_0}{z^2 - 2z\cos\omega_0 + 1}$	$\mid z \mid > 1$
$\cos(\omega_0 n)u(n)$	$\dfrac{z(z - \cos\omega_0)}{z^2 - 2z\cos\omega_0 + 1}$	$\mid z \mid > 1$
$(n+1)a^n u(n)$	$\dfrac{z^2}{(z - a)^2}$	$\mid z \mid > \mid a \mid$
$\dfrac{(n+1)(n+2)}{2!}a^n u(n)$	$\dfrac{z^3}{(z - a)^3}$	$\mid z \mid > \mid a \mid$
$\dfrac{(n+1)(n+2)\cdots(n+m)}{m!}a^n u(n)$	$\dfrac{z^{m+1}}{(z - a)^{m+1}}$	$\mid z \mid > \mid a \mid$
$a^n \sin(\omega_0 n)u(n)$	$\dfrac{za\sin\omega_0}{z^2 - 2za\cos\omega_0 + a^2}$	$\mid z \mid > \mid a \mid$
$a^2 \cos(\omega_0 n)u(n)$	$\dfrac{z(z - a\cos\omega_0)}{z^2 - 2za\cos\omega_0 + a^2}$	$\mid z \mid > \mid a \mid$

第 2 章　z 变换

41

2.3 逆 z 变换

直接利用定义求逆 z 变换比较困难,通常计算逆 z 变换的方法有:留数法、部分分式展开法和长除法。下面逐一进行介绍。

2.3.1 留数法

如果 $X(z)$ 在收敛域内是解析的,则 $X(z)$ 可以展开成洛朗级数,即

$$X(z) = \sum_{-\infty}^{+\infty} c_n z^{-n} \tag{2-6}$$

式中,c_n 为洛朗级数的系数,并且有

$$c_n = \frac{1}{2\pi j} \oint_c X(z) z^{n-1} \mathrm{d}z \tag{2-7}$$

c 是 $X(z)$ 收敛域内包围原点的一条闭合曲线,取逆时针方向为正。式(2-6)与 z 变换的定义式相比,c_n 即是 $X(z)$ 的逆 z 变换 $x(n)$,即

$$x(n) = c_n = \frac{1}{2\pi j} \oint_c X(z) z^{n-1} \mathrm{d}z \tag{2-8}$$

由数学知识可知,直接求式(2-8)较困难,一般用留数法来求解。利用留数定理有

$$x(n) = \frac{1}{2\pi j} \oint_c X(z) z^{n-1} \mathrm{d}z = \sum_k \mathrm{Res}[X(z) z^{n-1}, z_k] \tag{2-9}$$

z_k 表示曲线 c 内的极点,$\mathrm{Res}[X(z) z^{n-1}, z_k]$ 表示被积函数 $X(z) z^{n-1}$ 在极点 $z = z_k$ 处的留数,$X(z)$ 的逆 z 变换 $x(n)$ 为被积函数 $X(z) z^{n-1}$ 在曲线 c 内所有极点的留数之和。根据留数定理,式(2-7)还有另一种求法,即

$$x(n) = \frac{1}{2\pi j} \oint_c X(z) z^{n-1} \mathrm{d}z = -\sum_m \mathrm{Res}[X(z) z^{n-1}, z_m] \tag{2-10}$$

其中,z_m 表示曲线 c 外的极点,所以 $X(z)$ 的逆 z 变换 $x(n)$ 也可以表示为被积函数 $X(z) z^{n-1}$ 在曲线 c 外所有极点的留数之和的相反数。

留数的求法有以下两种情况。

(1) z_i 是单极点,则有

$$\mathrm{Res}[X(z) z^{n-1}, z_i] = (z - z_i) X(z) z^{n-1} \big|_{z=z_i}$$

(2) z_i 是 N 阶重极点,则有

$$\mathrm{Res}[X(z) z^{n-1}, z_i] = \frac{1}{(N-1)!} \frac{\mathrm{d}^{N-1}}{\mathrm{d}z^{N-1}} [(z - z_i)^N X(z) z^{n-1}] \bigg|_{z=z_i}$$

式(2-10)表明,对于 N 阶重极点,求留数就需要求 N 阶导数,计算比较烦琐。在求留数时,要尽可能选取极点较少且极点阶次最低的区域,对应选择式(2-9)或式(2-10)来进行求解。

【例 2-1】 已知 $X(z) = \dfrac{z^2}{(4-z)\left(z - \dfrac{1}{4}\right)}$,ROC 为 $\dfrac{1}{4} < |z| < 4$,求 $x(n)$。

【解】 由式(2-8)可知

$$x(n) = \frac{1}{2\pi j} \oint_c X(z) z^{n-1} \mathrm{d}z$$

当 $n \geqslant -1$ 时,被积函数在围线内与围线外各有一个极点,分别为 $z_1 = \dfrac{1}{4}$ 和 $z_2 = 4$,如

图 2-5 所示。

这时,选择式(2-9)和式(2-10)都是合适的,这里选择式(2-9)进行计算,得

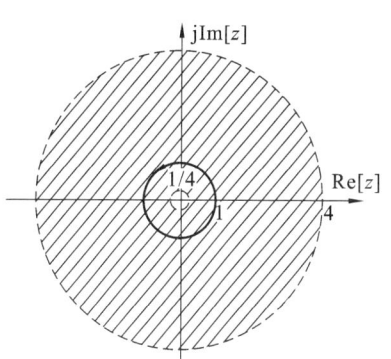

$$x(n) = \text{Res}\left[\frac{z^{n+1}}{(4-z)\left(z-\frac{1}{4}\right)}\right]\Bigg|_{z=\frac{1}{4}}$$

$$= \left(z-\frac{1}{4}\right)\frac{z^{n+1}}{(4-z)\left(z-\frac{1}{4}\right)}\Bigg|_{z=\frac{1}{4}} = \frac{1}{15}\left(\frac{1}{4}\right)^n$$

当 $n \leqslant -2$ 时,围线外只有一个一阶极点 $z_1 = 4$,而围线内除了有一个一阶极点 $z_2 = \frac{1}{4}$ 外,还有一个重极点 $z_3 = 0$,所以这时选择式(2-10)来计算较简单。

图 2-5   例 2.1 围线积分的路径

$$x(n) = -\text{Res}\left[\frac{z^{n+1}}{(4-z)\left(z-\frac{1}{4}\right)}\right]\Bigg|_{z=4} = (z-4)\frac{z^{n+1}}{(4-z)\left(z-\frac{1}{4}\right)}\Bigg|_{z=4} = \frac{4^{n+2}}{15}$$

综上所述

$$x(n) = \begin{cases} \dfrac{4^{-n}}{15}, & n \geqslant -1 \\[3mm] \dfrac{4^{n+2}}{15}, & n \leqslant -2 \end{cases}$$

2.3.2   部分分式展开法

在实际应用中,$X(z)$ 是 z 的有理分式,可表示为 $X(z) = \dfrac{N(z)}{D(z)}$,$N(z)$ 和 $D(z)$ 均为实系数多项式,且没有公因式。可将 $X(z)$ 展开成部分分式形式

$$X(z) = X_1(z) + X_2(z) + \cdots + X_n(z)$$

然后利用表 2-1 的常见 z 变换对求各项分式 $X_i(z)$ 的 z 逆变换 $x_i(n)$,然后求和得到 $x(n)$。在利用 z 变换的部分分式展开法的时候,通常先将 $\dfrac{X(z)}{z}$ 展开,然后把每个分式乘以 z,这样对于一阶极点,$X(z)$ 可以展开成 $\dfrac{z}{z-z_m}$ 的形式。

下面根据 $X(z)$ 极点阶次的不同分为两种情况进行讨论。

(1) $X(z)$ 只含一阶极点,则 $\dfrac{X(z)}{z}$ 可以展开为如下形式。

$$\frac{X(z)}{z} = \frac{A_0}{z} + \sum_{m=1}^{K}\frac{A_m}{z-z_m} = \frac{A_0}{z} + \frac{A_1}{z-z_1} + \frac{A_2}{z-z_2} + \cdots + \frac{A_K}{z-z_K} \tag{2-11}$$

其中

$$A_m = (z-z_m)\frac{X(z)}{z}\Bigg|_{z=z_m}$$

将式(2-11)左右两边同时乘以 z,得

$$X(z) = A_0 + \frac{A_1 z}{z-z_1} + \frac{A_2 z}{z-z_2} + \cdots + \frac{A_K z}{z-z_K}$$

然后对每一项进行逆 z 变换,得

$$x(n) = A_0\delta(n) + A_1(z_1)^n u(n) + A_2(z_2)^n u(n) + \cdots + A_K(z_K)^n u(n)$$

$$= A_0\delta(n) + [A_1(z_1)^n + A_2(z_2)^n + \cdots + A_K(z_K)^n]u(n)$$

【例 2-2】 已知 $X(z) = \dfrac{z^2}{(z-1)(z-3)}$，ROC 为 $|z| > 3$，求 $x(n)$。

【解】 $X(z)$ 除以 z，得

$$\frac{X(z)}{z} = \frac{z}{(z-1)(z-3)}$$

将上式展开成部分分式，得

$$\frac{X(z)}{z} = \frac{A_1}{(z-1)} + \frac{A_2}{(z-3)}$$

其中

$$A_1 = (z-1)\frac{X(z)}{z}\bigg|_{z=1} = -\frac{1}{2}, \quad A_2 = (z-3)\frac{X(z)}{z}\bigg|_{z=3} = \frac{3}{2}$$

$$\frac{X(z)}{z} = \frac{-\dfrac{1}{2}}{(z-1)} + \frac{\dfrac{3}{2}}{(z-3)}$$

上式两端同时乘以 z，得

$$X(z) = -\frac{1}{2} \cdot \frac{z}{z-1} + \frac{3}{2} \cdot \frac{z}{z-3}$$

则

$$x(n) = -\frac{1}{2}u(n) + \frac{3}{2}3^n u(n) = \frac{3^{n+1}-1}{2}u(n)$$

需要注意的是，同样的 $X(z)$，选择不同的收敛域，得到的序列将不同。

当 $1 < |z| < 3$ 时，有 $x(n) = -\dfrac{1}{2}u(n) - \dfrac{3}{2}3^n u(-n-1)$。

当 $|z| < 1$ 时，有 $x(n) = \dfrac{1}{2}u(-n-1) - \dfrac{3}{2}3^n u(-n-1)$。

（2）$X(z)$ 中含有高阶极点，设 $X(z)$ 中除了含有 M 个一阶极点外，在 $z = z_i$ 处还含有一个 s 阶极点，此时 $X(z)$ 应展开成如下形式。

$$X(z) = \sum_{m=0}^{M} \frac{A_m z}{z - z_m} + \sum_{j=1}^{s} \frac{B_j z}{(z - z_i)^j} = A_0 + \sum_{m=1}^{M} \frac{A_m z}{z - z_m} + \sum_{j=1}^{s} \frac{B_j z}{(z - z_i)^j} \quad (2\text{-}12)$$

式（2-12）中，A_m 的确定方法与（1）中确定 A_m 的方法相同，而

$$B_j = \frac{1}{(s-j)!}\left[\frac{\mathrm{d}^{s-j}}{\mathrm{d}z^{s-j}}(z - z_i)^s \frac{X(z)}{z}\right]\bigg|_{z=z_i}$$

【例 2-3】 已知 $X(z) = \dfrac{1}{(z-1)^2(z-2)}$，ROC 为 $|z| > 2$，求 $x(n)$。

【解】

$$X(z) = A_0 + \frac{A_1 z}{z-2} + \frac{B_1 z}{z-1} + \frac{B_2 z}{(z-1)^2}$$

$$B_j = \frac{1}{(s-j)!}\left[\frac{\mathrm{d}^{s-j}}{\mathrm{d}z^{s-j}}(z - z_i)^s \frac{X(z)}{z}\right]\bigg|_{z=z_i}$$

其中：$s = 2; j = 1, 2$。

$$A_0 = z \frac{1}{z(z-1)^2(z-2)^2}\bigg|_{z=0} = -\frac{1}{2}$$

$$A_1 = (z-2)\frac{1}{z(z-1)^2(z-2)^2}\bigg|_{z=2} = \frac{1}{2}$$

$$B_1 = \frac{1}{(2-1)!}\left[\frac{\mathrm{d}}{\mathrm{d}z}(z-1)^2 \frac{1}{z(z-1)^2(z-2)^2}\right]\Bigg|_{z=1} = -1$$

$$B_2 = (z-1)^2 \frac{1}{z(z-1)^2(z-2)^2}\Bigg|_{z=1} = -1$$

因此,有

$$X(z) = -\frac{1}{2} + \frac{1}{2}\frac{z}{z-2} - \frac{z}{z-1} - \frac{z}{(z-1)^2}$$

$$x(n) = -\frac{1}{2}\delta(n) - \frac{1}{2}2^n u(n) - u(n) - nu(n)$$

2.3.3 长除法

由 z 变换的定义可知,$X(z)$ 可以表示成 z^{-1} 的幂级数,即

$$X(z) = \sum_{n=-\infty}^{+\infty} x(n)z^{-n} = \cdots + x(-2)z^2 + x(-1)z^1 + x(0)z^0 + x(1)z^1 + x(2)z^{-2} + \cdots$$

该幂级数的系数就是 $x(n)$。

$X(z)$ 可以表示为

$$X(z) = \frac{N(z)}{D(z)} = \frac{b_0 + b_1 z + b_2 z^2 + \cdots + b_{r-1}z^{r-1} + b_r z^r}{a_0 + a_1 z + a_2 z^2 + \cdots + a_{k-1}z^{k-1} + a_k z^k}$$

如果 $X(z)$ 的收敛域是 $|z| > R_{x1}$,则 $x(n)$ 是因果序列

$$X(z) = \sum_{n=0}^{+\infty} x(n)z^{-n} = x(0)z^0 + x(1)z^{-1} + x(2)z^{-2} + \cdots$$

此时,$N(z)$ 和 $D(z)$ 按 z 的降幂(或 z^{-1} 的升幂)进行排列。如果收敛域是 $|z| < R_{x2}$,则 $x(n)$ 是左边序列

$$X(z) = \sum_{n=0}^{+\infty} x(n)z^{-n} = x(0)z^0 + x(-1)z^1 + x(-2)z^2 + \cdots$$

此时,$N(z)$ 和 $D(z)$ 按 z 的升幂(或 z^{-1} 的降幂)进行排列。

【例 2-4】 已知 $X(z) = \dfrac{z}{z^2 - 2z + 1}$,ROC 为 $|z| > 1$,求 $x(n)$。

【解】 收敛域在圆外,是右边序列,按 z 的降幂进行排列。

$$
\begin{array}{r}
z^{-1} + 2z^{-2} + 3z^{-3} + 4z^{-4} + \cdots \\
z^2 - 2z + 1 \overline{\big)\; z \qquad\qquad\qquad\qquad\qquad} \\
\underline{z - 2 + z^{-1}} \qquad\qquad\qquad \\
2 - z^{-1} \qquad\qquad\qquad \\
\underline{2 - 4z^{-1} + 2z^{-2}} \qquad\qquad \\
3z^{-1} - 2z^{-2} \qquad\qquad \\
\underline{3z^{-1} - 6z^{-2} + 3z^{-3}} \qquad \\
4z^{-2} - 3z^{-3} \qquad \\
\underline{4z^{-2} - 8z^{-3} + 4z^{-4}} \\
5z^{-3} - 4z^{-4} \\
\vdots
\end{array}
$$

因为

$$X(z) = x(0)z^0 + x(-1)z^1 + x(-2)z^2 + \cdots$$

所以

$$x(n) = \left\{\underset{\underset{n=0}{\uparrow}}{0}, 1, 2, 3, 4, \cdots\right\}$$

【例 2-5】 已知 $X(z) = \dfrac{z}{z^2 - 2z + 1}$,ROC 为 $|z| < 1$,求 $x(n)$。

【解】 收敛域在圆内,是左边序列,按 z 的升幂进行排列。

$$
\begin{array}{r}
z + 2z^2 + 3z^3 + 4z^4 + \cdots \\
1 - 2z + z^2 \overline{\smash{\big)}\, z} \\
\underline{z - 2z^2 + z^3} \\
2z^2 - z^3 \\
\underline{2z^2 - 4z^3 + 2z^4} \\
3z^3 - 2z^4 \\
\underline{3z^3 - 6z^4 + 3z^5} \\
4z^4 - 3z^5 \\
\underline{4z^4 - 8z^5 + 4z^6} \\
5z^5 - 4z^6 \\
\vdots
\end{array}
$$

因此,$x(n) = \left\{ \cdots, 4, 3, 2, \underset{n=-1}{1} \right\}$

 2.4 z 变换的性质

本节在以下假设的基础上讨论 z 变换的基本性质。

$$
\begin{cases}
Z[x(n)] = X(z), R_{x-} < |z| < R_{x+} \\
Z[y(n)] = Y(z), R_{y-} < |z| < R_{y+}
\end{cases}
$$

1. 线性性质

$$
Z[ax(n) + by(n)] = aX(z) + bY(z) \quad (R_- < |z| < R_+)
$$

其中,$R_- = \max\{R_{x-}, R_{y-}\}$;$R_+ = \min\{R_{x+}, R_{y+}\}$;$a, b$ 为任意常数。

上式表明 z 变换是一种线性变换,各序列线性组合之后的 z 变换是各序列 z 变换的线性组合。一般情况下,线性组合后 z 变换的收敛域是各序列 z 变换收敛域的交集。如果某些线性组合存在零点和极点的对消,则收敛域可能扩大。

【例 2-6】 求序列 $a^n u(n) - a^n u(n-1)$ 的 z 变换。

【解】 $x(n) = a^n u(n), X(z) = \dfrac{z}{z-a}$ $(|z| > |a|)$

$$
y(n) = a^n u(n-1), Y(z) = \sum_{n=1}^{+\infty} a^n z^{-n} = \frac{a}{z-a} \ (|z| > |a|)
$$

因此,有 $\qquad Z[a^n u(n) + a^n u(n-1)] = X(z) - Y(z) = 1$

可见,线性组合后零点和极点出现对消,使线性组合后 z 变换的收敛域扩大为整个 z 平面。

2. 序列的移位

序列的移位性质表示序列移位后的 z 变换与原序列 z 变换的关系。在实际应用中可能遇到序列的左移(超前)和右移(延迟)两种不同情况,所取的变换形式又可能有单边 z 变换和双边 z 变换,它们的移位性质基本相同,但又有各自不同的特点,下面逐一进行讨论。

1) 双边 z 变换

双边序列移位后,原序列不变,只影响其在时间轴上的位置。

序列 $x(n)$ 的右移序列的 z 变换为

$$Z[x(n-m)] = z^{-m}X(z) \quad (R_{x-} < |z| < R_{x+})$$

其中, m 为任意正整数。

【证明】 由 z 变换定义得

$$Z[x(n-m)] = \sum_{n=-\infty}^{+\infty} x(n-m)z^{-n}$$

令 $k = n - m$, 则有

$$Z[x(n-m)] = \sum_{n=-\infty}^{+\infty} x(k)z^{-(k+m)} = z^{-m}\sum_{n=-\infty}^{+\infty} x(k)z^{-k} = z^{-m}X(z)$$

一般情况下, 序列移位后 z 变换的收敛域不发生变化, 但由于乘以因子 z^{-m}, 对有些单边序列在 $z = 0$ 和 $z = +\infty$ 处可能有变化, 例如:

$Z[\delta(n)] = 1$, 收敛域为整个 z 平面, 即 $0 \leqslant |z| \leqslant +\infty$;

$Z[\delta(n-1)] = z^{-1}$, 收敛域为 $0 < |z| \leqslant +\infty$;

$Z[\delta(n+1)] = z$, 收敛域为 $0 \leqslant |z| < +\infty$。

【例 2-7】 求序列 $a^{n-1}u(n-1)$ 的 z 变换。

【解】 $x(n) = a^n u(n), X(z) = \dfrac{z}{z-a} \quad (|z| > |a|)$

根据序列的移位性质, 有

$$Z[a^{n-1}u(n-1)] = z^{-1}X(z) = \frac{1}{z-a} \quad (|z| > |a|)$$

可见, 例 2-6 中的序列 $a^n u(n-1)$ 也可以转化成序列 $aa^{n-1}u(n-1)$, 然后利用序列的移位特性求其 z 变换。

2) 单边 z 变换

若 $x(n)$ 为双边序列, 其单边 z 变换为

$$Z[x(n)u(n)] = X(z)$$

则序列左移后, 它的单边 z 变换为

$$Z[x(n+m)u(n)] = z^m \left[X(z) - \sum_{k=0}^{m-1} x(k)z^{-k} \right] \tag{2-13}$$

式中, m 为任意正整数。

【证明】 由单边 z 变换的定义, 得

$$Z[x(n+m)u(n)] = \sum_{n=0}^{+\infty} x(n+m)z^{-n} = z^m \sum_{n=0}^{+\infty} x(n+m)z^{-(m+n)}$$

令 $k = n + m$, 则

$$z^m \sum_{k=m}^{+\infty} x(k)z^{-k} = z^m \left[\sum_{k=0}^{+\infty} x(k)z^{-k} - \sum_{k=0}^{m-1} x(k)z^{-k} \right]$$

$$= z^m \left[X(z) - \sum_{k=0}^{m-1} x(k)z^{-k} \right]$$

同样, 可以得到右移序列的单边 z 变换

$$Z[x(n-m)u(n)] = z^{-m} \left[X(z) + \sum_{k=-m}^{-1} x(k)z^{-k} \right] \tag{2-14}$$

式中, m 为任意正整数。

对于 $m = 1, 2$ 的情况, 式(2-13)和式(2-14)可以写成如下形式。

$$Z[x(n+1)u(n)] = zX(z) - zx(0)$$

$$Z[x(n+2)u(n)] = z^2 X(z) - z^2 x(0) - zx(1)$$

$$Z[x(n-1)u(n)] = z^{-1}X(z) + x(-1)$$

$$Z[x(n-2)u(n)] = z^{-2}X(z) + z^{-1}x(-1) + x(-2)$$

如果 $x(n)$ 是因果序列,则式(2-14)右边的 $\sum_{k=-m}^{-1} x(k)z^{-k}$ 项都等于零。于是右移序列的单边 z 变换变为

$$Z[x(n-m)u(n)] = z^{-m}X(z)$$

而左移序列的单边 z 变换仍为

$$Z[x(n-m)u(n)] = z^m \left[X(z) - \sum_{k=0}^{m-1} x(k)z^{-k} \right]$$

3. 序列的指数加权(z 域尺度变换)

$$Z[a^n x(n)] = X\left(\frac{z}{a}\right) \quad \left(R_{x-} < \left| \frac{z}{a} \right| < R_{x+} \right)$$

式中,a 为非零常数。

【证明】

$$Z[a^n x(n)] = \sum_{n=-\infty}^{+\infty} a^n x(n)z^{-n} = \sum_{n=-\infty}^{+\infty} x(n)\left(\frac{z}{a}\right)^{-n}$$
$$= X\left(\frac{z}{a}\right) \quad (|a|R_{x-} < |z| < |a|R_{x+})$$

【例 2-8】 求序列 $a^n\cos(\omega_0 n)u(n)$ 的 z 变换。

【解】 因为 $Z[\cos(\omega_0 n)u(n)] = \dfrac{z(z-\cos\omega_0)}{z^2 - 2z\cos\omega_0 + 1} \quad (|z|>1)$

$$Z[a^n\cos(\omega_0 n)u(n)] = \frac{\left(\frac{z}{a}\right)\left(\frac{z}{a}-\cos\omega_0\right)}{\left(\frac{z}{a}\right)^2 - 2\left(\frac{z}{a}\right)\cos\omega_0 + 1} = \frac{z(z-a\cos\omega_0)}{z^2 - 2az\cos\omega_0 + a^2} \quad (|z|>|a|)$$

同理有, $Z[a^n\sin(\omega_0 n)u(n)] = \dfrac{az\cos\omega_0}{z^2 - 2az\cos\omega_0 + a^2} \quad (|z|>|a|)$

4. 序列的线性加权(z 域微分)

$$Z[nx(n)] = -z\frac{dX(z)}{dz} \quad (R_{x-} < |z| < R_{x+})$$

【证明】

$$-z\frac{dX(z)}{dz} = -z\frac{d}{dz}\left[\sum_{n=-\infty}^{+\infty} x(n)z^{-n} \right] = -z\sum_{n=-\infty}^{+\infty} x(n)\frac{d}{dz}z^{-n}$$
$$= -z\sum_{n=-\infty}^{+\infty} x(n)(-n)z^{-n-1} = \sum_{n=-\infty}^{+\infty} nx(n)z^{-n}$$
$$= Z[nx(n)] \quad (R_{x-} < |z| < R_{x+})$$

可见,序列 $nx(n)$ 的 z 变换与 $X(z)$ 的导数有关,并且收敛域不发生变化。

【例 2-9】 求序列 $na^n u(n)$ 的 z 变换。

【解】 因为 $Z[a^n u(n)] = \dfrac{z}{z-a} \quad (|z|>|a|)$,根据序列的线性加权特性,得

$$Z[na^n u(n)] = -z \frac{\mathrm{d}\left[\dfrac{z}{z-a}\right]}{\mathrm{d}z} = -z \frac{z-a-z}{(z-a)^2} = \frac{za}{(z-a)^2} \quad (|z| > |a|)$$

5. 复序列的共轭

$$Z[x^*(n)] = X^*(z^*) \quad (R_{x-} < |z| < R_{x+})$$

式中,符号"*"表示取共轭复数。

【证明】

$$Z[x^*(n)] = \sum_{n=-\infty}^{+\infty} x^*(n)z^{-n} = \left[\sum_{n=-\infty}^{+\infty} x(n)(z^*)^{-n}\right]^* = X^*(z^*) \quad (R_{x-} < |z| < R_{x+})$$

6. 序列的反褶

$$Z[x(-n)] = X\left(\frac{1}{z}\right) \quad \left(\frac{1}{R_{x+}} < |z| < \frac{1}{R_{x-}}\right)$$

【证明】

$$Z[x(-n)] = \sum_{n=-\infty}^{+\infty} x(-n)z^{-n} = \sum_{n=-\infty}^{+\infty} x(n)z^{n}$$
$$= \sum_{n=-\infty}^{+\infty} x(n)\left(\frac{1}{z}\right)^{-n} = X\left(\frac{1}{z}\right) \quad \left(\frac{1}{R_{x+}} < |z| < \frac{1}{R_{x-}}\right)$$

【例 2-10】 求序列 $u(-n-1)$ 的 z 变换。

【解】 因为
$$Z[u(n)] = \frac{z}{z-1} \quad (|z| > 1)$$

根据 z 变换的序列位移性质,得

$$Z[u(n-1)] = z^{-1}\frac{z}{z-1} = \frac{1}{z-1} \quad (|z| > 1)$$

根据序列的反褶性质,得

$$Z[u(-n-1)] = \frac{1}{\dfrac{1}{z}-1} = -\frac{z}{z-1} \quad (|z| < 1)$$

需要注意的是,将序列 $u(n-1)$ 反褶,是将其自变量 n 取相反数,而不是将 $n-1$ 取相反数。在应用序列反褶性质时,尤其要注意这一点。

7. 初值定理

对于因果序列 $n(x)$,有

$$x(0) = \lim_{z \to +\infty} X(z)$$

【证明】 对于因果序列,有

$$X(z) = \sum_{n=-\infty}^{+\infty} x(n)z^{-n} = \sum_{n=0}^{+\infty} x(n)z^{-n}$$
$$= x(0)z^0 + x(1)z^{-1} + x(2)z^{-2} + \cdots$$

等式两边同时对 z 取极限,有

$$\lim_{z \to +\infty} X(z) = \lim_{z \to +\infty}[x(0)z^0 + x(1)z^{-1} + x(2)z^{-2} + \cdots] = x(0)$$

【例 2-11】 已知因果序列的 z 变换为 $X(z) = \dfrac{z^2 + 2z}{z^3 + 0.5z^2 - z + 7}$,求该序列的初值 $x(0)$ 及 $n=1$ 时的序列值 $x(1)$。

【解】
$$x(0) = \lim_{z \to +\infty} X(z) = 0$$

$$x(1) = \lim_{z \to +\infty} Z[x(n-1)] = \lim_{z \to +\infty} z^{-1}X(z) = \lim_{z \to +\infty} \frac{1 + \dfrac{2}{z}}{1 + \dfrac{1}{2}\dfrac{1}{z} - \dfrac{1}{z^2} + \dfrac{7}{z^3}} = 1$$

8. 终值定理

若序列 $x(n)$ 为因果序列,并且 $X(z)$ 的极点处于单位圆内(单位圆上最多在 $z = 1$ 处有一阶极点),则有

$$\lim_{n \to +\infty} x(n) = \lim_{z \to 1}[(z-1)X(z)]$$

【证明】 根据序列的移位性质,得

$$Z[x(n+1) - x(n)] = (z-1)X(z) = \sum_{n=-\infty}^{+\infty} [x(n+1) - x(n)]z^{-n}$$

因 $x(n)$ 为因果序列,所以有

$$(z-1)X(z) = \sum_{n=-1}^{+\infty} [x(n+1) - x(n)]z^{-n} = \lim_{n \to +\infty} \sum_{m=-1}^{n} [x(m+1) - x(m)]z^{-m}$$

等式两边同时对 $z \to 1$ 求极限,有

$$\begin{aligned}
\lim_{z \to 1}(z-1)X(z) &= \lim_{n \to +\infty} \left[\sum_{m=-1}^{n} x(m+1) - \sum_{m=0}^{n} x(m) \right] \\
&= \lim_{n \to +\infty} \{ x(0) + [x(1) - x(0)] + [x(2) - x(1)] + \cdots \\
&\quad + [x(n+1) - x(n)] \} \\
&= \lim_{n \to +\infty} x(n+1) = \lim_{n \to +\infty} x(n)
\end{aligned}$$

因此

$$\lim_{n \to +\infty} x(n) = \lim_{z \to 1}[(z-1)X(z)]$$

需要注意的是,终值定理只有当 $n \to \infty$ 时,$x(n)$ 收敛才可以应用,也就是要求 $X(z)$ 的极点必须处在单位圆内(在单位圆上的只能是位于 $z = 1$ 的一阶极点)。

9. 卷积定理

若

$$y(n) = x(n) * h(n) = \sum_{m=-\infty}^{+\infty} x(m)h(n-m)$$

且有

$$Z[h(n)] = H(z) \quad (R_{h-} < |z| < R_{h+})$$

则

$$Y(z) = Z[y(n)] = Z[x(n) * h(n)] = X(z)H(z) \quad (R_{y-} < |z| < R_{y+})$$

其中,$R_{y-} = \max\{R_{x-}, R_{h-}\}$, $R_{y+} = \min\{R_{x+}, R_{h+}\}$。

【证明】

$$Z[y(n)] = \sum_{n=-\infty}^{+\infty} y(n)z^{-n} = \sum_{n=-\infty}^{+\infty} \sum_{m=-\infty}^{+\infty} x(m)h(n-m)z^{-n}$$

令 $k = n - m$,则有

$$\begin{aligned}
Z[y(n)] &= \sum_{n=-\infty}^{+\infty} \sum_{m=-\infty}^{+\infty} x(m)h(k)z^{-(k+m)} \\
&= \sum_{m=-\infty}^{+\infty} x(m)z^{-m} \sum_{k=-\infty}^{+\infty} h(k)z^{-k} = X(z)H(z)
\end{aligned}$$

可见,两序列在时域中的卷积等效于在 z 域中两序列 z 变换的乘积。在线性时不变系统中,如果系统的输入为 $x(n)$,系统的单位冲激响应为 $h(n)$,则输出 $y(n)$ 是 $x(n)$ 与 $h(n)$ 的卷积。利用卷积定理,通过求出 $X(z)$ 和 $H(z)$,然后求出乘积 $X(z)H(z)$ 的 z 逆变换就可以得到 $y(n)$。

【例 2-12】 已知 $x(n) = a^n u(n)$，$h(n) = b^n u(n) - ab^{n-1} u(n-1)$，求 $y(n) = x(n) * h(n)$。

【解】
$$X(z) = Z[x(n)] = \frac{z}{z-a} \quad (|z| > |a|)$$

$$H(z) = Z[h(n)] = \frac{z}{z-b} - \frac{a}{z-b} = \frac{z-a}{z-b} \quad (|z| > |b|)$$

$$Y(z) = X(z)H(z) = \frac{z}{z-b} \quad (|z| > |b|)$$

$$y(n) = x(n) * h(n) = Z^{-1}[Y(z)] = b^n u(n)$$

10. 序列的乘积(z 域复卷积定理)

设 $w(n) = x(n)y(n)$，则

$$W(z) = \frac{1}{2\pi \mathrm{j}} \oint_c X(v) Y\left(\frac{z}{v}\right) \frac{1}{v} \mathrm{d}v \tag{2-15}$$

$W(z)$ 的收敛域为 $R_{x-}R_{y-} < |z| < R_{x+}R_{y+}$。

【证明】
$$W(z) = \sum_{n=-\infty}^{+\infty} x(n)y(n)z^{-n}$$

$$= \sum_{n=-\infty}^{+\infty} \left[\frac{1}{2\pi \mathrm{j}} \oint_c X(v) v^{n-1} \mathrm{d}v \right] y(n) z^{-n}$$

$$= \frac{1}{2\pi \mathrm{j}} \oint_c X(v) Y\left(\frac{z}{v}\right) \frac{1}{v} \mathrm{d}v$$

由 $R_{x-} < |z| < R_{x+}$，$R_{y-} < \left|\dfrac{z}{v}\right| < R_{y+}$，得

$$R_{x-}R_{y-} < |z| < R_{x+}R_{y+}$$

$$\max\left\{ R_{x-}, \frac{|z|}{R_{y+}} \right\} < |v| < \min\left\{ R_{x+}, \frac{|z|}{R_{y-}} \right\}$$

11. 帕塞瓦尔定理

$$\sum_{n=-\infty}^{+\infty} x(n) * y(n) = \frac{1}{2\pi \mathrm{j}} \oint_c X(v) Y^*\left(\frac{1}{v^*}\right) \frac{1}{v} \mathrm{d}v$$

其中，c 是 $X(v)$ 与 $Y^*\left(\dfrac{1}{v^*}\right)$ 二者收敛域重叠部分内的一条包围原点的闭合曲线。

$$R_{x-}R_{y-} < 1 < R_{x+}R_{y+}$$

【证明】 设 $\quad w(n) = x(n)y^*(n)$，$W(z) = Z[w(n)]$

根据复卷积定理，得

$$W(z) = \sum_{n=-\infty}^{+\infty} [x(n)y^*(n)] x^{-n}$$

$$= \frac{1}{2\pi \mathrm{j}} \oint_c X(v) Y^*\left(\frac{z^*}{v^*}\right) \frac{1}{v} \mathrm{d}v$$

$$R_{x-}R_{y-} < |z| < R_{x+}R_{y+}$$

令 $z = 1$，则

$$W(z)|_{z=1} = \frac{1}{2\pi \mathrm{j}} \oint_c X(v) Y^*\left(\frac{1}{v^*}\right) \frac{1}{v} \mathrm{d}v$$

同时 $\quad W(z)|_{z=1} = \sum_{n=-\infty}^{+\infty} [x(n)y^*(n)] z^{-n}|_{z=1} = \sum_{n=-\infty}^{+\infty} x(n)y^*(n)$

因此
$$\sum_{n=-\infty}^{+\infty} x(n)y^*(n) = \frac{1}{2\pi\mathrm{j}}\oint_c X(v)Y^*\left(\frac{1}{v^*}\right)\frac{1}{v}\mathrm{d}v$$

表 2-2 中归纳了 z 变换的主要性质。

表 2-2 z 变换的主要性质

序　列	z 变换	收 敛 域
$ax(n)+by(n)$	$aX(z)+bY(z)$	$R_- < \mid z \mid < R_+$
$x(n-m)$	$z^{-m}X(z)$	$R_{x-} < \mid z \mid < R_{x+}$
$a^n x(n)$	$X\left(\dfrac{z}{a}\right)$	$R_{x-} < \left\mid \dfrac{z}{a} \right\mid < R_{x+}$
$nx(n)$	$-z\dfrac{\mathrm{d}X(z)}{\mathrm{d}z}$	$R_{x-} < \mid z \mid < R_{x+}$
$x^*(n)$	$X^*(z^*)$	$R_{x-} < \mid z \mid < R_{x+}$
$x(n)*h(n)$	$X(z)H(z)$	$R_{y-} < \mid z \mid < R_{y+}$
$x(n)y(n)$	$\dfrac{1}{2\pi\mathrm{j}}\oint_c X(v)Y\left(\dfrac{z}{v}\right)\dfrac{1}{v}\mathrm{d}v$	$R_{x-}R_{y-} < \mid z \mid < R_{x+}R_{y+}$
$\sum\limits_{n=-\infty}^{+\infty} x(n)y^*(n)$ $= \dfrac{1}{2\pi\mathrm{j}}\oint_c X(v)Y^*\left(\dfrac{1}{v^*}\right)\dfrac{1}{v}\mathrm{d}v$		$R_{x-}R_{y-} < 1 < R_{x+}R_{y+}$
$x(0) = \lim\limits_{z\to+\infty} X(z)$		$x(n)$ 为因果序列，$\mid z \mid > R_{x-}$
$\lim\limits_{z\to+\infty} x(n) = \lim\limits_{z\to1}[(z-1)X(z)]$		$x(n)$ 为因果序列且当 $\mid z \mid \geqslant 1$ 时，$(z-1)X(z)$ 收敛

2.5　z 变换与拉氏变换、傅氏变换的关系

2.5.1　z 变换与拉氏变换

设 $x_a(t)$ 为连续时间信号，$\hat{x}_a(t)$ 为经理想采样后的信号，它们的拉氏变换分别为

$$X_a(s) = \int_{-\infty}^{+\infty} x_a(t)\mathrm{e}^{-st}\mathrm{d}t$$

$$\hat{X}_a(s) = \int_{-\infty}^{+\infty} \hat{x}_a(t)\mathrm{e}^{-st}\mathrm{d}t$$

又
$$\hat{x}_a(t) = \sum_{n=-\infty}^{+\infty} x(nT)\delta(t-nT) \tag{2-16}$$

将上式代入 $\hat{X}_a(s)$ 的表达式中，则有

$$\hat{X}_a(s) = \int_{-\infty}^{+\infty} \sum_{n=-\infty}^{+\infty} x_a(nT)\delta(1-nT)\mathrm{e}^{-st}\mathrm{d}t$$

$$= \sum_{n=-\infty}^{+\infty} \int_{-\infty}^{+\infty} x_a(nT)\delta(1-nT)\mathrm{e}^{-st}\mathrm{d}t$$

$$= \sum_{n=-\infty}^{+\infty} x_a(nT)\mathrm{e}^{-nst}$$

采样序列 $x(n) = x_a(nT)$ 的 z 变换为

$$X(z) = \sum_{n=-\infty}^{+\infty} x_a(nT)z^{-n} = \sum_{n=-\infty}^{+\infty} x(n)z^{-n} \tag{2-17}$$

对比式(2-16)和式(2-17)可以看出,当 $z = \mathrm{e}^{sT}$ 时,采样序列的 z 变换就等于其理想采样信号的拉氏变换,即

$$X(z)\big|_{z=\mathrm{e}^{st}} = X(\mathrm{e})^{sT} = \hat{X}_a(s) \tag{2-18}$$

这说明,从理想采样信号的拉氏变化到采样序列的 z 变换,就是由复变量 s 平面到复变量 z 平面的映射,其映射关系为

$$\begin{cases} z = \mathrm{e}^{sT} \\ s = \dfrac{1}{T}\mathrm{ln}z \end{cases} \tag{2-19}$$

将复变量 s 用直角坐标表示,即

$$s = \sigma + \mathrm{j}\Omega \tag{2-20}$$

复变量 z 用极坐标表示,即

$$z = r\mathrm{e}^{\mathrm{j}\omega} \tag{2-21}$$

将式(2-20)和式(2-21)代入式(2-19),得

$$r\mathrm{e}^{\mathrm{j}\omega} = \mathrm{e}^{(\sigma+\mathrm{j}\Omega)T} = \mathrm{e}^{\sigma T}\mathrm{e}^{\mathrm{j}\Omega T}$$

因此有

$$\begin{cases} r = \mathrm{e}^{\sigma T} \\ \omega = \Omega T \end{cases} \tag{2-22}$$

由式(2-22)可以看出 s 平面与 z 平面有如下映射关系。

(1) s 平面的原点$(\sigma = 0, \Omega = 0)$映射到 z 平面上 $z = 1$ 点$(r = 1, \omega = 0)$。

(2) s 的实轴 σ 与 z 的模 r 的关系为

$$\begin{cases} \sigma = 0 \Rightarrow r = 1 \\ \sigma < 0 \Rightarrow r < 1 \\ \sigma > 0 \Rightarrow r > 1 \end{cases}$$

这说明 s 平面虚轴$(\sigma = 0)$映射到 z 平面上是半径为 1 的圆$(r = 1)$,即单位圆;s 的左半平面$(\sigma < 0)$映射到 z 平面单位圆内部$(r < 1)$;s 的右半平面$(\sigma > 0)$映射到 z 平面单位圆外部$(r > 1)$,如图 2-6 所示。

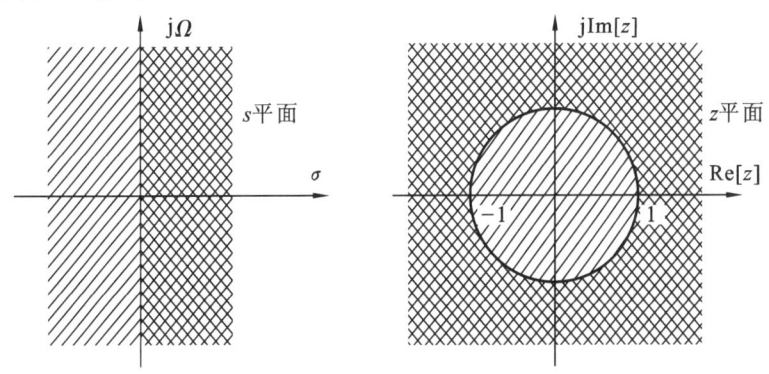

图 2-6 σ 与 r 的映射关系

（3）s 的虚轴 Ω 与 z 的相角 ω 是线性关系（$\omega = \Omega T$）。当 $\Omega = 0$ 时，$\omega = 0$，即 s 平面的实轴映射到 z 平面上的正实轴；由于 $z = r\mathrm{e}^{\mathrm{j}\omega}$ 是 ω 的周期函数，因此当 Ω 由 $-\pi/T$ 增长到 π/T 时，ω 由 $-\pi$ 增长到 π，相角旋转了一周，映射了整个 z 平面，因此 Ω 每增加一个采样频率 $\Omega_{\mathrm{s}} = 2\pi/T$，$\omega$ 就增加一个 2π，也就是重复旋转一周，z 平面重叠一次。所以，从 s 平面到 z 平面是一个多对一的映射，如图 2-7 所示。

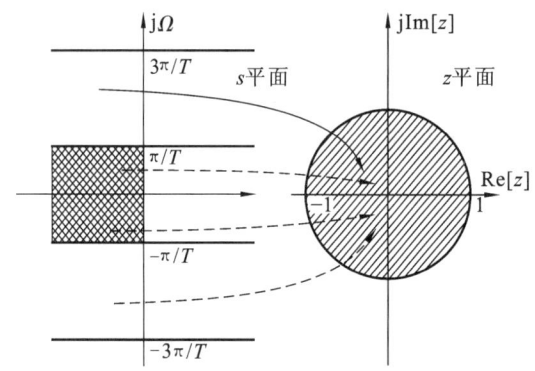

图 2-7 s 平面到 z 平面的多值映射关系

有了 s 平面到 z 平面的映射关系，就可以进一步通过理想采样所提供的桥梁，得到连续信号 $x_{\mathrm{a}}(t)$ 本身的拉氏变换 $X_{\mathrm{a}}(s)$ 与采样序列 $x(n)$ 的 z 变换 $X(z)$ 之间的关系。已知采样信号的频谱为

$$\hat{X}_{\mathrm{a}}(s) = \frac{1}{T}\sum_{k=-\infty}^{+\infty} X_{\mathrm{a}}(s - \mathrm{j}k\Omega_{\mathrm{s}})$$

将上式代入式（2-18），得到 $X(z)$ 与 $X_{\mathrm{a}}(s)$ 的关系，即

$$X(z)\Big|_{x=\mathrm{e}^{sT}} = \frac{1}{T}\sum_{k=-\infty}^{+\infty} X_{\mathrm{a}}(s - \mathrm{j}k\Omega_{\mathrm{s}}) = \frac{1}{T}\sum_{k=-\infty}^{+\infty} X_{\mathrm{a}}\left(s - \mathrm{j}\frac{2\pi}{T}k\right)$$

2.5.2 z 变换与傅氏变换

我们知道傅氏变换是拉氏变换在虚轴上的特例，即 $s = \mathrm{j}\Omega$，映射到 z 平面上是单位圆 $z = \mathrm{e}^{\mathrm{j}\Omega T}$，将这两个关系式代入式（2-18）可得

$$X(z)\Big|_{z=\mathrm{e}^{\mathrm{j}\Omega T}} = X(\mathrm{e}^{\mathrm{j}\Omega T}) = \hat{X}_{\mathrm{a}}(\mathrm{j}\Omega) \tag{2-23}$$

$$X(\mathrm{e}^{\mathrm{j}\Omega T}) = \frac{1}{T}\sum_{k=-\infty}^{+\infty} X_{\mathrm{a}}\left(\mathrm{j}\Omega - \mathrm{j}\frac{2\pi}{T}k\right)$$

式（2-23）表明，采样序列在单位圆上的 z 变换，就等于其理想采样信号的傅氏变换。

2.6 差分方程的 z 域解法

设 N 阶常系数线性差分方程的一般形式为

$$\sum_{k=0}^{N} a_k y(n-k) = \sum_{m=0}^{M} b_m x(n-m)$$

与微分方程的拉氏变换求解方法的步骤相似，差分方程的 z 域解法的步骤如下。

（1）对差分方程（连同初始条件）进行 z 变换。

（2）求输出函数 $Y(z)$。

（3）求输出函数 $Y(z)$ 的逆 z 变换，得到 $y(n)$。

下面举例说明。

【例2-13】 已知线性时不变系统的差分方程为 $y(n) + \frac{1}{2}y(n-1) = x(n) + x(n-1)$，$x(n) = \left(\frac{1}{2}\right)^n u(n)$，$x(-1) = 0$，$y(-1) = 2$，求 $y(n)$。

【解】 首先，对差分方程进行 z 变换，得

$$Y(z) + \frac{1}{2}\left[z^{-1}Y(z) + y(-1)\right] = X(z) + z^{-1}X(z) + x(-1)$$

将 $x(-1) = 0$，$y(-1) = 2$ 代入，得

$$Y(z) + \frac{1}{2}z^{-1}Y(z) + 1 = X(z) + z^{-1}X(z) + 0$$

求 $Y(z)$，得

$$Y(z) = \left[\frac{z}{z - \frac{1}{2}}\left(1 + \frac{1}{z}\right) - 1\right]\frac{1}{1 + \frac{1}{2z}}$$

$$= \frac{\frac{3}{2}z}{\left(z - \frac{1}{2}\right)\left(z + \frac{1}{2}\right)} = \frac{3}{2}\left(\frac{z}{z - \frac{1}{2}} - \frac{z}{z + \frac{1}{2}}\right)$$

进行逆 z 变换，得

$$y(n) = \frac{3}{2}\left[\left(\frac{1}{2}\right)^n - \left(-\frac{1}{2}\right)^n\right]u(n)$$

 ## 2.7 系统函数

在时域系统分析中，一个线性时不变系统可以由它的单位冲激响应 $h(n)$ 来表示。对于一个给定的输入 $x(n)$，其输出 $y(n)$ 为

$$y(n) = x(n) * h(n) = \sum_{m=-\infty}^{+\infty} x(m)h(n-m)$$

对等式两端同时取 z 变换，得

$$Y(z) = X(z)H(z)$$

则

$$H(z) = \frac{Y(z)}{X(z)}$$

把 $H(z)$ 定义为线性时不变系统的系统函数，它是单位冲激响应的 z 变换，即

$$H(z) = Z[h(n)] = \sum_{n=-\infty}^{+\infty} h(n)z^{-n}$$

在单位圆$(z = e^{j\omega})h$ 上的系统函数就是系统的频率响应 $H(e^{j\omega})$。

$$H(e^{j\omega}) = \mathrm{DTFT}[h(n)]e^{-j\omega n}$$

2.7.1 系统函数与差分方程的关系

我们知道，一个线性时不变系统可以用常系数差分方程来表示，其 N 阶常系数线性差分方程的一般形式为

$$\sum_{k=0}^{N} a_k y(n-k) = \sum_{m=0}^{M} b_m x(n-m)$$

假设系统的初始状态为零,则对上式进行 z 变换得

$$\sum_{k=0}^{N} a_k z^{-k} Y(z) = \sum_{m=0}^{M} b_m z^{-m} X(z)$$

因此
$$H(z) = \frac{Y(z)}{X(z)} = \frac{\displaystyle\sum_{m=0}^{M} b_m z^{-m}}{\displaystyle\sum_{k=0}^{N} a_k z^{-k}} \tag{2-24}$$

由上式可以看出系统函数分子、分母多项式的系数分别是差分方程的系数。对式(2-24)的分子多项式和分母多项式进行因式分解,可得

$$H(z) = \left(\frac{b_0}{a_0}\right) \frac{\displaystyle\prod_{m=1}^{M} (1 - c_m z^{-1})}{\displaystyle\prod_{k=1}^{N} (1 - d_k z^{-1})} = A \frac{\displaystyle\prod_{m=1}^{M} (1 - c_m z^{-1})}{\displaystyle\prod_{k=1}^{N} (1 - d_k z^{-1})} \tag{2-25}$$

这里,$z = c_m$ 是 $H(z)$ 的零点,$z = d_k$ 是 $H(z)$ 的极点,它们都是由差分方程的系数 b_m 和 a_k 决定的。因此,除了比例常数 $A = b_0/a_0$ 以外,系统函数完全由它的全部零点和极点来确定。

式(2-24)或式(2-25)随着收敛域的不同可以代表不同的系统。

2.7.2 系统函数的性质

下面介绍系统函数的基本性质。

1. 系统的因果性

单位冲激响应 $h(n)$ 为因果序列的系统称为因果系统,根据因果序列的 z 变换及其收敛域可知,一个线性时不变因果系统的系统函数 $H(z)$ 的收敛域满足如下条件。

$$R_- < |z| \leqslant +\infty$$

即系统函数的极点一定在以某一长度为半径的圆内,收敛域则在整个圆外部分。

2. 系统的稳定性

线性时不变系统稳定的充分必要条件是 $h(n)$ 必须满足绝对可和条件,即

$$\sum_{n=-\infty}^{+\infty} |h(n)| < +\infty$$

对应 $h(n)$ 的 z 变换 $H(z)$ 必须满足 $\displaystyle\sum_{n=-\infty}^{+\infty} |h(n)z^{-n}| < +\infty$,由此可见,当 $|z| = 1$ 时,系统稳定性条件与 z 变换收敛满足的条件完全相同。换言之,如果系统稳定,则系统函数 $H(z)$ 是收敛域一定包含 $|z| = 1$,即包含 z 平面的单位圆。

因果稳定系统是最普遍、最重要的一种系统,它必须同时满足系统的因果性和稳定性,其系统函数 $H(z)$ 必须在从单位圆到 $+\infty$ 的整个 z 域内收敛,即

$$R_- < |z| \leqslant +\infty, R_- < 1$$

也就是说,系统函数的全部极点必须都位于单位圆内。

现将系统因果、稳定与系统函数极点及收敛域的关系归纳如下。

(1) 线性时不变系统稳定的充要条件是系统函数 $H(z)$ 的收敛域包含单位圆。

(2) 线性时不变系统因果稳定的充要条件是系统函数 $H(z)$ 的收敛域包含 $+\infty$。

(3) 一个因果稳定系统的系统函数的极点必须在单位圆内。

(4) 一个因果稳定系统的系统函数的收敛域一定从单位圆内到无穷远处。

2.7.3　系统的频率响应

在单位圆($z = \mathrm{e}^{\mathrm{j}\omega}$)上的系统函数就是系统的频率响应 $H(\mathrm{e}^{\mathrm{j}\omega})$,即
$$H(\mathrm{e}^{\mathrm{j}\omega}) = H(z)\big|_{z=\mathrm{e}^{\mathrm{j}\omega}} = \mathrm{DTFT}[h(n)]\mathrm{e}^{-\mathrm{j}\omega n}$$

线性时不变系统的频率响应 $H(\mathrm{e}^{\mathrm{j}\omega})$ 是以 2π 为周期的连续周期函数,是复函数,可以写成模和相位的形式,即
$$H(\mathrm{e}^{\mathrm{j}\omega}) = \big|H(\mathrm{e}^{\mathrm{j}\omega})\big|\mathrm{e}^{\mathrm{j}\arg[H(\mathrm{e}^{\mathrm{j}\omega})]}$$

式中,频率响应的模 $\big|H(\mathrm{e}^{\mathrm{j}\omega})\big|$ 称为系统的幅度响应(或幅频响应),频率响应的相位 $\arg[H(\mathrm{e}^{\mathrm{j}\omega})]$ 称为系统的相位响应(相频响应)。系统频率响应 $H(\mathrm{e}^{\mathrm{j}\omega})$ 存在且连续的条件是 $h(n)$ 绝对可和,即要求系统是稳定系统。

【例 2-14】　已知线性时不变系统的输入与输出由以下差分方程确定
$$y(n) - \frac{1}{2}y(n-1) = x(n) + \frac{1}{2}x(n-1)$$

假设系统为因果系统。

(1)求系统的单位冲激响应。

(2)求输入 $x(n) = \mathrm{e}^{\mathrm{j}\pi n}$ 的响应。

【解】　(1)对差分方程两端同时进行 z 变换,得
$$Y(z) - \frac{1}{2}z^{-1}Y(z)X(z) + \frac{1}{2}z^{-1}X(z)$$

系统函数为
$$H(z) = \frac{Y(z)}{X(z)} = \frac{1 + \frac{1}{2}z^{-1}}{1 - \frac{1}{2}z^{-1}} = \frac{2}{1 - \frac{1}{2}z^{-1}} - 1$$

系统函数 $H(z)$ 仅有一个极点,$z_1 = \frac{1}{2}$,因系统是因果系统,故 $H(z)$ 的收敛域必须包含 $+\infty$,所以收敛域为 $|z| > \frac{1}{2}$,该收敛域包含单位圆,所以系统也是稳定的。

对系统函数 $H(z)$ 进行逆 z 变换,可得单位冲激响应为
$$h(n) = Z^{-1}[H(z)] = 2 \times \left(\frac{1}{2}\right)^n u(n) - \delta(n) = \left(\frac{1}{2}\right)^{n-1} u(n) - \delta(n)$$

(2)
$$y(n) = x(n) * h(n) = \sum_{n=-\infty}^{+\infty} h(m)\mathrm{e}^{\mathrm{j}\pi(n-m)} = \mathrm{e}^{\mathrm{j}\pi n} \sum_{n=-\infty}^{+\infty} h(m)\mathrm{e}^{\mathrm{j}\pi m}$$
$$= \mathrm{e}^{\mathrm{j}\pi n}H(\mathrm{e}^{\mathrm{j}\pi}) = \mathrm{e}^{\mathrm{j}\pi n}\frac{1 + \frac{1}{2}\mathrm{e}^{-\mathrm{j}\pi}}{1 - \frac{1}{2}\mathrm{e}^{-\mathrm{j}\pi}} = \frac{1}{3}\mathrm{e}^{\mathrm{j}\pi n}$$

我们知道,一个 N 阶系统的系统函数 $H(z)$ 完全可以用其在 z 平面上的零极点确定。同时,因为系统的频率在单位圆上的 z 变换即为系统的频率响应,因此系统的频率响应也完全可以由 $H(z)$ 的零点和极点确定。这就是频率响应的几何确定法,实际上就是利用 $H(z)$ 在 z 平面上的零点和极点,采用几何方法,直观、定性地求出系统的频率响应。

$H(z)$ 的零极点表示为
$$H(z) = Az^{(N-M)}\frac{\prod_{m=1}^{M}(z - c_m)}{\prod_{k=1}^{N}(z - d_k)}$$

式中，A 为实数。将 $z = \mathrm{e}^{\mathrm{j}\omega}$ 代入上式，得系统的频率响应为

$$H(\mathrm{e}^{\mathrm{j}\omega}) = A z^{\mathrm{j}(N-M)\omega} \frac{\displaystyle\prod_{m=1}^{M}(\mathrm{e}^{\mathrm{j}\omega} - c_m)}{\displaystyle\prod_{k=1}^{K}(\mathrm{e}^{\mathrm{j}\omega} - d_k)}$$

$$= |H(\mathrm{e}^{\mathrm{j}\omega})| \mathrm{e}^{\mathrm{jarg}[H(\mathrm{e}^{\mathrm{j}\omega})]}$$

其中

$$|H(\mathrm{e}^{\mathrm{j}\omega})| = |A| \frac{\displaystyle\prod_{m=1}^{M}|(\mathrm{e}^{\mathrm{j}\omega} - c_m)|}{\displaystyle\prod_{k=1}^{N}|(\mathrm{e}^{\mathrm{j}\omega} - d_k)|} \tag{2-26}$$

$$\arg[H(\mathrm{e}^{\mathrm{j}\omega})] = \arg[A] + \sum_{m=1}^{M}\arg[\mathrm{e}^{\mathrm{j}\omega} - c_m] - \sum_{k=1}^{N}\arg[\mathrm{e}^{\mathrm{j}\omega} - d_k] + (N-M)\omega \tag{2-27}$$

式(2-26)表明系统的幅频响应 $|H(\mathrm{e}^{\mathrm{j}\omega})|$ 等于各零点到 $\mathrm{e}^{\mathrm{j}\omega}$ 点矢量长度之积除以各极点到 $\mathrm{e}^{\mathrm{j}\omega}$ 点矢量长度之积，再乘以常数 $|A|$。式(2-27)表明系统的相位响应等于各零点到 $\mathrm{e}^{\mathrm{j}\omega}$ 点矢量相角之和减去各极点到 $\mathrm{e}^{\mathrm{j}\omega}$ 点矢量相角之和加上常数 A 的相角，再加上线性相移分量 $(N-M)\omega$。当频率 ω 由 0 到 2π 时，这些矢量的终端点沿单位圆逆时针方向旋转一圈，从而可以估算出整个系统的频率响应来。

 ## 2.8　本章内容相关的 MATLAB 应用示例

【例 2-15】　利用 MATLAB 把如下系统函数转换为零极点模型，然后再转换回来。

注意：使用 roots 函数之前必须通过末尾补 0 的方法使 a 和 b 具有相同的长度。

$$H(z) = \frac{1 + 2z^{-1} + 4z^{-2}}{1 + 3z^{-1} + 3z^{-2} + z^{-3}} = \frac{z^3 + 2z^2 + 4z}{z^3 + 3z^2 + 3z + 1}$$

MATLAB 程序如下。

```
b = [1 2 4];
a = [1 3 3 1];
b = [b,0];
q = roots(b),p = roots(a),k = b(1)/a(1),
bb = k* poly(q),
aa = poly(p)
```

运行结果如下。

```
q = 0
   - 1.0000 + 1.7321i
   - 1.0000 - 1.7321i
p = - 1.0000
   - 1.0000 + 0.0000i
   - 1.0000 - 0.0000i
k = 1
bb = 1.0000    2.0000    4.0000         0
aa = 1.0000    3.0000    3.0000    1.0000
```

【例 2-16】 利用 MATLAB 把如下系统函数展开成部分分式的形式。

$$H(z) = \frac{-1 + 2z^{-1}}{1 + 6z^{-1} + 8z^{-2}} = \frac{-3}{1 + 4z^{-1}} + \frac{2}{1 + 2z^{-1}}$$

MATLAB 程序如下。

```
b = [- 1 2];
a = [1 6 8];
[r,p,k] = residuez(b,a)
```

运行结果如下。

```
r = - 3    2
p = - 4    - 2
k = []
```

【例 2-17】 已知离散时间系统的系统函数为 $H(z) = \dfrac{1}{2 - z^{-1}}$，利用 MATLAB 绘制其频率响应曲线。

MATLAB 程序如下。

```
num = [1 0];den = [2 - 1];
omega = - pi:pi/150:pi
H = freqz(num,den,omega);
subplot(211),plot(omega,abs(H))
xlabel(' 频率(rad)')
ylabel(' 幅值响应 ')
subplot(212),plot(omega,180/pi* unwrap(angle(H)));
xlabel(' 频率(rad)')
ylabel(' 相位响应 ')
title(' 系统的频率响应 ')
```

运行结果如图 2-8 所示。

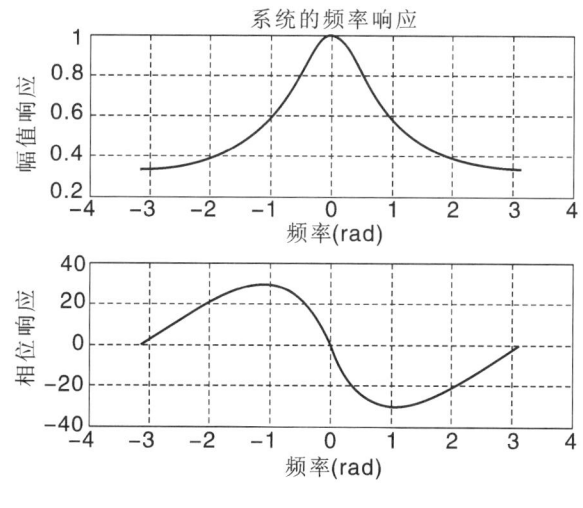

图 2-8 例 2-17 图

【例 2-18】 已知线性时不变系统的系统函数为 $H(z) = \dfrac{1 + 1.5z^{-1}}{1 + 0.2z^{-1} - 0.8z^{-2}}$，利用 MATLAB 在 z 平面中画出 $H(z)$ 的零点和极点，以及系统的幅度响应曲线。

MATLAB 程序如下。

```
b = [1,1.5]
a = [1,0.2, - 0.8];
subplot(221)
zplane(b,a)
xlabel('虚部 ')
ylabel('实部 ')
title('零极点图 ')
[H,w] = freqz(b,a,250);
subplot(222)
plot(w,abs(H))
xlabel(' 频率(rad)')
ylabel(' 幅度 ')
title(' 幅度响应曲线 ')
```

运行结果如图 2-9 所示。

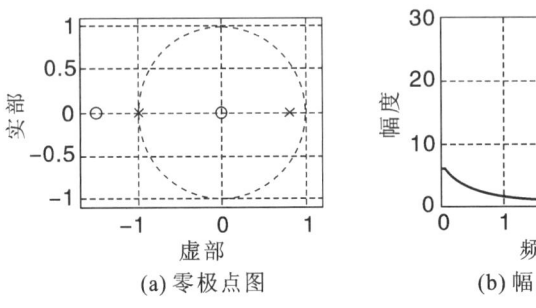

(a) 零极点图　　　　(b) 幅度响应曲线

图 2-9　　例 2-18 图

本 章 小 结

离散序列的傅里叶变换定义为 $X(e^{j\omega}) = \sum\limits_{n=-\infty}^{+\infty} x(n)e^{-jn\omega}$，可以将离散信号从时域变换到频域，进而可以对信号进行频谱分析。$X(e^{j\omega})$ 称为 $x(n)$ 的频谱，$|X(e^{j\omega})|$ 称为 $x(n)$ 的幅度谱，$\varphi(\omega)$ 称为 $x(n)$ 的相位谱，它们都是关于数字角频率 ω 的连续函数。

z 变换是对离散信号和离散系统进行分析处理的重要数学工具，熟悉典型的序列的 z 变换，包括单位脉冲序列、单位阶跃序列、斜变序列、指数序列即正弦序列和余弦序列。求解逆 z 变换的常用方法包括：留数法、部分分式展开法、长除法。z 变换的性质十分重要，需要认真掌握。由 z 变换及逆 z 变换可以导出差分方程的 z 域解法。

对拉普拉斯变换、傅里叶变换和 z 变换之间的关系进行分析，其中序列的 z 变换与理想采样信号的拉普拉斯变换的关系最为重要，s 平面和 z 平面有着重要的映射关系。采样序列在单位圆上的 z 变换，就等于其理想采样信号的傅里叶变换。

系统函数 $H(z)$ 和系统的输入输出存在关系 $H(z) = \dfrac{Y(z)}{X(z)}$，由系统函数可以描述系统的性能，如因果性、稳定性等，系统函数和差分方程还可以相互转化。在单位圆上的系统函数就是系统的频率响应 $H(e^{j\omega})$。

习题与上机练习 2

1. 已知 $X(e^{j\omega})$ 和 $Y(e^{j\omega})$ 分别为 $x(n)$ 与 $y(n)$ 的傅里叶变换,试写出下列序列的傅里叶变换。

(1) $x(n-m)$　　　　　　　　　　　(2) $x(-n)$

(3) $x(n) * y(n)$　　　　　　　　　　(4) $nx(n)$

2. 设系统的单位冲激响应 $h(n) = a^n u(n)$ $(0 < a < 1)$,输入序列为

$$x(n) = \delta(n) + 2\delta(n-1)$$

求系统输出 $y(n)$。

3. 求下列序列的 z 变换 $X(z)$,并标明收敛域。

(1) $\delta(n-1)$　　　　　　　　　　(2) $\left(\dfrac{1}{3}\right)^n u(n)$

(3) $\left(\dfrac{1}{2}\right)^{n-1} u(n-1)$　　　　　　(4) $\delta(n) - \dfrac{1}{2}\delta(n-3)$

(5) $a^n u(n) - b^n u(-n-1)$

4. 求双边序列 $x(n) = \left(\dfrac{1}{3}\right)^n$ 的 z 变换,并指出其收敛域。

5. 求下列 $X(z)$ 的逆 z 变换。

(1) $X(z) = \dfrac{1}{1+0.2z^{-1}}$ $\left(|z| > \dfrac{1}{5}\right)$

(2) $X(z) = \dfrac{1 - \dfrac{1}{2}z^{-1}}{1 + \dfrac{3}{4}z^{-1} + \dfrac{1}{8}z^{-2}}$ $\left(|z| > \dfrac{1}{2}\right)$

(3) $X(z) = \dfrac{6z^2}{(z-1)(z+1)}$ $(|z| > 1)$

(4) $X(z) = \dfrac{z}{(z-2)(z-1)^2}$ $(|z| > 2)$

6. 序列 $x(n)$ 的 z 变换如下式,试求不同收敛域所对应的原序列 $x(n)$。

$$X(z) = \dfrac{z}{3z^2 - 4z + 1}$$

7. 已知 $X(z) = Z[x(n)]$,$H(z) = Z[h(n)]$,证明

$$Z\left[\sum_{m=-\infty}^{+\infty} h(m)x(m-n)\right] = H(z)X\left(\dfrac{1}{z}\right)$$

8. 试用 z 变换的卷积定理证明如下等式。

(1) $x(n) * \delta(n-m) = x(n-m)$

(2) $u(n) * u(n) = (n+1)u(n)$

9. 设 $X(e^{j\omega})$ 是如图 2-10 所示的 $x(n)$ 信号的傅里叶变换,不必求出 $X(e^{j\omega})$,完成下列计算。

(1) $X(e^{j0})$

(2) $\displaystyle\int_{-\pi}^{\pi} X(e^{j\omega})\,d\omega$

(3) $\displaystyle\int_{-\pi}^{\pi}\left|X(\mathrm{e}^{\mathrm{j}\omega})\right|^2\mathrm{d}\omega$

(4) $\displaystyle\int_{-\pi}^{\pi}\left|\dfrac{\mathrm{d}X(\mathrm{e}^{\mathrm{j}\omega})}{\mathrm{d}\omega}\right|^2\mathrm{d}\omega$

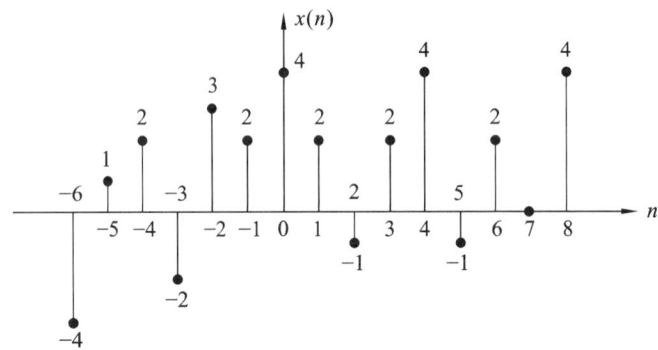

图 2-10　题 9 图

10. 已知线性时不变系统的差分方程描述如下。

$$y(n)-\frac{5}{2}y(n-1)+y(n-2)=x(n-1)$$

（1）求系统是系统函数 $H(z)$，画出 $H(z)$ 的零极点图，判断系统的稳定性。

（2）求一个满足上述差分方程，并使系统稳定的（非因果）的单位冲激响应 $h(n)$。

11. 已知系统的差分方程为 $y(n)+5y(n-1)+6y(n-2)=x(n)$，起始状态为 $y(-1)=3$，$y(-2)=2$。当 $x(n)=2u(n)$ 时，求系统的响应 $y(n)$。

12. 已知线性时不变系统满足以下差分方程。

$$y(n)+\frac{1}{2}y(n-1)=x(n)$$

（1）画出该系统的结构框图。

（2）求该系统的系统函数 $H(z)$，并画出系统的零极点图。

（3）求系统的单位冲激响应 $h(n)$，并讨论系统的稳定性和因果性。

13. 利用 MATLAB 把以下系统函数转换为零极点模型。

$$H(z)=\frac{2z^3+z^2+3z}{3z^3+z^2+2z+1}$$

14. 把如下系统函数写成部分分式展开的形式。

$$H(z)=\frac{3+10z^{-1}}{1+7z^{-1}+12z^{-2}}$$

15. 已知系统的系统函数如下。

$$H(z)=\frac{z^{-1}}{1-0.2z^{-1}+z^{-2}}$$

利用 MATLAB 绘制其频率响应曲线。

16. 已知系统的系统函数如下。

$$H(z)=\frac{2+3z^{-1}}{1+0.4z^{-1}-0.6z^{-2}}$$

试用 MATLAB 绘制其零极点图。

第3章 离散傅里叶变换及其快速算法

本章主要讨论数字信号处理中的重要数学变换——离散傅里叶变换。本章首先介绍了周期序列的离散傅里叶级数,然后重点介绍了离散傅里叶变换及其性质,最后给出了离散傅里叶变换的快速算法及其应用。

 ## 3.1 离散傅里叶级数

因为周期序列不满足绝对可和条件,所以其傅里叶变换不存在,它的频域分析可以采用离散傅里叶级数(DFS)来表示。

设 $\tilde{x}(n)$ 是以 N 为周期的周期序列,因为其具有周期性,所以可以展开成离散傅里叶级数,如式(3-1)所示。

$$\tilde{x}(n) = \sum_{k=-\infty}^{+\infty} a_k e^{j\frac{2\pi}{N}kn} \tag{3-1}$$

式中,a_k 为离散傅里叶级数的系数。为求系数 a_k,将上式两边乘以 $e^{-j\frac{2\pi}{N}mn}$,并对 n 在一个周期中求和,具体如下。

$$\sum_{n=0}^{N-1} \tilde{x}(n) e^{-j\frac{2\pi}{N}mn} = \sum_{n=0}^{N-1} \left[\sum_{k=-\infty}^{+\infty} a_k e^{j\frac{2\pi}{N}kn} \right] e^{-j\frac{2\pi}{N}mn} = \sum_{k=-\infty}^{+\infty} a_k \sum_{n=0}^{N-1} e^{j\frac{2\pi}{N}(k-m)n}$$

式中,

$$\sum_{n=0}^{N-1} e^{j\frac{2\pi}{N}(k-m)n} = \begin{cases} N, & k = m \\ 0, & k \neq m \end{cases}$$

因此,

$$a_k = \frac{1}{N} \sum_{n=0}^{N-1} \tilde{x}(n) e^{-j\frac{2\pi}{N}kn} \quad (-\infty < k < +\infty) \tag{3-2}$$

式中,k 和 n 均取整数。因为 $e^{-j\frac{2\pi}{N}kn}$ 是以 N 为周期的周期序列,即 $e^{-j\frac{2\pi}{N}(k+lN)n} = e^{-j\frac{2\pi}{N}kn}$($l$ 取整数)。所以,系数 a_k 也是以 N 为周期的周期序列,满足 $a_k = a_{k+lN}$。令

$$\tilde{X}(k) = N a_k$$

将式(3-2)代入,得

$$\tilde{X}(k) = \sum_{n=0}^{N-1} \tilde{x}(n) e^{-j\frac{2\pi}{N}kn} \quad (-\infty < k < +\infty) \tag{3-3}$$

式中,$\tilde{X}(k)$ 是以 N 为周期的周期序列,称为 $\tilde{x}(n)$ 的离散傅里叶级数,用 DFS(discrete fourier series) 表示。

将式(3-1)中的 a_k 用 $\frac{1}{N}\tilde{X}(k)$ 代替,得

$$\tilde{x}(n) = \frac{1}{N} \sum_{k=-\infty}^{+\infty} \tilde{X}(k) e^{j\frac{2\pi}{N}kn} \quad (-\infty < n < +\infty) \tag{3-4}$$

式中,$\tilde{x}(n)$ 称为 $\tilde{X}(k)$ 的离散傅里叶级数逆变换,用 IDFS(inverse discrete fourier series) 表示。

将式(3-3)和式(3-4)写在一起,具体如下。

$$\widetilde{X}(k) = \mathrm{DFS}[\widetilde{x}(n)] = \sum_{n=0}^{N-1} \widetilde{x}(n) \mathrm{e}^{-\mathrm{j}\frac{2\pi}{N}kn} \quad (-\infty < k < +\infty) \tag{3-5}$$

$$\widetilde{x}(n) = \mathrm{IDFS}[\widetilde{X}(k)] = \frac{1}{N} \sum_{k=-\infty}^{+\infty} \widetilde{X}(k) \mathrm{e}^{\mathrm{j}\frac{2\pi}{N}kn} \quad (-\infty < n < +\infty) \tag{3-6}$$

式(3-5)与式(3-6)称为离散傅里叶级数变换对。式(3-5)具有明确的物理意义,表明将周期序列分解成 N 次谐波,第 k 次谐波频率为 $\omega_k = (2\pi/N)k(k = 0,1,2,\cdots,N-1)$,幅度为 $|\widetilde{X}(k)|/N$,相位为 $\arg[\widetilde{X}(k)]$。基波分量的频率为 $2\pi/N$,幅度为 $|\widetilde{X}(1)|/N$,相位为 $\arg[\widetilde{X}(1)]$。一个周期序列的频域分析可以用其 DFS 表示,下面举例说明。

【例 3-1】 设 $x(n) = R_4(n)$,将 $x(n)$ 以 $N = 8$ 为周期进行周期延拓,得到周期序列 $\widetilde{x}(n)$,如图 3-1(a)所示。试求 $\widetilde{x}(n)$ 的 DFS,并画出它的幅频特性。

解 由式(3-5),可得

$$\widetilde{X}(k) = \sum_{n=0}^{7} \widetilde{x}(n) \mathrm{e}^{-\mathrm{j}\frac{2\pi}{8}kn} = \sum_{n=0}^{3} \mathrm{e}^{-\mathrm{j}\frac{\pi}{4}kn} = \frac{1-\mathrm{e}^{-\mathrm{j}\frac{\pi}{4}k \cdot 4}}{1-\mathrm{e}^{-\mathrm{j}\frac{\pi}{4}k}}$$

$$= \frac{1-\mathrm{e}^{-\mathrm{j}\pi k}}{1-\mathrm{e}^{-\mathrm{j}\frac{\pi}{4}k}} = \frac{\mathrm{e}^{-\mathrm{j}\frac{\pi}{2}k}(\mathrm{e}^{\mathrm{j}\frac{\pi}{2}k} - \mathrm{e}^{-\mathrm{j}\frac{\pi}{2}k})}{\mathrm{e}^{-\mathrm{j}\frac{\pi}{8}k}(\mathrm{e}^{\mathrm{j}\frac{\pi}{8}k} - \mathrm{e}^{-\mathrm{j}\frac{\pi}{8}k})} = \mathrm{e}^{-\mathrm{j}\frac{3}{8}\pi k} \frac{\sin\left(\frac{\pi}{2}k\right)}{\sin\left(\frac{\pi}{8}k\right)}$$

$$|\widetilde{X}(k)| = \left| \frac{\sin\left(\dfrac{\pi}{2}k\right)}{\sin\left(\dfrac{\pi}{8}k\right)} \right|$$

可画出其幅频特性如图 3-1(b)所示。

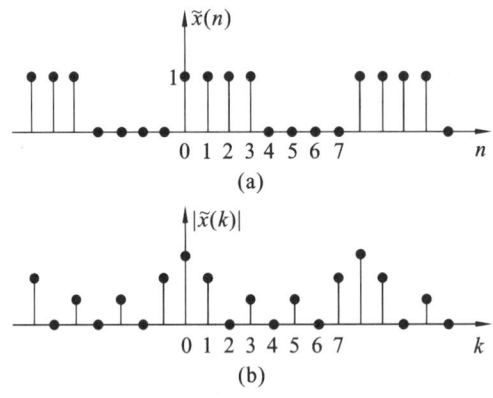

图 3-1　周期序列 $\widetilde{x}(n)$ 的波形及幅频特性

➤ 3.2　离散傅里叶变换

序列的傅里叶变换和 z 变换是数字信号处理中常用的重要数学工具。但是,这两种变换的结果都是连续信号,不便于用计算机进行处理,使它们的应用受到限制。本节将讨论一种更为重要的数学变换——离散傅里叶变换(discrete fourier transform,DFT)。

3.2.1　离散傅里叶变换的定义

设 $x(n)$ 是一个长度为 M 的有限长序列,则定义 $x(n)$ 的 N 点离散傅里叶变换为

$$X(k) = \text{DFT}[x(n)]_N = \sum_{n=0}^{N-1} x(n) W_N^{kn} \quad (k = 0,1,\cdots,N-1) \tag{3-7}$$

式中,N 称为离散傅里叶变换的区间长度,要求 $N \geqslant M$,$W_N = \mathrm{e}^{-\mathrm{j}\frac{2\pi}{N}}$。

定义 $X(k)$ 的 N 点离散傅里叶逆变换(inverse discrete fourier transform,IDFT)为

$$x(n) = \text{IDFT}[X(k)]_N = \frac{1}{N} \sum_{k=0}^{N-1} X(k) W_N^{-kn} \quad (n = 0,1,\cdots,N-1) \tag{3-8}$$

式(3-7)和式(3-8)表明,序列 $x(n)$ 及其 N 点离散傅里叶变换 $X(k)$ 都是长度为 N 的离散序列,这样就使数字信号在频域的处理可以利用计算机进行,大大增加了数字信号处理的灵活性,这正是离散傅里叶变换的意义所在。

【例 3-2】 $x(n) = R_4(n)$,求 $x(n)$ 的 4 点和 8 点 DFT。

解　$x(n)$ 的 4 点 DFT 为

$$X(k) = \sum_{n=0}^{3} x(n) W_4^{kn} = \sum_{n=0}^{3} \mathrm{e}^{-\mathrm{j}\frac{2\pi}{4}kn}$$

当 $k = 0$ 时,有

$$X(k) = \sum_{n=0}^{3} 1 = 4$$

当 $k = 1,2,3$ 时,有

$$X(k) = \frac{1 - \mathrm{e}^{-\mathrm{j}2\pi k}}{1 - \mathrm{e}^{-\mathrm{j}\frac{\pi}{2}k}} = 0$$

$x(n)$ 的 8 点 DFT 为

$$X(k) = \sum_{n=0}^{7} x(n) W_8^{kn} = \sum_{n=0}^{3} \mathrm{e}^{-\mathrm{j}\frac{2\pi}{8}kn} = \mathrm{e}^{-\mathrm{j}\frac{3}{8}\pi k} \frac{\sin\left(\frac{\pi}{2}k\right)}{\sin\left(\frac{\pi}{8}k\right)} (k = 0,1,\cdots,7)$$

由此例可以看出,$x(n)$ 的离散傅里叶变换结果与变换区间长度的取值 N 有关,当变换区间长度不同时,得到的离散傅里叶变换的结果不同。这一现象在介绍了离散傅里叶变换与傅里叶变换、z 变换之间的关系后就会得到解释。

3.2.2　离散傅里叶变换与其他变换之间的关系

1. 离散傅里叶变换与傅里叶变换、z 变换的关系

设序列 $x(n)$ 的长度为 M,其 $N(N \geqslant M)$ 点离散傅里叶变换、傅里叶变换和 z 变换分别为

$$X(k) = \text{DFT}[x(n)]_N = \sum_{n=0}^{M-1} x(n) W_N^{kn} = \sum_{n=0}^{M-1} x(n) \mathrm{e}^{-\mathrm{j}\frac{2\pi}{N}kn} \quad (k = 0,1,\cdots,N-1) \tag{3-9}$$

$$X(\mathrm{e}^{\mathrm{j}\omega}) = \text{FT}[x(n)] = \sum_{n=0}^{M-1} x(n) \mathrm{e}^{-\mathrm{j}\omega n} \tag{3-10}$$

$$X(z) = \text{ZT}[x(n)] = \sum_{n=0}^{M-1} x(n) z^{-n} \tag{3-11}$$

比较式(3-9)和式(3-10)、式(3-9)和式(3-11),可得

$$X(k) = X(\mathrm{e}^{\mathrm{j}\omega}) \Big|_{\omega = \frac{2\pi}{N}k} \quad (k = 0,1,\cdots,N-1) \tag{3-12}$$

$$X(k) = X(z)\Big|_{z=e^{j\frac{2\pi}{N}k}} \quad (k = 0, 1, \cdots, N-1) \tag{3-13}$$

式(3-12)说明,有限长序列 $x(n)$ 的 N 点离散傅里叶变换就是 $x(n)$ 的傅里叶变换在频率区间 $[0, 2\pi]$ 上的 N 点等间隔采样。式(3-13)说明,有限长序列 $x(n)$ 的 N 点离散傅里叶变换就是 $x(n)$ 的 z 变换在单位圆上的 N 点等间隔采样。两点结论是一致的,因为序列的傅里叶变换就是序列在单位圆上的 z 变换。

2. 离散傅里叶变换与离散傅里叶级数的关系

用一个长度为 M 的有限长序列 $x(n)$ 构造一个周期序列,将 $x(n)$ 以 $N(N \geqslant M)$ 为周期进行周期延拓,就形成了以 N 为周期的周期序列,用 $\tilde{x}_N(n)$ 表示。$x(n)$ 与 $\tilde{x}_N(n)$ 的关系可以用以下两个关系式表示。

$$\tilde{x}_N(n) = \sum_{m=-\infty}^{+\infty} x(n+mN)$$

$$x(n) = \tilde{x}_N(n) R_N(n)$$

称 $x(n)$ 是 $\tilde{x}_N(n)$ 的主值序列,而 $\tilde{x}_N(n)$ 是 $x(n)$ 的以 N 为周期的延拓序列。有限长序列 $x(n)$ 的 N 点离散傅里叶变换和周期序列 $\tilde{x}_N(n)$ 离散傅里叶级数分别为

$$X(k) = \text{DFT}[x(n)]_N = \sum_{n=0}^{M-1} x(n) W_N^{kn} \quad (k = 0, 1, \cdots, N-1)$$

$$\tilde{X}(k) = \text{DFS}[\tilde{x}_N(n)] = \sum_{n=0}^{M-1} \tilde{x}_N(n) W_N^{kn} = \sum_{n=0}^{M-1} x(n) W_N^{kn} \quad (-\infty < k < +\infty)$$

比较上述两式,容易看出两个等号右边的函数形式一样,而定义域不同。$X(k)$ 是 $\tilde{X}(k)$ 的主值序列,而 $\tilde{X}(k)$ 是 $X(k)$ 以 N 为周期的延拓序列。$X(k)$ 与 $\tilde{X}(k)$ 的关系可以用以下两个关系式表示。

$$\tilde{X}(k) = \sum_{m=-\infty}^{+\infty} X(k+mN)$$

$$X(k) = \tilde{X}(k) R_N(k)$$

注意:如果 $N < M$,对 $x(n)$ 以 N 为周期的延拓序列 $\tilde{x}_N(n)$ 将发生混叠,这时上述离散傅里叶变换与离散傅里叶级数的关系不再成立。

3.3 离散傅里叶变换的性质

1. 隐含周期性

式(3-7)和式(3-8)定义了一对 N 点离散傅里叶变换,其中只定义了 $X(k)$ 和 $x(n)$ 在变换区间上的 N 个值。如果使式(3-10)中 k 的取值域为 $[-\infty, +\infty]$,则有

$$X(k+mM) = X(k)$$

即 $X(k)$ 是以 N 为周期的,$X(k)$ 的这一特性称为离散傅里叶变换的隐含周期性。

2. 线性性质

设 $x_1(n)$ 和 $x_2(n)$ 是两个有限长序列,长度分别为 N_1 和 N_2,若

$$x(n) = ax_1(n) + bx_2(n)$$

式中，a、b 为常数。取 $N \geqslant \max\{N_1, N_2\}$，则 $x(n)$ 的 N 点离散傅里叶变换为

$$X(k) = \text{DFT}[x(n)]_N = aX_1(k) + bX_2(k)$$

式中，$X_1(k)$ 和 $X_2(k)$ 分别为 $x_1(n)$ 和 $x_2(n)$ 的 N 点离散傅里叶变换。

3. 循环移位性质

1）序列的循环移位

设 x_n 为有限长序列，长度为 M，$M \leqslant N$，则 $x(n)$ 的循环移位定义如下。

$$y(n) = \tilde{x}_N(n + m)R_N(n)$$

上式表明，要得到 $x(n)$ 的循环移位序列 $y(n)$，首先将 $x(n)$ 以 N 为周期进行周期延拓得到 $\tilde{x}_N(n)$，再将 $\tilde{x}_N(n)$ 左移 m 得到 $\tilde{x}_N(n+m)$，最后取 $\tilde{x}_N(n+m)$ 的主值序列。图 3-2 给出了 $x(n)$ 及其循环移位过程，图中 $M = N = 6$，$m = 2$。由图 3-2 可以看出，循环移位的实质是将 $x(n)$ 左移 m 位，而移出主值区间 $0 \leqslant n \leqslant N-1$ 的序列值又依次从右侧进入主值区。"循环移位"就是由此得名的。

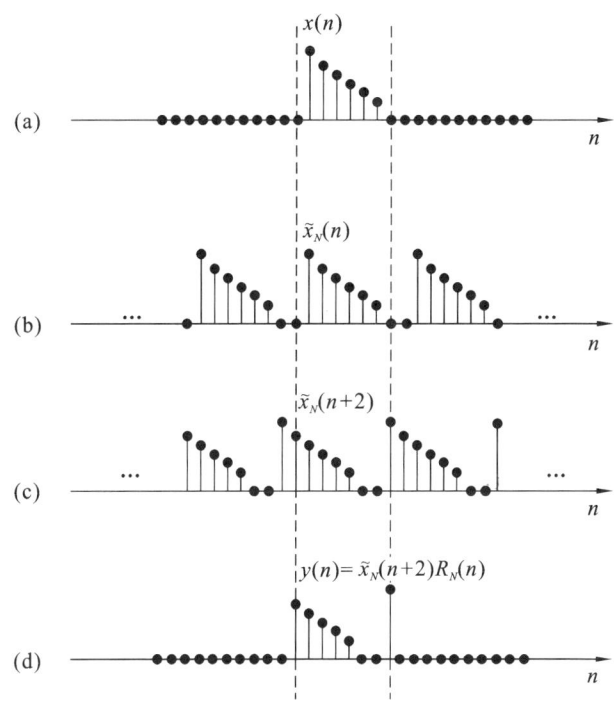

图 3-2　序列的循环移位示意图

2）时域循环移位定理

设 $x(n)$ 是长度为 $M(M \leqslant N)$ 的有限长序列，$y(n)$ 为 $x(n)$ 的循环移位序列，即

$$y(n) = \tilde{x}_N(n + m)R_N(n)$$

则

$$Y(k) = \text{DFT}[y(n)]_N = W_N^{-km}X(k)$$

其中，$X(k) = \text{DFT}[x(n)]_N$。

3）频域循环移位定理

若

$$X(k) = \text{DFT}[x(n)]_N$$

$$Y(k) = \tilde{X}_N(k + l)R_N(k)$$

则
$$y(n) = \mathrm{IDFT}[Y(k)]_N = W_N^{nl} x(n)$$

4. 循环卷积定理

1) 有限长序列的循环卷积

设 $h(n)$ 和 $x(n)$ 是两个有限长序列,长度分别为 N 和 M。$h(n)$ 与 $x(n)$ 的 L 点循环卷积定义为

$$y_c(n) = h(n) \otimes x(n) = \Big[\sum_{m=0}^{L-1} h(m) \widetilde{x}_L(n-m) \Big] R_L(n) \tag{3-14}$$

式中,L 为循环卷积区间长度,$L \geqslant \max\{N, M\}$。式(3-14)只需要对 $0 \leqslant n \leqslant L-1$ 计算 $y_c(n)$ 的 L 个值,即 $y_c(n)$ 的长度为 L。为了同时表示循环卷积及其区间长度,将 L 点循环卷积记为 $y_c(n) = h(n) \textcircled{L} x(n)$。

2) 时域循环卷积定理

设 $x_1(n)$ 和 $x_2(n)$ 是两个有限长序列,长度分别为 N_1 和 N_2,$N \geqslant \max\{N_1, N_2\}$,$x_1(n)$ 和 $x_2(n)$ 的 N 点循环卷积为

$$x(n) = x_1(n) \textcircled{N} x_2(n) = \Big[\sum_{m=0}^{N-1} x_1(m) \widetilde{x}_{2N}(n-m) \Big] R_N(n)$$

则 $x(n)$ 的 N 点 DFT 为

$$X(k) = \mathrm{DFT}[x(n)]_N = X_1(k) X_2(k)$$

其中,
$$X_1(k) = \mathrm{DFT}[x_1(n)]_N, \quad X_2(k) = \mathrm{DFT}[x_2(n)]_N$$

3) 频域循环卷积定理

如果
$$x(n) = x_1(n) x_2(n)$$

则

$$X(k) = \mathrm{DFT}[x(n)]_N = \frac{1}{N} X_1(k) \textcircled{N} X_2(k) = \frac{1}{N} \Big[\sum_{l=0}^{N-1} X_1(l) \widetilde{X}_{2N}(k-l) \Big] R_N(k)$$

其中,
$$X_1(k) = \mathrm{DFT}[x_1(n)]_N, \quad X_2(k) = \mathrm{DFT}\{x_2(n)\}_N$$

5. 复共轭序列的离散傅里叶变换

设 $x^*(n)$ 是 $x(n)$ 的复共轭序列,长度为 N,$X(k) = \mathrm{DFT}[x(n)]_N$,则
$$\mathrm{DFT}[x^*(n)]_N = X^*(N-k) \quad (0 \leqslant k \leqslant N-1)$$

且
$$X(N) = X(0)$$

6. 离散傅里叶变换的共轭对称性

前面讨论了序列傅里叶变换的共轭对称性,其对称性是指关于坐标原点纵坐标的对称性。离散傅里叶变换也有类似的对称性,但在离散傅里叶变换中涉及的序列 $x(n)$ 及其离散傅里叶变换 $X(k)$ 均为有限长序列,并且其定义区间为 $0 \sim N-1$,所以这里的对称性是关于 $\frac{N}{2}$ 点的对称性。

1) 有限长共轭对称序列和共轭反对称序列

为了区别序列傅里叶变换中所定义的共轭对称(或共轭反对称)序列,下面用 $x_{ep}(n)$ 和 $x_{op}(n)$ 分别表示有限长共轭对称序列和共轭反对称序列,二者满足如下关系式。

$$x_{ep}(n) = x_{ep}^*(N-n) \quad (0 \leqslant n \leqslant N-1) \tag{3-15}$$

$$x_{op}(n) = -x_{op}^*(N-n) \quad (0 \leqslant n \leqslant N-1) \tag{3-16}$$

与任何实函数都可以分解成偶对称分量和奇对称分量一样,任何有限长序列 $x(n)$ 都可以表示成其共轭对称分量和共轭反对称分量之和,即

$$x(n) = x_{ep}(n) + x_{op}(n) \quad (0 \leqslant n \leqslant N-1) \tag{3-17}$$

将上式中的 n 换成 $N-n$,并取复共轭,再将式(3-15)和式(3-16)代入,得到

$$x^*(N-n) = x_{ep}^*(N-n) + x_{op}^*(N-n) = x_{ep}(n) - x_{op}(n) \qquad (3\text{-}18)$$

由式(3-17)和式(3-18),可得

$$x_{ep}(n) = \frac{1}{2}[x(n) + x^*(N-n)]$$

$$x_{op}(n) = \frac{1}{2}[x(n) - x^*(N-n)]$$

2) 离散傅里叶变换的共轭对称性

(1) 若将序列 $x(n)$ 表示为实部与虚部之和,即

$$x(n) = x_r(n) + jx_i(n)$$

式中,$x_r(n) = \mathrm{Re}[x(n)]$,$x_i(n) = \mathrm{Im}[x(n)]$。则将序列 $x(n)$ 的离散傅里叶变换表示为共轭对称分量和共轭反对称分量之和,即

$$X(k) = X_{ep}(k) + X_{op}(k)$$

式中,$X_{ep}(k) = \mathrm{DFT}[x_r(n)]_N$,$X_{op}(k) = \mathrm{DFT}[jx_i(n)]_N$。

(2) 若将序列 $x(n)$ 表示为共轭对称分量和共轭反对称分量之和,即

$$x(n) = x_{ep}(n) + x_{ep}(n)$$

式中,$x_{ep}(n) = \frac{1}{2}[x(n) + x^*(N-n)]$,$x_{op}(n) = \frac{1}{2}[x(n) - x^*(N-n)]$。则将序列 $x(n)$ 的离散傅里叶变换表示为实部与虚部之和,即

$$X(k) = X_r(k) + jX_i(k)$$

式中,$X_r(k) = \mathrm{Re}[X(k)] = \mathrm{DFT}[x_{ep}(n)]_N$,$jX_i(k) = j\mathrm{Im}[X(k)] = \mathrm{DFT}[X_{op}(n)]_N$。

综上所述,若序列 $x(n)$ 的离散傅里叶变换为 $X(k)$,则 $x(n)$ 的实部和虚部(包括 j)的离散傅里叶变换分别为 $X(k)$ 的共轭对称分量和共轭反对称分量;而 $x(n)$ 的共轭对称分量和共轭反对称分量的离散傅里叶变换分别为 $X(k)$ 的实部和虚部乘以 j。

3) 实序列离散傅里叶变换的共轭对称性

在通信和信号处理的工程实际中,最常见的是实信号,所以讨论实序列离散傅里叶变换的特点具有重要意义。设 $x(n)$ 是长度为 N 的实序列,且 $X(k) = \mathrm{DFT}[x(n)]_N$,则 $X(k)$ 满足如下对称性。

(1) $X(k)$ 共轭对称,即

$$X(k) = X^*(N-k) \quad (0 \leqslant k \leqslant N-1)$$

(2) 如果 $x(n) = x(N-n)$,则 $X(k)$ 实偶对称,即

$$X(k) = X(N-k)$$

(3) 如果 $x(n) = -x(N-n)$,则 $X(k)$ 虚奇对称,即

$$X(k) = -X(N-k)$$

利用上述性质,对实序列进行离散傅里叶变换时,可以减少运算量,提高运算效率。

7. 离散帕塞瓦尔定理

设 $x(n)$ 是长度为 N 的实序列,且 $X(k) = \mathrm{DFT}[x(n)]_N$,则

$$\sum_{n=0}^{N-1} |x(n)|^2 = \frac{1}{N}\sum_{k=0}^{N-1} |X(k)|^2$$

3.4 快速傅里叶变换

离散傅里叶变换是数字信号处理中的一种重要变换,但直接计算 N 点 DFT 的计算量非常大。快速傅里叶变换(fast fourier transform,FFT)可使 DFT 的运算量下降几个数量级。自从 1965 年库利(T. W. Cooley)和图基(J. W. Tukey)在《计算数学》杂志上发表的《机器计算傅里叶级数的一种算法》论文以来,相继出现了多种 FFT 算法,它们的复杂度和运算效率各不相同。本节主要介绍基 2FFT 算法。

3.4.1 FFT 算法的基本原理

1. 直接计算离散傅里叶变换的运算量

长度为 N 的有限长序列 $x(n)$,其 N 点离散傅里叶变换为

$$X(k) = \text{DFT}[x(n)]_N = \sum_{n=0}^{N-1} x(n)W_N^{kn} \quad (k = 0,1,\cdots,N-1)$$

由上式可知,计算 $X(k)$ 的一个值,需要计算 N 次复数乘法和 $N-1$ 次复数加法,所以计算 $X(k)$ 的 N 个值,需要计算 N^2 次复数乘法和 $N(N-1)$ 次复数加法。当 $N \gg 1$ 时,$N(N-1) \approx N^2$,N 点离散傅里叶变换的复数乘法和复数加法运算次数均为 N^2。当 N 很大时,运算量是很可观的。例如,当 $N = 1024$ 时,$N^2 = 1\ 048\ 576$。对于实时信号处理来说,这对于处理设备的计算速度提出了难以实现的要求。

2. 减少运算量的途径

由于 N 点离散傅里叶变换的运算量随 N^2 增长,因此,当 N 较大时,减少运算量的途径之一就是将 N 点离散傅里叶变换分解为几个较短的离散傅里叶变换,可大大减少运算量。例如,将 N 点离散傅里叶变换分解为 M 个 N/M 点的离散傅里叶变换,则复数乘法运算次数为 $(N/M)^2 M = N^2/M$,即减少到原来的 $1/M$。

减少运算量的途径之二就是利用系数 W_N^m 的周期性和对称性。

W_N^m 的周期性如下。

$$W_N^{m+lN} = e^{-j\frac{2\pi}{N}(m+lN)} = e^{-j\frac{2\pi}{N}m} = W_N^m$$

W_N^m 的对称性如下。

$$W_N^{-m} = W_N^{N-m} \quad \text{或} \quad \left[W_N^{N-m}\right]^* = W_N^m$$

$$W_N^{m+\frac{N}{2}} = -W_N^m$$

3.4.2 按时间抽取的基 2FFT 算法

设序列 $x(n)$ 的长度为 N,且满足 $N = 2^M$(M 为自然数)。若不满足这个条件,可补加上若干零值点来使其满足要求。这种 N 为 2 的整数幂的快速傅里叶变换也称基 2FFT。

基 2FFT 算法分为两类,即时域抽取法 FFT(decimation-in-time FFT,DIT-FFT)和频域抽取法 FFT(decimation-in-frequency FFT,DIF-FFT)。本节介绍 DIT-FFT 算法。

先按 n 的奇偶将 $x(n)$ 分成两个 $N/2$ 点的子序列,即

$$\begin{cases} x_1(r) = x(2r) \\ x_2(r) = x(2r+1) \end{cases} \quad \left(r = 0,1,\cdots,\frac{N}{2}-1\right)$$

则 $x(n)$ 的 DFT 为

$$X(k) = \text{DFT}[x(n)]_N = \sum_{n=0}^{N-1} x(n) W_N^{kn} = \sum_{n=\text{偶数}} x(n) W_N^{kn} + \sum_{n=\text{奇数}} x(n) W_N^{kn}$$

$$= \sum_{r=0}^{\frac{N}{2}-1} x(2r) W_N^{2kr} + \sum_{r=0}^{\frac{N}{2}-1} x(2r+1) W_N^{k(2r+1)}$$

$$= \sum_{r=0}^{\frac{N}{2}-1} x_1(r) W_N^{2kr} + W_N^k \sum_{r=0}^{\frac{N}{2}-1} x_2(r) W_N^{2kr}$$

因为

$$W_N^{2kr} = \mathrm{e}^{-\mathrm{j}\frac{2\pi}{N}2kr} = \mathrm{e}^{-\mathrm{j}\frac{2\pi}{N/2}kr} = W_{\frac{N}{2}}^{kr}$$

所以,上式可表示为

$$X(k) = \sum_{r=0}^{\frac{N}{2}-1} x_1(r) W_{\frac{N}{2}}^{kr} + W_N^k \sum_{r=0}^{\frac{N}{2}-1} x_2(r) W_{\frac{N}{2}}^{kr}$$

$$= X_1(k) + W_N^k X_2(k) \quad (k = 0, 1, \cdots, N-1)$$

式中,$X_1(k)$ 和 $X_2(k)$ 分别是 $x_1(r)$ 和 $x_2(r)$ 的 $N/2$ 点离散傅里叶变换,即

$$X_1(k) = \sum_{r=0}^{\frac{N}{2}-1} x_1(r) W_{\frac{N}{2}}^{kr} = \text{DFT}[x_1(r)]_{\frac{N}{2}}$$

$$X_2(k) = \sum_{r=0}^{\frac{N}{2}-1} x_2(r) W_{\frac{N}{2}}^{kr} = \text{DFT}[x_2(r)]_{\frac{N}{2}}$$

由于 $X_1(k)$、$X_2(k)$ 均以 $N/2$ 为周期,且 $W_N^{k+\frac{N}{2}} = -W_N^k$,因此 $X(k)$ 的值可以分为前后两部分来表示

$$X(k) = X_1(k) + W_N^k X_2(k) \quad \left(k = 0, 1, \cdots, \frac{N}{2}-1\right) \tag{3-19}$$

$$X\left(k + \frac{N}{2}\right) = X_1(k) - W_N^k X_2(k) \quad \left(k = 0, 1, \cdots, \frac{N}{2}-1\right) \tag{3-20}$$

这样,就将一个 N 点离散傅里叶变换分解成两个 $N/2$ 点离散傅里叶变换。式(3-19) 和式(3-20) 的运算可以用图 3-3 所示的流图符号表示,称为蝶形运算符号。

采用蝶形运算符号的表示方法,前面讨论的一次奇偶抽取分解可以用图 3-4 表示。图中,$N = 2^3 = 8$,$X(0) \sim X(3)$ 由式(3-19) 给出,$X(4) \sim X(7)$ 由式(3-20) 给出。

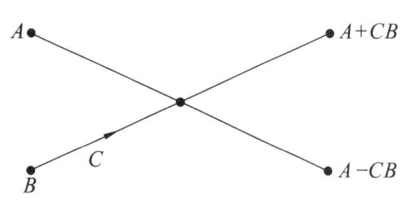

图 3-3 蝶形运算符号

由图 3-4 可知,经过一次分解后,计算一个 N 点离散傅里叶变换需要计算两个 $\frac{N}{2}$ 点离散傅里叶变换和 $\frac{N}{2}$ 个蝶形运算。每个 $\frac{N}{2}$ 点离散傅里叶变换需要 $\left(\frac{N}{2}\right)^2$ 次复数乘法和 $\frac{N}{2}\left(\frac{N}{2}-1\right)$ 次复数加法运算;每个蝶形运算需要 1 次复数乘法和 2 次复数加法运算。所以,总的复数乘法次数为

$$2 \times \left(\frac{N}{2}\right)^2 + \frac{N}{2} = \left.\frac{N(N+1)}{2}\right|_{N \gg 1} \approx \frac{N^2}{2}$$

总的复数加法次数为

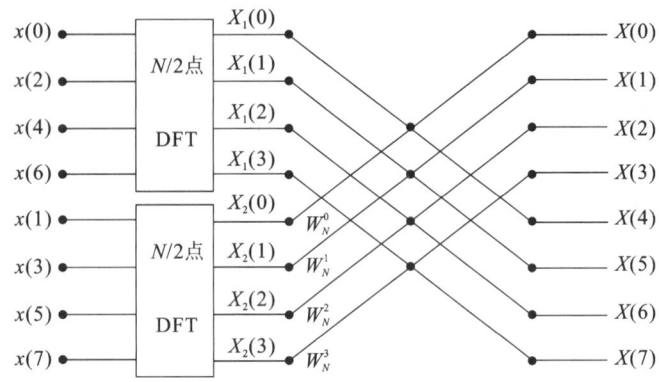

图 3-4　8 点 DFT 一次时域抽取分解运算流图

$$2 \times \frac{N}{2} \times \left(\frac{N}{2} - 1\right) + 2 \times \frac{N}{2} = \frac{N^2}{2}$$

由此可见,经过一次时域奇偶抽取,就可以使运算量减少近一半。既然这种分解方式对减少离散傅里叶变换的运算量是有效的,且 $N = 2^M$,$\frac{N}{2}$ 仍然是偶数,故可以对 $\frac{N}{2}$ 点的离散傅里叶变换继续分解下去。每个 $\frac{N}{2}$ 点离散傅里叶变换分解成 2 个 $\frac{N}{4}$ 点离散傅里叶变换,以此类推,经过 M 级时域奇偶抽取后,可将 1 个 N 点离散傅里叶变换分解为 N 个 1 点离散傅里叶变换和 M 级蝶形运算,每级有 $\frac{N}{2}$ 个蝶形运算。而 1 点离散傅里叶变换就是时域序列本身。8 点 DFT 二次时域抽取分解运算流图如图 3-5 所示,完整的 8 点 DIT-FFT 运算流图如图 3-6 所示。

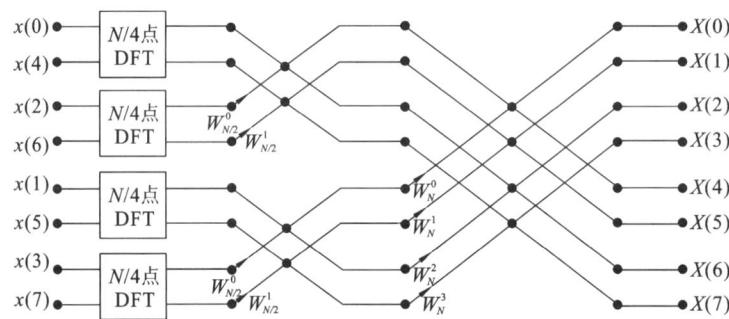

图 3-5　8 点 DFT 二次时域抽取分解运算流图

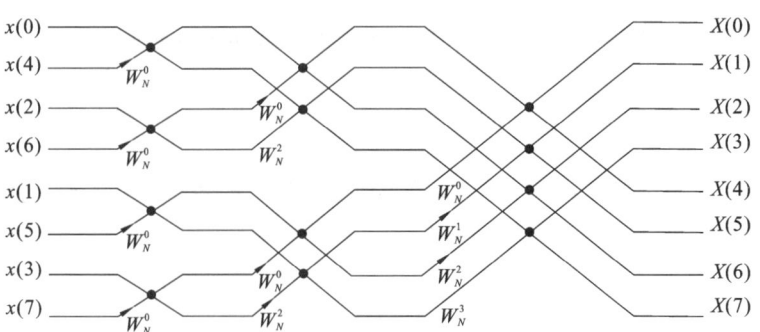

图 3-6　8 点 DIT-FFT 运算流图

3.4.3   按频率抽取的基 2FFT 算法

设序列 $x(n)$ 的长度为 $N = 2^M$，首先将 $x(n)$ 前后对半分开，得到两个子序列，其离散傅里叶变换可表示为如下形式。

$$
\begin{aligned}
X(k) = \text{DFT}[x(n)] &= \sum_{N=0}^{N-1} x(n) W_N^{kn} \\
&= \sum_{n=0}^{\frac{N}{2}-1} x(n) W_N^{kn} + \sum_{n=\frac{N}{2}}^{N-1} x(n) W_N^{kn} \\
&= \sum_{n=0}^{\frac{N}{2}-1} x(n) W_N^{kn} + \sum_{n=0}^{\frac{N}{2}-1} x\left(n + \frac{N}{2}\right) W_N^{k\left(n+\frac{N}{2}\right)} \\
&= \sum_{n=0}^{\frac{N}{2}-1} \left[x(n) + W_N^{kN/2} x\left(n + \frac{N}{2}\right) \right] W_N^{kn}
\end{aligned}
$$

式中

$$
W_N^{kN/2} = (-1)^k = \begin{cases} 1, & k = \text{偶数} \\ -1, & k = \text{奇数} \end{cases}
$$

将 $X(k)$ 分解为偶数组和奇数组，当 k 取偶数（$k = 2m, m = 0,1,\cdots,\frac{N}{2}-1$）时，有

$$
\begin{aligned}
X(2m) &= \sum_{n=0}^{\frac{N}{2}-1} \left[x(n) + x\left(n + \frac{N}{2}\right) \right] W_N^{2mn} \\
&= \sum_{n=0}^{\frac{N}{2}-1} \left[x(n) + x\left(n + \frac{N}{2}\right) \right] W_{\frac{N}{2}}^{mn}
\end{aligned} \tag{3-21}
$$

当 k 取奇数（$k = 2m+1, m = 0,1,\cdots,\frac{N}{2}-1$）时，有

$$
\begin{aligned}
X(2m+1) &= \sum_{n=0}^{\frac{N}{2}-1} \left[x(n) - x\left(n + \frac{N}{2}\right) \right] W_N^{n(2m+1)} \\
&= \sum_{n=0}^{\frac{N}{2}-1} \left[x(n) - x\left(n + \frac{N}{2}\right) \right] W_N^{n} \cdot W_{\frac{N}{2}}^{mn}
\end{aligned} \tag{3-22}
$$

令

$$
\begin{cases}
x_1(n) = x(n) + x\left(n + \frac{N}{2}\right) \\
x_2(n) = \left[x(n) - x\left(n + \frac{N}{2}\right) \right] W_N^{n}
\end{cases}
\qquad \left(n = 0,1,\cdots,\frac{N}{2}-1 \right)
$$

将 $x_1(n)$ 和 $x_2(n)$ 分别代入式(3-21)和式(3-22)，可得

$$
\begin{cases}
X(2m) = \displaystyle\sum_{n=0}^{\frac{N}{2}-1} x_1(n) W_{\frac{N}{2}}^{mn} \\
X(2m+1) = \displaystyle\sum_{n=0}^{\frac{N}{2}-1} x_2(n) W_{\frac{N}{2}}^{mn}
\end{cases} \tag{3-23}
$$

式(3-23)表明，$X(k)$ 按 k 的奇偶分为两组，其偶数组是 $x_1(n)$ 的 $\frac{N}{2}$ 点离散傅里叶变换，

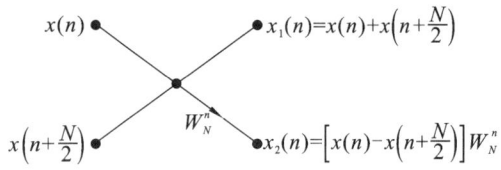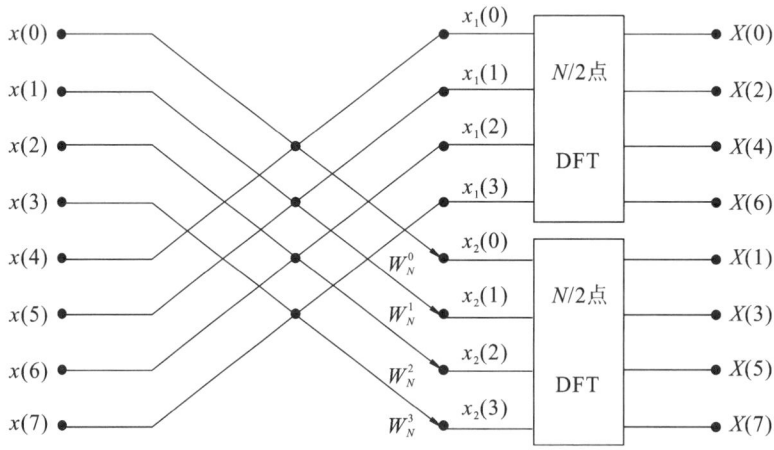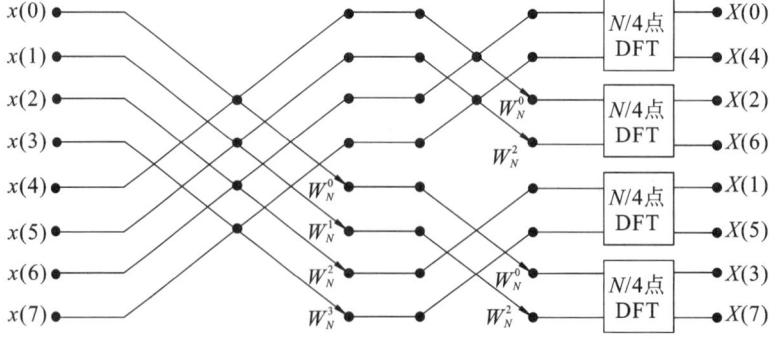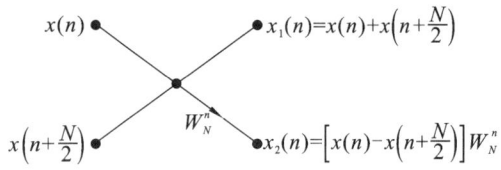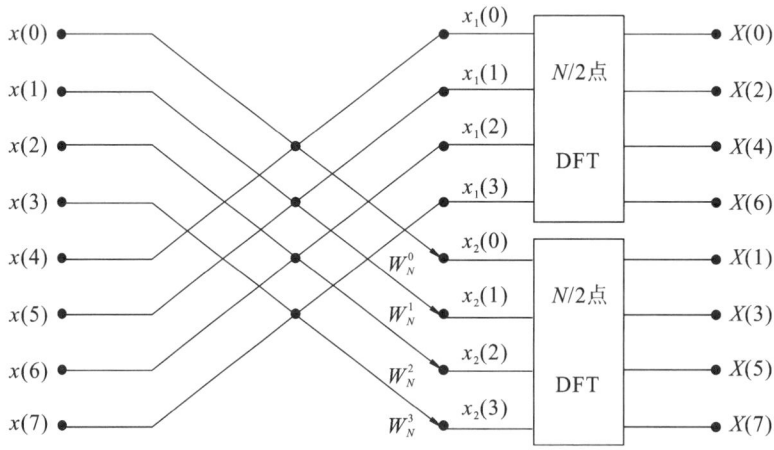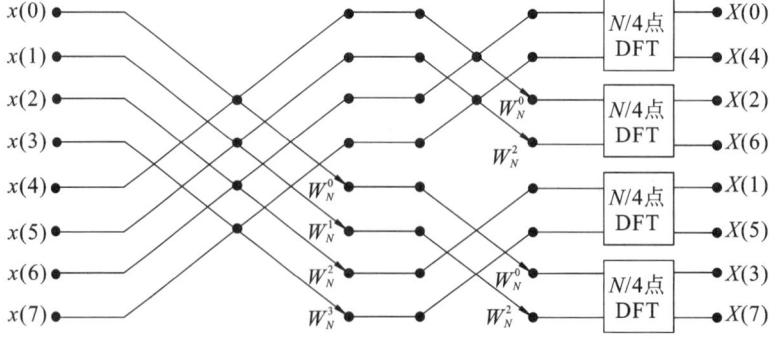

奇数组是 $x_2(n)$ 的 $\frac{N}{2}$ 点离散傅里叶变换。$x_1(n)$、$x_2(n)$ 与 $x(n)$ 之间的关系可以用如图 3-7 所示的蝶形运算流图符号表示。

采用这种表示方法，前面讨论的一次奇偶抽取分解可以用图 3-8 表示。由于 $N=2^M$，$\frac{N}{2}$ 仍然是偶数，故可以对 $\frac{N}{2}$ 点的离散傅里叶变换继续分解下去。每个 $\frac{N}{2}$ 点离散傅里叶变换分解成 2 个 $\frac{N}{4}$ 点离散傅里叶变换，以此类推，经过 $M-1$ 次分解后，可将 1 个 N 点离散傅里叶变换分解为 2^{M-1} 个 2 点离散傅里叶变换和 $M-1$ 级蝶形运算，每级有 $\frac{N}{2}$ 个蝶形运算。而 2 点离散傅里叶变换就是一个基本蝶形运算。当 $N=8$ 时，经过两次分解，便分解为 4 个 2 点离散傅里叶变换，如图 3-9 所示。$N=8$ 的完整 DIF-FFT 运算流图如图 3-10 所示。

图 3-7 DIF-FFT 蝶形运算流图符号

图 3-8 DIF-FFT 一次分解运算流图($N=8$)

图 3-9 DIF-FFT 二次分解运算流图($N=8$)

观察图 3-10 可知，DIF-FFT 算法与 DIT-FFT 算法类似，共有 M 级运算，每级共有 $\frac{N}{2}$ 个蝶形运算，所以两种算法的运算次数相同。不同的是 DIF-FFT 算法输入序列为自然顺序，输

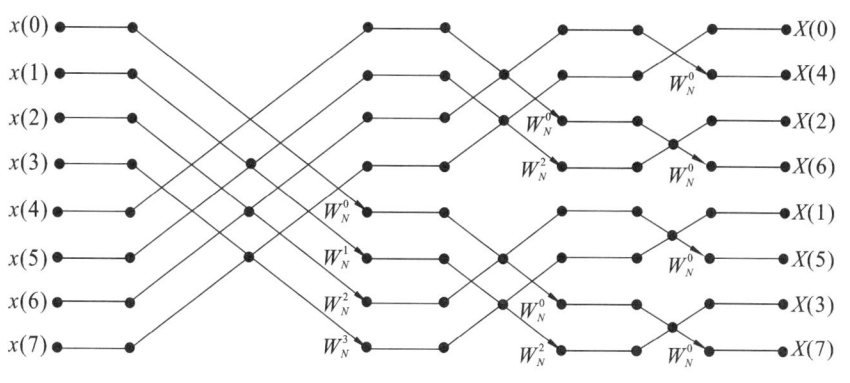

图 3-10 DIF-FFT 运算流图($N = 8$)

出为倒序排序;而 DIT-FFT 算法输出序列为自然顺序,输入为倒序排序。另外,蝶形运算略有不同,DIT-FFT 蝶形运算是先乘后加(减),而 DIF-FFT 蝶形运算是先加(减)后乘。

3.4.4 快速傅里叶逆变换的运算方法

上述快速傅里叶变换算法也可用于计算离散傅里叶逆变换,称为快速傅里叶逆变换(inverse fast fourier transform,IFFT)。比较如下的离散傅里叶变换与逆变换的运算公式。

$$X(k) = \text{DFT}[x(n)]_N = \sum_{N=0}^{N-1} x(n) W_N^{kn}$$

$$x(n) = \text{IDFT}[X(k)]_N = \frac{1}{N} \sum_{k=0}^{N-1} X(k) W_N^{-kn}$$

不难发现,将离散傅里叶变换式中的系数 W_N^{kn} 换成 W_N^{-kn},最后再乘以 $\frac{1}{N}$,就是离散傅里叶逆变换的运算公式。所以,前文所讨论的时域抽取或频域抽取的快速傅里叶变换算法都可以用于计算离散傅里叶逆变换。

下面介绍一种直接调用快速傅里叶变换程序计算快速傅里叶逆变换的方法。将离散傅里叶逆变换的运算公式取共轭,有

$$x^*(n) = \frac{1}{N} \sum_{k=0}^{N-1} X^*(k) W_N^{kn}$$

对上式两边同时取共轭,有

$$x(n) = \frac{1}{N} \Big[\sum_{k=0}^{N-1} X^*(k) W_N^{kn} \Big]^* = \frac{1}{N} \{\text{DFT}[X^*(k)]\}^* \tag{3-24}$$

式(3-24)说明,可以先将 $X(k)$ 取共轭,然后直接调用 FFT 子程序,最后再取一次共轭并乘以 $\frac{1}{N}$ 就可得到序列 $x(n)$。这种方法虽然做了两次取共轭运算,但是可以与 FFT 共用一个子程序,大大简化了程序设计。

3.5 DFT 应用举例

快速傅里叶变换算法的出现使离散傅里叶变换在数字通信、语音信号处理、图形处理、功率谱估计、系统的仿真与分析、雷达信号处理、光学、医学、地震以及数值分析等各个领域都得到了广泛应用。本节主要介绍用离散傅里叶变换计算线性卷积和对信号进行谱分析两

个最基本的应用。

3.5.1 用离散傅里叶变换计算线性卷积

使用离散傅里叶变换计算循环卷积很简单。设 $h(n)$ 和 $x(n)$ 是两个有限长序列,长度分别为 N 和 M,其 L 点循环卷积为

$$y_c(n) = h(n) \textcircled{L} x(n) = \left[\sum_{m=0}^{L-1} h(m) \widetilde{x}_L(n-m) R_L(n) \right]$$

并且

$$\begin{cases} H(k) = \mathrm{DFT}[h(n)]_L \\ X(k) = \mathrm{DFT}[x(n)]_L \end{cases} \quad (0 \leqslant k \leqslant L-1, L \geqslant \max\{N,M\})$$

则由离散傅里叶变换的时域循环卷积定理有

$$Y_c(k) = \mathrm{DFT}[y_c(n)]_L = H(k)X(k) \quad (0 \leqslant k \leqslant L-1)$$

由此可知,循环卷积既可以在时域直接计算,也可以按照图 3-11 所示的框图在频域计算。由于离散傅里叶变换有快速算法,当 L 很大时,在频域计算循环卷积的速度比在时域直接计算快得多,因此常采用离散傅里叶变换(快速傅里叶变换)计算循环卷积。

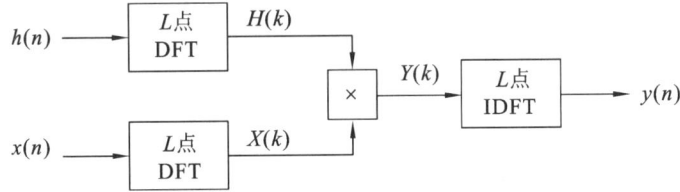

图 3-11　用离散傅里叶变换计算循环卷积的原理框图

在实际应用中,为了分析时域离散线性时不变系统或者对序列进行滤波处理等,需要计算两个序列的线性卷积。与计算循环卷积一样,为了提高运算速度,也希望采用离散傅里叶变换(快速傅里叶变换)计算线性卷积。而根据离散傅里叶变换的时域循环卷积定理,只能用离散傅里叶变换直接计算循环卷积。因此,下面先推导线性卷积与循环卷积之间的关系以及循环卷积与线性卷积相等的条件。

设 $h(n)$ 和 $x(n)$ 是两个有限长序列,长度分别为 N 和 M,它们的线性卷积和 L 点循环卷积分别为

$$y_l(n) = h(n) * x(n) = \sum_{m=0}^{N-1} h(m)x(n-m) \tag{3-25}$$

$$y_c(n) = h(n) \textcircled{L} x(n) = \left[\sum_{m=0}^{L-1} h(m) \widetilde{x}_L(n-m) R_L(n) \right]$$

其中,$L \geqslant \max\{N,M\}$,$\widetilde{x}_L(n) = \sum_{l=-\infty}^{+\infty} x(n+iL)$。所以有

$$y_c(n) = \left[\sum_{m=0}^{N-1} h(m) \sum_{i=-\infty}^{+\infty} x(n-m+iL) \right] R_L(n) = \left[\sum_{i=-\infty}^{+\infty} \sum_{m=0}^{N-1} h(m)x(n+iL-m) \right] R_L(n)$$

对照式(3-25)可以看出,上式中

$$\sum_{m=0}^{N-1} h(m)x(n+iL-m) = y_l(n+iL)$$

即

$$y_c(n) = \Big[\sum_{i=-\infty}^{+\infty} y_l(n+iL) \Big] R_L(n) \qquad (3\text{-}26)$$

式(3-26)说明,$y_c(n)$是$y_l(n)$以L为周期延拓序列的主值序列。我们知道,$y_l(n)$的长度为$N+M-1$,因此只有当循环卷积长度$L \geqslant N+M-1$时,$y_l(n)$以L为周期进行周期延拓时才会无时域混叠现象,此时取主值序列显然满足$y_c(n) = y_l(n)$。因此,循环卷积与线性卷积相等的条件是$L \geqslant N+M-1$,在此条件下,可按照图 3-11 所示的计算框图用离散傅里叶变换(快速傅里叶变换)来计算线性卷积。其中,离散傅里叶变换和离散傅里叶逆变换通常用快速算法来实现,故常称其为快速卷积。

在工程实际中,经常遇到两个序列的长度相差很大的情况,如$M \gg N$,若仍选取$L \geqslant N+M-1$,以L为循环卷积的区间,并用上述快速卷积法计算线性卷积,则要求对短序列补上很多零值,并且长序列必须全部输入后才能进行计算。因此要求计算机存储容量大,运算时间长,使得处理延时很长,不能实现实时处理。况且在某些应用场合,序列的长度为不定或者是无限长,如电话系统中的语音信号和地震检测信号等。显然,在要求实时处理时,直接套用上述方法是不行的。解决这个问题的实用算法有两种:重叠相加法和重叠保留法。下面只介绍重叠相加法。

设序列$h(n)$的长度为N,$x(n)$为无限长序列。将$x(n)$等长分段,每段长度取M,则

$$x(n) = \sum_{k=0}^{+\infty} x_k(n), \quad x_k(n) = x(n)R_M(n-kM)$$

于是,$h(n)$与$x(n)$的线性卷积可以表示为

$$y(n) = h(n) * x(n) = h(n) * \sum_{k=0}^{+\infty} x_k(n) = \sum_{k=0}^{+\infty} h(n) * x_k(n) = \sum_{k=0}^{+\infty} y_k(n) \qquad (3\text{-}27)$$

其中,$y_k(n) = h(n) * x_k(n)$。

由式(3-27)可知,计算$h(n)$与$x(n)$的线性卷积时,可以先将$x(n)$等长分段,每段用$x_k(n)$ $(k=0,1,2,\cdots)$表示,然后计算分段线性卷积$y_k(n) = h(n) * x_k(n)$,最后把分段卷积结果叠加起来即可,如图 3-12 所示。每一分段卷积$y_k(n)$的长度为$N+M-1$,因此相邻分段

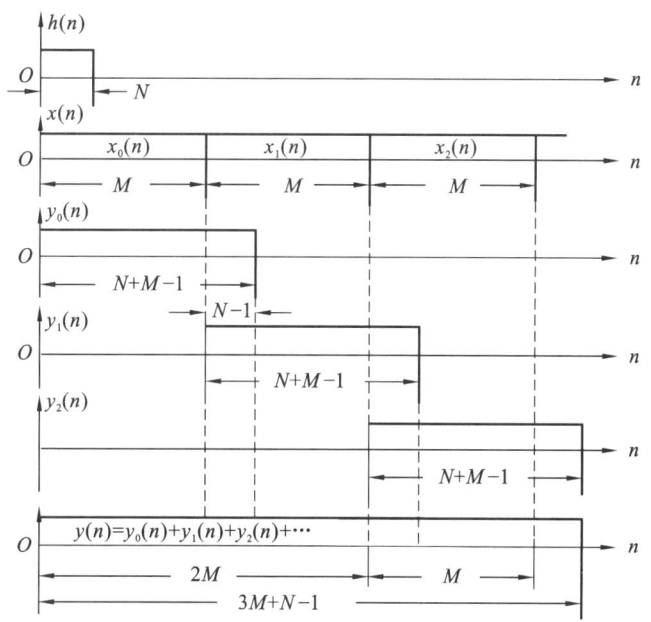

图 3-12　用重叠相加法计算线性卷积示意图

卷积 $y_k(n)$ 与 $y_{k+1}(n)$ 有 $N-1$ 个重叠点，必须将重叠部分的 $y_k(n)$ 与 $y_{k+1}(n)$ 相加，才能得到正确的卷积序列 $y(n)$。由图 3-12 可以看出，当第二个分段卷积 $y_i(n)$ 计算完后，叠加重叠点便可得到输出序列 $y(n)$ 的前 $2M$ 个值；同理，分段卷积 $y_i(n)$ 计算完后，就可以得到 $y(n)$ 第 i 段的 M 个序列值。因此，这种方法不要求大的存储容量，而且运算量和延时也大大减少。这样，就实现了边输入边计算边输出，如果计算机的运算速度快，则可以实现实时处理。

重叠相加法的计算步骤归纳如下。

(1) $i=0$；$L=N+M-1$；计算并保存 $H(k)=\text{DFT}[h(n)]_L$。

(2) 读入 $x_i(n)$ 并计算 $X_i(k)=\text{DFT}[x_i(n)]_L$。

(3) $Y_i(k)=H(k)X_i(k)$。

(4) $y_i(n)=\text{IDFT}[Y_i(k)]_L$ $(n=0,1,\cdots,L-1)$。

(5) 计算 $y(iM+n)=\begin{cases} y_{i-1}(M+n)+y_i(n), & 0\leqslant n\leqslant N-1(\text{重叠区}) \\ y_i(n), & N-1\leqslant n\leqslant M-1(\text{非重叠区}) \end{cases}$。

(6) $i=i+1$，返回步骤(2)。

应当说明，一般 $x(n)$ 为因果序列，并且假设初始条件 $y_{-1}(n)=0$。

3.5.2　用离散傅里叶变换对信号进行谱分析

信号的谱分析，就是计算信号的傅里叶变换。离散傅里叶变换是一种在时域和频域均离散化的变换，是分析离散信号和系统的有力工具。对连续信号和系统，可以先通过时域采样，再应用离散傅里叶变换进行近似谱分析。

由前文可知，有限长序列 $x(n)$ 的 N 点离散傅里叶变换就是 $x(n)$ 的傅里叶变换在频率区间 $[0,2\pi]$ 上的 N 点等间隔采样，即

$$X(k)=X(e^{j\omega})\Big|_{\omega=\frac{2\pi}{N}k} \quad (k=0,1,\cdots,N-1)$$

因离散傅里叶变换有快速算法，故常用离散傅里叶变换对有限长序列进行谱分析，具体方法如下。

(1) 根据频率分辨率的要求确定离散傅里叶变换的区间长度 N。频率分辨率是谱分析的衡量指标之一，指频谱分析中能分辨的两个相邻频率点谱线的最小间隔。在数字频率域，N 点离散傅里叶变换，也就是频谱采样间隔为 $\frac{2\pi}{N}$，即能够实现的频率分辨率为 $\frac{2\pi}{N}$。如果要求频率分辨率为 D，则

$$\frac{2\pi}{N}\leqslant D$$

即

$$N\geqslant\frac{2\pi}{D}$$

一般取满足要求的整数即可；如果要求使用快速傅里叶变换，则取 $N=2^M$。

(2) 计算 $x(n)$ 的 N 点离散傅里叶变换，绘制频谱图。

$$X(k)=\text{DFT}[x(n)]_N=X(e^{j\omega})\Big|_{\omega=\frac{2\pi}{N}k} \quad (k=0,1,\cdots,N-1)$$

如果希望由 $X(k)$ 绘制 $x(n)$ 的频谱图，应先求出 k 所对应的数字频率 ω_k，再以 ω_k 为横坐标变量绘制频谱图，即

$$\omega_k=\frac{2\pi}{N}k$$

$$X(e^{j\omega_k}) = X(k)$$

【例 3-3】 $x(n) = 0.5^n R_{10}(n)$，用离散傅里叶变换分析 $x(n)$ 的频谱。要求频率分辨率为 0.2π，画出幅频特性曲线和相频特性曲线。

【解】 （1）根据频率分辨率确定 N。

$$N \geqslant \frac{2\pi}{D} = \frac{2\pi}{0.02\pi} = 100$$

取 $N = 100$。

（2）计算 $x(n)$ 的 N 点离散傅里叶变换。

$$X(k) = \mathrm{DFT}[x(n)]_N = \sum_{n=0}^{N-1} x(n) W_N^{kn} \quad (k = 0,1,\cdots,N-1)$$

$$= \sum_{n=0}^{9} 0.5^n W_{100}^{kn} = \frac{1 - 0.5^{10} W_{100}^{k10}}{1 - 0.5^{10} W_{100}^{k}} \quad (k = 0,1,\cdots,99)$$

（3）$X(e^{j\omega_k})$ 的幅频特性和相频特性如图 3-13 所示。

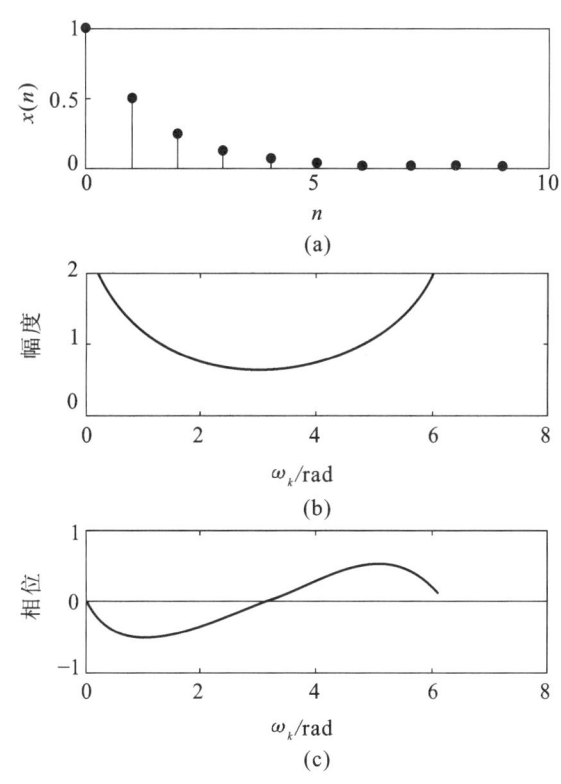

图 3-13 例 3-3 中 $x(n)$ 及其频谱

由图 3-13 可知，$x(n)$ 的频谱变化缓慢，所以用离散傅里叶变换对该信号进行谱分析时，频率分辨率再低一些（即 N 小一点）也可以得到正确的频谱。

进行谱分析时，通常根据对频谱分析的分辨率要求来确定 N。若不知道对分辨率的要求，可根据先验知识选择分辨率。如果知道信号中有两个峰值的间距为 B，可先选择 $B/2$ 为分辨率，再根据实验进行调整。或者先任取一个 N 值，进行离散傅里叶变换，然后适当增大 N 值，再进行离散傅里叶变换，比较两次计算的频谱，如果相差较大，可继续增大 N 值，重复上述步骤，直到点数增加至前后频谱的差异满足要求为止。

3.6 本章内容相关的 MATLAB 应用示例

1. 用 MATLAB 计算序列的离散傅里叶变换

MATLAB 提供了用快速算法计算离散傅里叶变换的函数 fft,其调用格式如下。

```
Xk = fft(xn,N)
```

其中,调用参数 xn 为时域序列向量,N 为离散傅里叶变换区间长度。当 N 大于 xn 的长度时,fft 函数自动在 xn 后面补零,返回 xn 的 N 点离散傅里叶变换结果向量 Xk。当 N 小于 xn 的长度时,fft 函数计算 xn 的前 N 个点构成的序列的 N 点离散傅里叶变换,忽略 xn 后面的元素。

计算离散傅里叶逆变换应调用函数 ifft,调用格式与 fft 函数相同。

【例 3-4】 $x(n) = R_4(n)$,$X(e^{j\omega}) = FT[x(n)]$。分别计算 $X(e^{j\omega})$ 在频率区间 $[0,2\pi]$ 上的 16 点和 32 点等间隔采样,并绘制 $X(e^{j\omega})$ 采样的幅频特性曲线和相频特性曲线。

【解】 由离散傅里叶变换与傅里叶变换的关系可知,$X(e^{j\omega})$ 在频率区间 $[0,2\pi]$ 上的 16 点和 32 点等间隔采样,分别是 $x(n)$ 的 16 点和 32 点离散傅里叶变换。调用 fft 函数计算本例的程序如下。

```
xn = [1 1 1 1];                                    %输入时域序列向量 xn = R4(n)
Xk16 = fft(xn,16);                                 %计算 xn 的 16 点 DFT
Xk32 = fft(xn,32);                                 %计算 xn 的 32 点 DFT
%以下为绘图部分
k = 0:15;wk = 2* k/16;                             %计算 16 点 DFT 对应的采样点频率
subplot(2,2,1);stem(wk,abs(Xk16),'.');            %绘制 16 点 DFT 的幅频特性图
title('(a)16 点 DFT 的幅频特性图');xlabel('ω/π');ylabel('幅度')
subplot(2,2,3);stem(wk,angle(Xk16),'.');          %绘制 16 点 DFT 的相频特性图
line([0,2],[0,0]);title('(b)16 点 DFT 的相频特性图')
xlabel('ω/π');ylabel('相位');axis([0,2, -3.5,3.5])
k = 0:31;wk = 2* k/32;                             %计算 32 点 DFT 对应的采样点频率
subplot(2,2,2);stem(wk,abs(Xk32),'.');            %绘制 32 点 DFT 的幅频特性图
title('(c)32 点 DFT 的幅频特性图');xlabel('ω/π');ylabel('幅度')
subplot(2,2,4);stem(wk,angle(Xk32),'.');          %绘制 32 点 DFT 的相频特性图
line([0,2],[0,0]);title('(d)32 点 DFT 的相频特性图');
xlabel('ω/π');ylabel('相位');axis([0,2, -3.5,3.5])
```

程序运行结果如图 3-14 所示。

2. 用 MATLAB 计算线性卷积

MATLAB 提供了一个用重叠相加法计算线性卷积的函数 fftfilt。其调用格式如下。

```
y = fftfilt(h,x,M)
```

其中:h 是系统单位冲激响应向量;x 是输入序列向量;y 是系统输出序列向量,即 h 与 x 的卷积结果;M 是输入序列 x 的分段长度,由用户指定,未指定 M 值时,系统默认 M = 512。

【例 3-5】 $h(n) = R_5(n)$,$x(n) = [\cos(\pi n/10) + \cos(2\pi n/5)]u(n)$,用重叠相加法计算 $y(n) = h(n) * x(n)$,并绘制 $h(n)$、$x(n)$ 和 $y(n)$ 的波形。

【解】 $h(n)$ 的长度为 $N = 5$,对 $x(n)$ 进行分段,每段长度为 $M = 10$。调用 fftfilt 函数计算本例的程序如下。

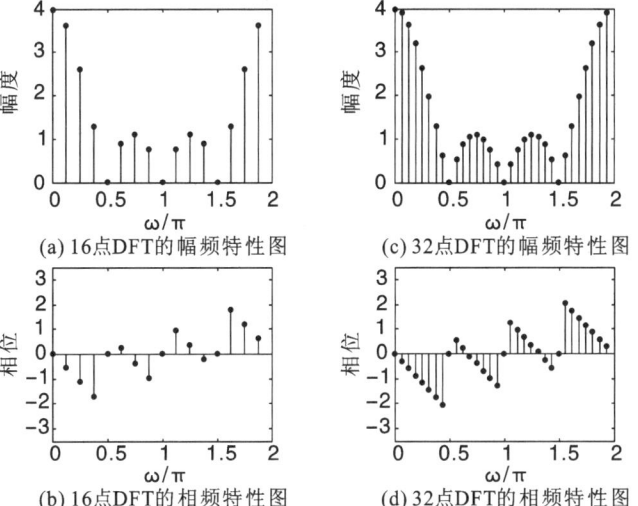

(a) 16点DFT的幅频特性图　　　(c) 32点DFT的幅频特性图

(b) 16点DFT的相频特性图　　　(d) 32点DFT的相频特性图

图 3-14　例 3-4 程序运行结果

```
L = 41;N = 5;M = 10;
hn = ones(1,N);hn1 = [hn zeros(1,L- N)];          %产生 h(n),补零是为了绘图好看
n = 0:L- 1;
xn = cos(pi* n/10) + cos(2* pi* n/5);             %产生 x(n) 的 L 个样值
yn = fftfilt(hn,xn,M);                            %调用 fftfilt 计算卷积
%以下为绘图部分
subplot(3,1,1);stem(n,hn1,'.');ylabel('h(n)');axis([0,45,0,1.2])
subplot(3,1,2);stem(n,xn,'.');ylabel('x(n)')
xlabel('n');line([0,L+N- 1],[0,0])
subplot(3,1,3);
m = 0:length(yn)- 1;
stem(m,yn,'.');line([0,L+N- 1],[0,0])
xlabel('n');ylabel('y(n)');
```

程序运行结果如图 3-15 所示。

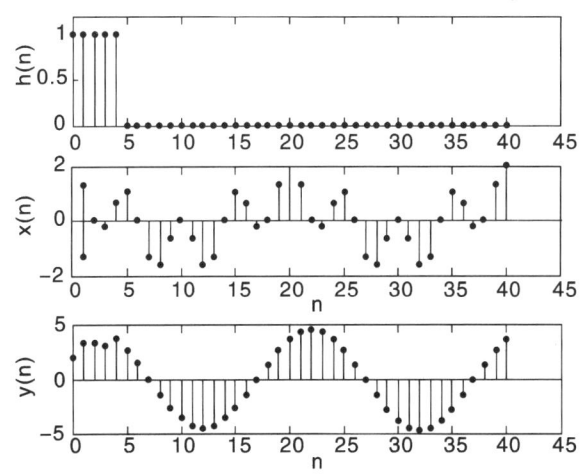

图 3-15　例 3-5 程序运行结果

本 章 小 结

本章主要介绍离散傅里叶变换、快速傅里叶变换。通过本章的学习,应掌握以下主要内容。

(1) 周期序列的离散傅里叶级数变换对,用傅里叶级数对周期序列进行频域分析。

(2) 有限长序列的离散傅里叶变换对,离散傅里叶变换与其他变换之间的关系。

(3) 离散傅里叶变换的性质。

(4) 基 2DIT-FFT、DIF-FFT 的原理。

(5) 用离散傅里叶变换计算线性卷积和对信号进行谱分析。

习题与上机练习 3

1. 设

$$x(n) = \begin{cases} 1, & n = 0.1 \\ 0, & 其他 \end{cases}$$

将 $x(n)$ 以 4 为周期进行周期延拓,形成周期序列 $\tilde{x}(n)$。画出 $x(n)$ 和 $\tilde{x}(n)$ 的波形,求出 $\tilde{x}(n)$ 的离散傅里叶级数 $\tilde{X}(k)$ 和傅里叶变换 $X(e^{j\omega})$。

2. 计算以下序列的 N 点离散傅里叶变换,在变换区间 $0 \leqslant n \leqslant N-1$ 内,序列的定义分别如下。

(1) $x(n) = 1$ (2) $x(n) = \delta(n)$

(3) $x(n) = \delta(n - n_0)$ $(0 < n_0 < N)$ (4) $x(n) = R_m(n)$ $(0 < m < N)$

(5) $x(n) = e^{j\frac{2\pi}{N}mn}$ $(0 < m < N)$ (6) $x(n) = \cos\left(\frac{2\pi}{N}mn\right)$ $(0 < m < N)$

(7) $x(n) = e^{j\omega_0 n}R_N(n)$ (8) $x(n) = \sin(\omega_0 n) \cdot R_N(n)$

(9) $x(n) = \cos(\omega_0 n) \cdot R_N(n)$ (10) $x(n) = nR_N(n)$

3. 已知下列 $X(k)$,求离散傅里叶逆变换 $x(n)$。

(1) $X(k) = \begin{cases} \dfrac{N}{2}e^{j\theta}, & k = m \\[2mm] \dfrac{N}{2}e^{-j\theta}, & k = N - m \\[2mm] 0, & 其他 \end{cases}$

(2) $X(k) = \begin{cases} -\dfrac{N}{2}je^{j\theta}, & k = m \\[2mm] \dfrac{N}{2}je^{j\theta}, & k = N - m \\[2mm] 0, & 其他 \end{cases}$

其中,m 为正整数,$0 < m < N/2$。

4. 已知实序列 $x(n)$ 的 8 点离散傅里叶变换的前 5 个值为:$0.25, 0.125 - j0.3018, 0,$ $0.125 - j0.0518, 0$。利用离散傅里叶变换的性质和定义,完成以下计算。

(1) 求 $X(k)$ 的其余 3 点的值。

(2) $x_1(n) = \sum\limits_{m=-\infty}^{+\infty} x(n + 5 + 8m)R_8(n)$,求 $X_1(k) = \text{DFT}[x_1(n)]_8$。

(3) $x_2(n) = x(n)e^{j\pi n/4}$,求 $X_2(k) = \text{DFT}[x_2(n)]_8$。

5. 已知 $f(n) = x(n) + \mathrm{j}y(n)$，$x(n)$ 与 $y(n)$ 均为长度为 N 的实序列。设

$$F(k) = \mathrm{DFT}[f(n)]_N \quad (0 \leqslant k \leqslant N-1)。$$

若：(1) $F(k) = \dfrac{1-a^N}{1-aW_N^k} + \mathrm{j}\,\dfrac{1-b^N}{1-bW_N^k}$ （a,b 为实数）；

(2) $F(k) = 1 + \mathrm{j}N$。

试求 $X(k) = \mathrm{DFT}[x(n)]_N$，$Y(k) = \mathrm{DFT}[y(n)]_N$，以及 $x(n)$ 和 $y(n)$。

6. 分别画出 16 点基 2DIT-FFT 和 DIF-FFT 的运算流图，并计算其复数乘法和复数加法的运算次数。

7. 如果某通用单片计算机的速度为平均每次复数乘需要 $4\mu s$，每次复数加需要 $1\mu s$，将其用于计算 $N = 1024$ 点 DFT，试问直接计算需要多长时间。若用 FFT 计算又需要多长时间？

8. 已知 $X(k)$ 和 $Y(k)$ 是两个 N 点实序列 $x(n)$ 和 $y(n)$ 的离散傅里叶变换，希望从 $X(k)$ 和 $Y(k)$ 求 $x(n)$ 和 $y(n)$，为提高运算效率，试设计用一次 N 点 IFFT 来完成的算法。

9. 设 $x(n)$ 是长度为 $2N$ 的有限长实序列，$X(k)$ 为 $x(n)$ 的 $2N$ 点离散傅里叶变换。

(1) 试设计用一次 N 点 FFT 完成计算 $X(k)$ 的高效算法。

(2) 若已知 $X(k)$，试设计用一次 N 点 IFFT 完成计算 $x(n)$ 的高效算法。

10. 两个有限长序列 $x(n)$ 和 $y(n)$ 的零值区间为

$$\begin{cases} x(n) = 0, & n < 0 \text{ 或 } n \geqslant 8 \\ y(n) = 0, & n < 0 \text{ 或 } n \geqslant 20 \end{cases}$$

对每个序列作 20 点离散傅里叶变换，即

$$X(k) = \mathrm{DFT}[x(n)] \quad (k = 0,1,\cdots,19)$$
$$Y(k) = \mathrm{DFT}[y(n)] \quad (k = 0,1,\cdots,19)$$

如果

$$F(k) = X(k) \cdot Y(k) \quad (k = 0,1,\cdots,19)$$
$$f(n) = \mathrm{IDFT}[F(k)] \quad (k = 0,1,\cdots,19)$$

试问在哪些点上 $f(n)$ 与 $x(n) * y(n)$ 值相等，为什么？

11. 给定两个序列：$x_1(n) = \{2,1,1,2\}$，$x_2(n) = \{1,-1,-1,1\}$。

(1) 直接在时域内计算卷积。

(2) 用 DFT 计算 $x_1(n)$ 与 $x_2(n)$ 的卷积，验证 DFT 的时域循环卷积定理。

12. 已知序列 $x(n) = \{1,2,3,3,2,1\}$。

(1) 求 $x(n)$ 的傅里叶变换 $X(\mathrm{e}^{\mathrm{j}\omega})$，画出幅频特性和相频特性曲线。

(2) 计算 $x(n)$ 的 $N(N \geqslant 6)$ 点离散傅里叶变换 $X(k)$，画出幅频特性和相频特性曲线。

(3) 将 $X(\mathrm{e}^{\mathrm{j}\omega})$ 和 $X(k)$ 的幅频特性和相频特性曲线分别画在同一幅图中，验证 $X(k)$ 是 $X(\mathrm{e}^{\mathrm{j}\omega})$ 的等间隔采样，采样间隔为 $2\pi/N$。

(4) 计算 $X(k)$ 的 $N(N \geqslant 6)$ 点离散傅里叶逆变换，验证 DFT 和 IDFT 的唯一性。

13. 选择合适的变换区间长度 N，用离散傅里叶变换对下列信号进行谱分析，画出幅频特性和相频特性曲线。

(1) $x_1(n) = 2\cos(0.2\pi n)R_{10}(n)$

(2) $x_2(n) = [\sin(0.45\pi n) + \sin(0.55\pi n)R_{51}(n)]$

(3) $x_3(n) = 2^{-|n|}R_{21}(n+10)$

第④章 IIR 数字滤波器的设计与实现

滤波是信号处理的一种最基本、最重要的技术。利用滤波技术可以从复杂的信号中提取出有用信号,抑制不需要的信号。在现代电子信息、通信与自动控制等许多领域,滤波技术是一种必不可少的技术,否则得到的信号几乎是不可辨识的。滤波器是一种具有一定传输特性的信号处理装置。广义上讲凡是有能力进行信号处理的装置都可以称为滤波器,但一般所讲的滤波器是一种选频器件,它对某些频率的信号衰减很小,允许信号通过,而对于其他不需要的频率的信号则衰减很大,尽量阻止这些信号通过。

所谓数字滤波器,是指输入、输出均为数字信号,通过一定的运算关系改变输入信号所含频率成分的相对比例或者滤除某些频率成分的器件。数字滤波器的概念与模拟滤波器相同,只是信号的形式和实现滤波的方法不同。随着计算机技术的发展,数字滤波器具有比模拟滤波器精度高、稳定、体积小、灵活等优点,而且数字滤波器可以处理数字信号,也可以经过 A/D 转换器处理模拟信号。因此,数字滤波器在信号处理中具有重要的作用。

本章主要讨论无限长单位冲激响应(IIR)数字滤波器的设计。首先介绍了 IIR 数字滤波的特性和实现结构,然后介绍了两种重要的模拟滤波器的设计方法,重点研究了模拟滤波器转化为数字滤波器的两种方法 —— 冲激响应不变法和双线性变换法。

4.1 数字滤波器的基本原理和特性

4.1.1 数字滤波器的基本原理

根据所处理的信号的不同可将滤波器分为模拟滤波器和数字滤波器。模拟滤波器需要用模拟元件(如电阻、电容和电感)组成的电路来完成滤波;而数字滤波器是把输入序列通过一定的运算变成所要求的输出序列,来完成滤波功能。因此,数字滤波器就是一个离散时间系统。

1. 滤波原理

滤波器的特性可以用数学函数来描述,其作用是对输入信号进行滤波。对于一个如图 4-1 所示的线性时不变(LTI)系统,其输入与输出的时域和频域关系如下。

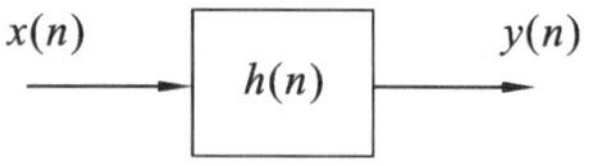

$$x(n) \rightarrow \boxed{h(n)} \rightarrow y(n)$$

图 4-1 LTI 系统

$$y(n) = x(n) * h(n)$$
$$Y(e^{j\omega}) = X(e^{j\omega})H(e^{j\omega}) \tag{4-1}$$

式(4-1)中,$X(e^{j\omega})$、$Y(e^{j\omega})$ 分别为输入、输出信号 $x(n)$、$y(n)$ 的离散时间傅里叶变换。假定 $|X(e^{j\omega})|$ 和 $|H(e^{j\omega})|$ 如图 4-2(a)、(b) 所示,则由式(4-1)可得出 $|Y(e^{j\omega})|$ 的波形如图 4-2(c)所示。由图 4-2 可以看出,$x(n)$ 通过系统 $h(n)$ 后,其输出 $y(n)$ 中只含有 $|\omega| < \omega_c$ 的频率成分,而 $|\omega| > \omega_c$ 部分不再含有,即被滤除掉了。因此,选择和设计不同形状的 $|H(e^{j\omega})|$,就可以得到不同的输出结果,即滤波结果。

假定该数字滤波器是理想滤波器,则幅度响应为

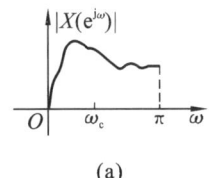 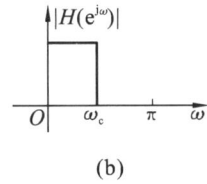 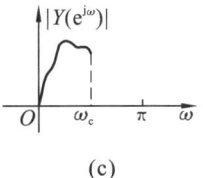

(a)   (b)   (c)

图 4-2   滤波器原理

$$| H_{\mathrm{d}}(\mathrm{e}^{\mathrm{j}\omega}) | = \begin{cases} 1, & -\omega_{\mathrm{c}} \leqslant \omega \leqslant \omega_{\mathrm{c}} \\ 0, & \omega_{\mathrm{c}} \leqslant \omega \leqslant \pi, -\pi \leqslant \omega \leqslant -\omega_{\mathrm{c}} \end{cases}$$

其傅里叶反变换为

$$h_{\mathrm{d}}(n) = \frac{1}{2\pi} \int_{-\pi}^{\pi} H_{\mathrm{d}}(\mathrm{e}^{\mathrm{j}\omega}) \mathrm{e}^{\mathrm{j}\omega n} \mathrm{d}\omega$$

由于 $H_{\mathrm{d}}(\mathrm{e}^{\mathrm{j}\omega})$ 是矩形频率响应,故 $h_{\mathrm{d}}(n)$ 一定是无限长、非因果的序列,在时域中是无法实现的,为此,常用有限精度算法设计一个物理可实现的、稳定的实际滤波器来逼近理想滤波器,这就是 IIR 滤波器的设计思想。

2. 滤波器的种类

滤波器的分类方法有很多,目前尚无统一的划分方法。但总的来说,滤波器可以分为经典滤波器和现代滤波器两大类。经典滤波器是假定输入信号中的有用成分和无用成分各占不同的频带,通过滤波器后,便可将不需要的频率信号滤掉,留下有用信号。如果信号和噪声的频谱相互混叠,则经典滤波器无能为力。现代滤波器是从含有噪声的输入信号中估计出信号的某些特征或信号本身,它将信号和噪声都看作是随机信号,利用它们的统计特性(如自相关函数、功率谱等)推导出滤波器的传递函数。本书仅讨论经典滤波器的基本结构和设计方法。

滤波器按照处理信号的类型的不同可以分为模拟滤波器和数字滤波器两种。当滤波器的输入、输出是连续时间信号时,滤波器的单位冲激响应 $h(t)$ 也是连续的,称为模拟滤波器(analog filter,简称 AF)。它只能用硬件电路来实现,其元件是电阻、电容、电感和集成运算放大器等。当滤波器的输入、输出是离散时间信号时,滤波器的单位冲激响应 $h(n)$ 也必然是离散的,该滤波器称为数字滤波器(digital filter,简称 DF)。它既可以用硬件实现,如延迟器、乘法器和加法器等,也可以用软件实现,即一段线性卷积的程序。

对于数字滤波器来说,从实现方法上有 IIR 滤波器和 FIR 滤波器之分。IIR 滤波器的冲激响应无限长,其输出不仅取决于当前和过去的输入信号值,也取决于过去的信号输出值。FIR 滤波器的冲激响应在有限时间内衰减为零,其输出仅取决于当前和过去的输入信号值。这两类滤波器无论在性能上还是设计方法上都有很大的区别,本章主要介绍 IIR 滤波器的设计方法。FIR 数字滤波器的设计将在下一章中详细介绍。

按照滤波功能可将滤波器分为低通(LP)、高通(HP)、带通(BP)和带阻(BS)滤波器四种。低通滤波器只允许低频信号通过而抑制高频信号,如利用低通滤波器消除音乐中的高频率的背景噪声。高通滤波器只允许高频信号通过而抑制低频信号,如声呐系统中利用高频滤波器消除信号中海浪的低频噪声。带通滤波器只允许某一频带的信号通过,如在无线通信系统中,由于无线电信号频带很宽,接收端可以通过一个带通滤波器选取所需要的信号,把不需要的信号滤除掉。带阻滤波器是不允许某一频带的信号通过的,如从复合电视信号中滤除某种色度信号,以便得到亮度信号。

四种滤波器理想的幅频响应如图 4-3 所示。

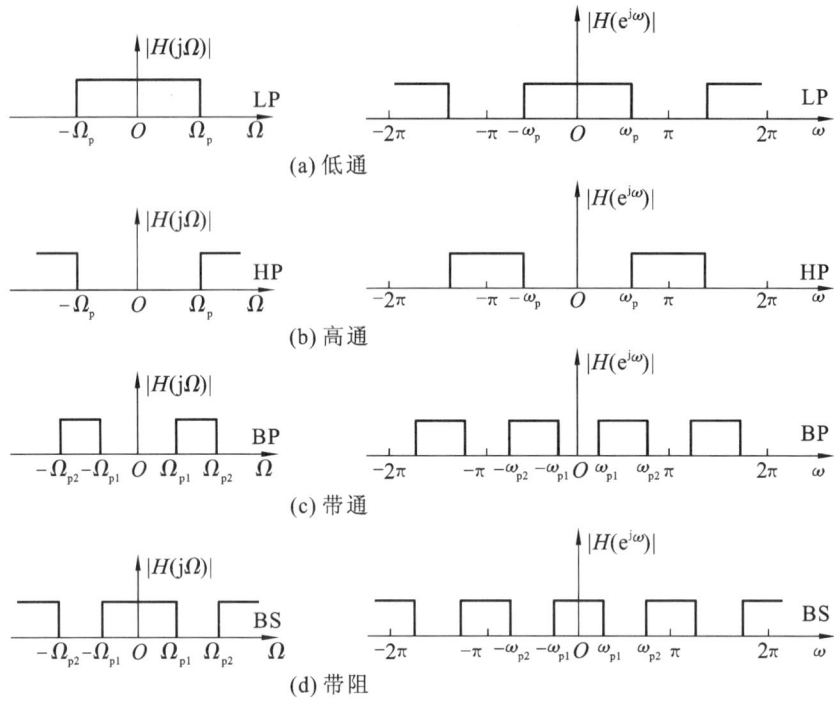

(a) 低通

(b) 高通

(c) 带通

(d) 带阻

图 4-3　理想低通、高通、带通、带阻滤波器的幅频特性

4.1.2　IIR 数字滤波器的特性

无限长单位冲激响应(infinite impulse response,简称 IIR) 滤波器的传递函数如下。

$$H(z) = \frac{Y(z)}{X(z)} = \frac{\displaystyle\sum_{m=0}^{M} b_m z^{-m}}{1 - \displaystyle\sum_{k=1}^{N} a_k z^{-k}} \tag{4-2}$$

对上式进行 z 反变换,可得出输入与输出关系的线性常系数差分方程为

$$y(n) + \sum_{k=1}^{N} a_k y(n-k) = \sum_{r=0}^{M} b_r x(n-r)$$

IIR 滤波器的输出 $y(n)$ 不仅取决于过去和现在的输入,而且还取决于过去的输出,该数字滤波器的单位冲激响应是无限延续的,习惯上称为无限长单位冲激响应(IIR)数字滤波器。

1. 技术指标

数字滤波器的指标通常在频域中给出,数字滤波器的频率响应 $H(e^{j\omega})$ 一般是复函数,表示为

$$H(e^{j\omega}) = \left| H(e^{j\omega}) \right| e^{j\varphi(\omega)}$$

式中,$\left| H(e^{j\omega}) \right|$ 称为幅频响应;$\varphi(\omega)$ 称为相频响应。幅频响应表示信号通过该滤波器后频率成分衰减情况,而相频响应反映各频率分量通过滤波器后在时间上的延时情况。因此,即使两个滤波器的幅频特性相同,但是如果相频特性不一样时,对于相同的输入信号,滤波器输

出信号的波形也是不同的。IIR 数字滤波器常用幅频响应作为技术指标，不考虑信号的相位特性。如果对信号的波形有严格的要求，则需要设计线性相位的数字滤波器，这部分内容将在第 5 章中详细介绍。

理想的滤波器是非因果的、物理不可实现的系统，在实际使用时，我们设计出的数字滤波器都是在某些准则下对理想滤波器的逼近，所以实际的数字滤波器在通带中允许一定的容限，阻带中允许另一个容限，而且通带和阻带之间还有一个过渡带。以数字低通滤波器为例，我们可以用图 4-4 来表示技术指标。

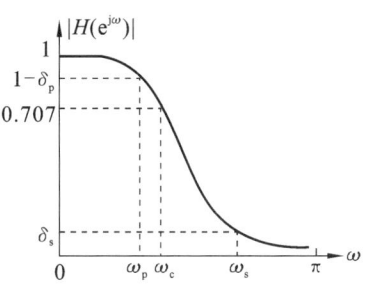

图 4-4　IIR 低通滤波器的幅频响应

图 4-4 中，ω_p 为所满足的通带截止频率；δ_p 为通带容限（允许的误差）；ω_s 为所满足的阻带截止频率；δ_s 为阻带容限；在 ω_p 和 ω_s 之间为过渡带。

设定：α_p(dB) 为 ω_p 处 $|H(e^{j\omega_p})|$ 的衰减最大值，α_s(dB) 为 ω_s 处 $|H(e^{j\omega_s})|$ 的衰减最小值。那么，通带允许的最大衰减（波纹）α_p 和阻带允许的最小衰减 α_s 的定义为

$$\alpha_p = 20\lg\left|\frac{H(e^{j0})}{H(e^{j\omega_p})}\right| = -20\lg|H(e^{j\omega_p})| = -20\lg(1-\delta_p) \tag{4-3}$$

$$\alpha_s = 20\lg\left|\frac{H(e^{j0})}{H(e^{j\omega_s})}\right| = -20\lg|H(e^{j\omega_s})| = -20\lg\delta_s \tag{4-4}$$

式(4-3)和式(4-4)中，$|H(e^{j\omega_p})|$ 和 $|H(e^{j\omega_s})|$ 是以 $|H(e^{j0})| = 1$ 为参考幅度的归一化值，即

$$|H(e^{j\omega_p})|_{归一化} = \frac{|H(e^{j\omega_p})|}{|H(e^{j0})|}$$

$$|H(e^{j\omega_s})|_{归一化} = \frac{|H(e^{j\omega_s})|}{|H(e^{j0})|}$$

例如，在 $\omega = \omega_p$ 处，$|H(e^{j\omega_p})|_{归一化} = 0.707$，则 $\alpha_p = 3\text{dB}$；在 $\omega = \omega_s$ 处，$|H(e^{j\omega_s})|_{归一化} = \frac{1}{100}$，则 $\alpha_p = 40\text{dB}$。

当 $|H(e^{j\omega})|$ 的幅度由 1 下降到 0.707 时，$|H(e^{j\omega})|^2$ 幅度由 1 下降到 0.5，即信号的功率降低一半时，对应的频率用 ω_c 表示，此时的衰减正好为 3dB，所以称 ω_c 为 3dB 截止频率，这个频率在数字滤波器的设计中是很重要的。

数字高通、带通和带阻滤波器的技术指标要求与低通滤波器相似，如图 4-5 所示。对于模拟滤波器来说，其技术的定义与数字滤波器基本相似。只不过对于模拟滤波器来说，其频率 Ω 的有效范围为 $[0,\infty)$；而对于数字滤波器，其频率 ω 的有效范围为 $[0,\pi)$，其他频率上的幅频特性，可以根据离散数字系统的对称性和周期性得到。

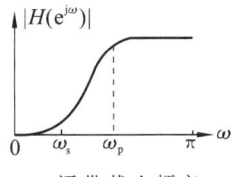
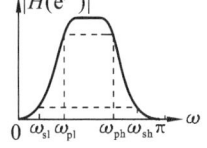

ω_p:通带截止频率　　　　　　　ω_{pl},ω_{ph}:通带下限、上限截止频率
ω_s:阻带截止频率　　　　　　　ω_{sl},ω_{sh}:阻带下限、上限截止频率

(a) 数字高通滤波器　　　(b) 数字带通滤波器　　　(c) 数字带阻滤波器

图 4-5　理想高通、带通、带阻数字滤波器的幅频响应

2. 设计方法

不论是模拟滤波器还是数字滤波器,其设计过程均包括以下四个步骤。

(1) 给出所设计滤波器的技术指标。

(2) 设计一个因果稳定的线性时不变系统去逼近给定的技术指标。

(3) 利用有限精度算法来实现这个系统函数。

(4) 用硬件或软件实现所设计的 $H(z)$,并对其性能进行评估。

上述 4 个步骤中,第(2)步是关键。本章主要讨论理论设计部分,即(2)(3)项的内容,第(4)步需利用专业的软硬件来实现,比如 FPGA、DSP 等。

由前面 IIR 滤波器的传递函数公式(4-2)可以看出,IIR 数字滤波器的逼近问题就是求出滤波器的各系数 a_k, b_m,使滤波器满足给定的性能要求。如果在 s 平面上去逼近,就得到模拟滤波器。一般来说,IIR 数字滤波器的设计方法分为以下两种。

(1) 间接设计法　先根据技术指标要求设计一个满足要求的模拟滤波器,然后采用某种映射方法将其变换为满足要求的数字滤波器。

(2) 直接设计法　在时域或频域直接设计数字滤波器,要求大量的迭代运算,必须采用计算机辅助设计,而且一般得不到闭合形式的频率响应函数表达式。

以上两种方法中,本章主要介绍间接设计法,因为数字滤波器在很多情况下可以看成是"模仿"模拟滤波器的,在 IIR 滤波器中采用这种方法是较普遍的。

间接设计法中,采用模拟滤波器来设计数字滤波器,要先根据所给定的技术指标设计出相应的模拟滤波器传递函数 $H_a(s)$,然后由 $H_a(s)$ 经变换得到所需的数字滤波器传递函数 $H(z)$。模拟滤波器到数字滤波器的映射(变换)就是将 s 平面映射到 z 平面,从而将模拟滤波器的传递函数 $H_a(s)$ 变换为数字滤波器的传递函数 $H(z)$。在变换中,要求所得到的数字滤波器频率响应 $H(e^{j\omega})$ 保留原模拟滤波器频率响应 $H_a(j\Omega)$ 的主要特性,为此,对变换关系提出如下要求。

(1) s 平面左半平面(Re$[s]<0$)映射到 z 平面单位圆内部($|z|<1$),从而将稳定的模拟滤波器 $H_a(s)$ 映射为稳定的数字滤波器 $H(z)$。

(2) s 平面的虚轴 $s=j\omega$ 映射到 z 平面的单位圆上 $z=e^{j\omega}$,从而保证数字滤波器的频率响应特性 $H(e^{j\omega})$ 模仿模拟滤波器的频率响应特性 $H(j\Omega)$。

将传递函数 $H_a(s)$ 从 s 平面映射到 z 平面的方法很多,本书中我们主要介绍两种工程上常用的方法,即冲激响应不变法和双线性变换法。

 4.2　IIR 数字滤波器的实现结构

数字滤波器的实现首先需要定出数字滤波器的运算结构图。同一差分方程或传递函数可以采用不同的算法,不同的算法直接影响着系统的运算误差、运算速度以及系统的复杂程度和成本等。

因此,数字滤波器的运算结构对于滤波器的设计及其性能指标的实现是非常重要的。

数字滤波器的运算结构一般采用方框图或信号流图来表示,接下来讨论在已知 IIR 数字滤波器的传递函数 $H(z)$ 或差分方程的情况下,如何设计不同的运算结构来实现系统。

数字滤波器可以用式(4-2)所示的传递函数表示如下。

$$H(z) = \frac{Y(z)}{X(z)} = \frac{\sum\limits_{m=0}^{M} b_m z^{-m}}{1 - \sum\limits_{k=1}^{N} a_k z^{-k}}$$

对上式进行 z 反变换,可得出输入与输出关系的线性常系数差分方程为

$$y(n) = \sum_{m=0}^{M} b_m x(n-m) - \sum_{k=1}^{N} a_k y(n-k) \qquad (4\text{-}5)$$

从上式可以看出,数字滤波器的功能本质上是将一组输入数字序列通过一定的运算后转变为另一组输出数字序列。其结构表示需要采用加法器、乘法器、延时器等基本运算单元。这些基本单元一般用方框图或信号流图来表示,分别如图 4-6 所示。

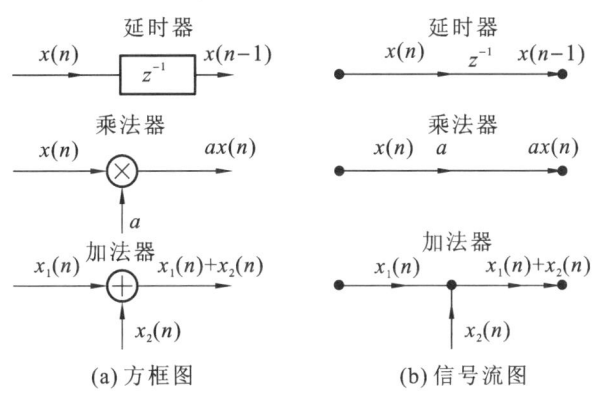

图 4-6　基本运算单元

在图 4-6 中左边为方框图,这种表示方法比较直观;图 4-6 中右边为信号流图,这种表示方法比方框图更为简单。值得注意的是,在画信号流图或方框图时,如果标量乘法器的系数为 1,即图中 $a = 1$,可以不标出系数。

由差分方程或传递函数 $H(z)$ 可以看出,无限长单位冲激响应(IIR)数字滤波器特点如下。

(1)系统单位冲激响应 $h(n)$ 无限长。

(2)传递函数 $H(z)$ 在 z 平面上有极点。

(3)结构上存在着输出到输入的反馈,为递归型的结构。

(4)差分方程或传递函数 $H(z)$ 中的系数 a_i 至少有一个不为零,其传递函数 $H(z)$ 的表达形式一般为分式。

对于给定的传递函数或差分方程,其结构并不是唯一的,一般有直接型、级联型和并联型三种基本结构。

4.2.1　直接型

直接型是利用加法器、乘法器和延时器等基本运算单元,以给定的形式直接实现差分方程。分为 Ⅰ 型结构和 Ⅱ 型结构(也称为正准型结构)两种。对于一个 N 阶无限长单位冲激响应(IIR)滤波器,由其差分方程式(4-5)可知 $y(n)$ 由两部分组成:第一部分 $\sum\limits_{m=0}^{M} b_m x(n-m)$ 是一个对输入 $x(n)$ 的 M 节抽头延时链结构,即每个延时抽头后加权(加权系数为 b_m)相加,属于横向网络,需要 M 个延时单元,传递函数用 $H_1(z)$ 表示;第二部分 $\sum\limits_{k=1}^{N} a_k y(n-k)$ 是一个对输出 $y(n)$ 延时的 N 节延时链结构,属于反馈网络,需要 N 个延时单元,传递函数用 $H_2(z)$ 表

示,如图 4-7 所示。显然有

$$H(z) = H_1(z)H_2(z)$$

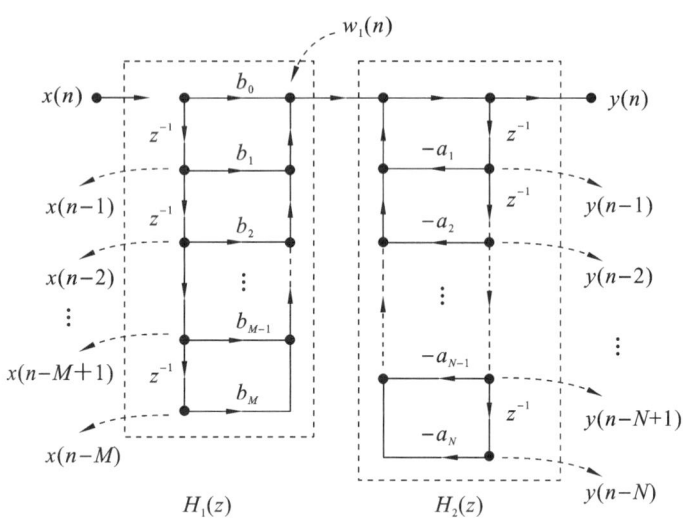

图 4-7　直接 Ⅰ 型结构

中间变量 $w_1(n)$ 是输入延时子网络的输出,同时也是输出反馈子网络的输入;两个子网络的差分方程分别为:

$$w_1(n) = \sum_{m=0}^{M} b_m x(n-m)$$

$$y(n) = w_1(n) - \sum_{k=1}^{N} a_k y(n-k)$$

一个线性时不变系统,若交换其级联子系统的次序,传递函数不变。将此原理应用于直接 Ⅰ 型结构中,交换两个级联网络顺序,则图 4-7 将变成另一种形式,如图 4-8 所示。

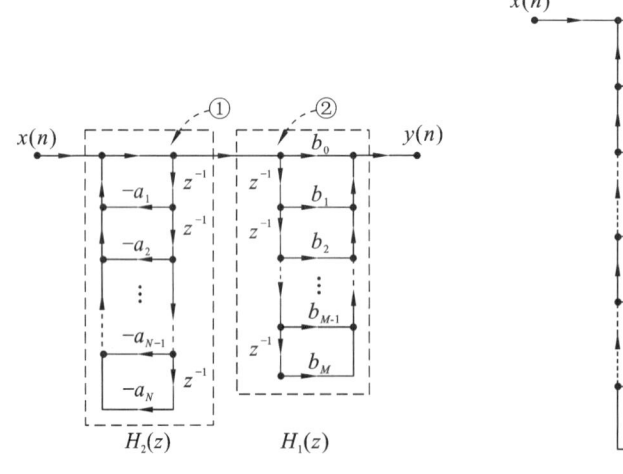

图 4-8　直接 Ⅱ 型结构

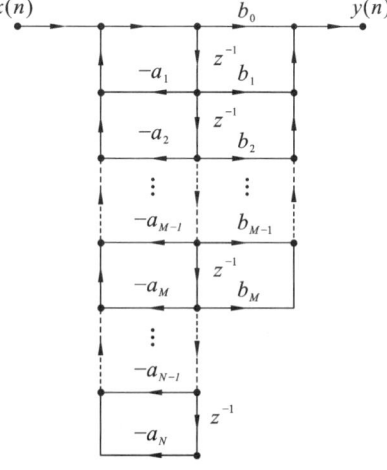

图 4-9　IIR 直接 Ⅱ 型结构(典范型)

相当于 $H(z) = H_2(z)H_1(z)$,由于两个分支节点①和②的节点值相同,其下面的各延时支路的输出也对应相同,所以可以将两部分相对应的延时支路合并,得到另一种结构如图 4-9 所示,称之为 IIR 直接 Ⅱ 型结构,这种结构实现 N 阶滤波器(一般 $N \geqslant M$)只需 N 阶延时单元,又称为典范型或规范型 。

直接型结构的优点是简单、直观。但是无论直接 Ⅰ 型结构还是 Ⅱ 型结构，系数 a_k,b_m 不能直接决定单个零极点，因而不能很好地控制滤波器的性能；极点对系数的变化过于灵敏，从而使系统频率响应对系数变化过于灵敏，容易出现不稳定或产生较大的误差，在实际中很少采用直接型来实现高阶的数字滤波器。

4.2.2 级联型

一个 N 阶系统函数可以用它的零、极点来表示，为此对传递函数的分子、分母进行因式分解

$$H(z) = \frac{Y(z)}{X(z)} = \frac{\sum_{m=0}^{M} b_m z^{-m}}{1 - \sum_{k=1}^{N} a_k z^{-k}} = K \frac{\prod_{i=0}^{M}(1 - c_i z^{-1})}{\prod_{i=1}^{N}(1 - d_i z^{-1})} \tag{4-6}$$

式中：K 是常数；c_i 和 d_i 分别表示零点和极点。

由于滤波器的系数应为实数，所以 c_i 和 d_i 是实根或者是共轭成对的复根，将分子、分母中的共轭复根因子合并为二阶实系数因子，得到如下形式。

$$H(z) = K \frac{\prod_{m=1}^{M_1}(1 - p_m z^{-1}) \prod_{m=1}^{M_2}(1 + \beta_{1m} z^{-1} + \beta_{2m} z^{-2})}{\prod_{k=1}^{N_1}(1 - c_k z^{-1}) \prod_{k=1}^{N_2}(1 + \alpha_{1k} z^{-1} + \alpha_{2k} z^{-2})} \tag{4-7}$$

式(4-7)表明：滤波器可以由若干一阶和二阶子系统级联组成，从而构成滤波器的级联型结构；将分子、分母中一阶因子(即实零、极点因子)两两合并为实系数二阶因子，得到如下形式。

$$H(z) = K \prod_{k=1}^{N_0} \frac{1 + \beta_{1k} z^{-1} + \beta_{2k} z^{-2}}{1 + \alpha_{1k} z^{-1} + \alpha_{2k} z^{-2}} = K \prod_{k=1}^{N_0} H_k(z)$$

这样，传递函数 $H(z)$ 就可以表示为由如图 4-11 所示的一些一阶基本节或二阶基本节级联而成的形式，即级联型结构，如图 4-10 所示。

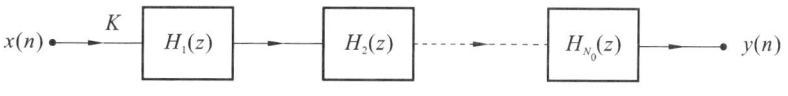

图 4-10　级联型结构图

当 N 为偶数时，每个子系统均为二阶子系统，当 N 为奇数时，其中有一个一阶传递函数，每个一阶、二阶子系统网络称为滤波器的一阶、二阶基本节。这样，整个滤波器就可以用若干个二阶节(当 N 为奇数时，包括一个一阶节)级联构成。级联型的一阶基本节和二阶基本节均用直接 Ⅱ 型来实现，如图 4-11 所示。

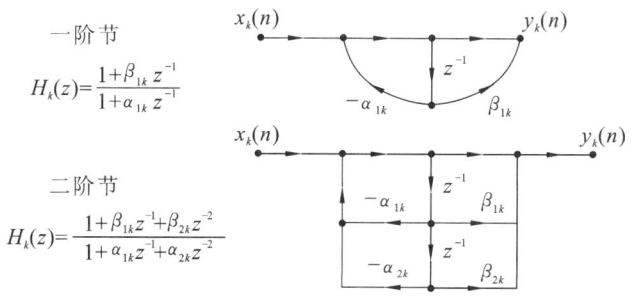

图 4-11　级联型结构的一阶、二阶基本节结构

级联型的每一个一阶基本节决定一个实数零点和一个实数极点,每一个二阶基本节决定一对共轭零点和一对共轭极点。在式(4-7)中,调整系数 p_m 和 c_k 就可以改变一个实数零点和极点的位置;调整系数 β_{1m}、β_{2m} 和 α_{1k}、α_{2k} 就可以改变一对共轭零极点的位置。因此,相对于直接型结构,级联型实现结构调整零极点更为灵活方便。

综上所述,级联型结构的优点如下。

(1) 硬件实现时,可以用一个二阶系统进行时分复用,延时单元最少,可以节省存储器。

(2) 可以单独调整滤波器 $H(z)$ 的第 k 对零点或极点的位置,而不影响其他的零极点;每一个基本节系数的变化只影响该子系统的零极点,因此便于准确实现滤波器的零极点,进而便于调整滤波器的性能。

(3) 对系数变化的敏感度小,受有限字长效应的影响比直接型低。

(4) 级联型结构可以有许多不同的搭配方式,实现结构不是唯一的。

但是,级联型结构也有缺陷,存在着计算误差的累积,乘法运算的量化误差在系统输出端的噪声功率虽然小于直接型结构,但是仍大于并联型结构,为了克服这个缺点,下面介绍IIR 的并联型结构。

4.2.3 并联型

将传递函数 $H(z)$ 展开成部分分式的形式时,每一部分都用基本节来实现,就得到并联型的 IIR 滤波器的结构,将传递函数展开成如下形式。

$$H(z) = K_0 + \sum_{k=1}^{N_1} \frac{A_k}{1 - c_k z^{-1}} + \sum_{k=1}^{N_2} \left(\frac{B_k}{1 - d_k z^{-1}} + \frac{B_k^*}{1 - d_k^* z^{-1}} \right)$$

然后将上述部分分式合并成二阶实系数分式,得

$$H(z) = K_0 + \sum_{k=1}^{N_1} \frac{A_k}{1 - c_k z^{-1}} + \sum_{k=1}^{N_2} \frac{\gamma_{0k} + \gamma_{1k} z^{-1}}{1 + a_{1k} z^{-1} + a_{2k} z^{-2}}$$

$$= K_0 + \sum_{k=1}^{N_0} \frac{\gamma_{0k} + \gamma_{1k} z^{-1}}{1 + a_{1k} z^{-1} + a_{2k} z^{-2}} = K_0 + \sum_{k=1}^{N_0} H_k(z)$$

滤波器可以由一阶节、二阶节以及一个常数网络并联组成,其结构示意图如 4-12 所示。

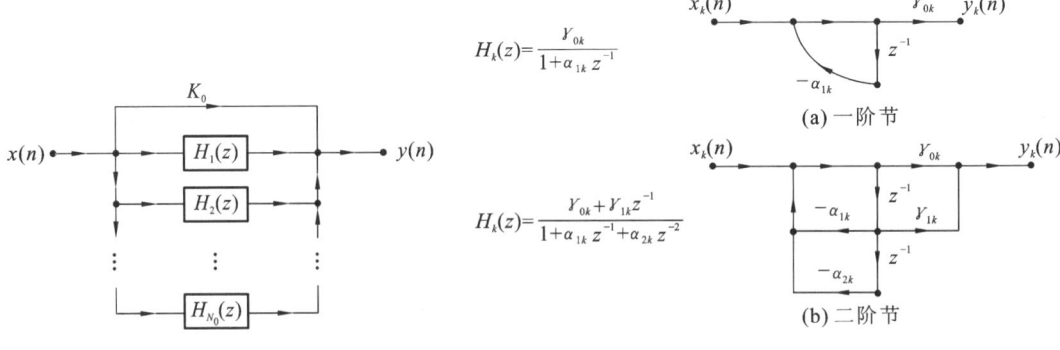

图 4-12 并联型结构图　　　　图 4-13 并联型结构的一阶、二阶基本节结构

并联结构的一阶节和二阶节均用直接 Ⅱ 型来实现,如图 4-13 所示。

> 注意:级联结构与并联结构中一阶、二阶基本节结构是不同的,并联结构中的基本节分子比分母小一阶。

一阶基本节能够独立地确定一个实数极点,二阶基本节能够独立地确定一对共轭极点。

因此,调整极点比较方便,但是调整零点位置不如级联型方便,每个 $H_k(z)$ 都可以采用前面介绍的直接网络结构来实现。

并联型结构的优点如下。

(1) 可以单独调整极点位置。

(2) 系统误差最小,因为并联型各基本节的误差互补影响,所以比级联型的误差还小。

(3) 运算速度高,因为可同时对输入信号进行运算。

但并联型结构不能像级联型结构那样直接控制零点,因为零点只是各二阶节网络的零点,并非整个传递函数的零点,这是并联型结构的缺点。

【例4-1】　设滤波器差分方程为 $y(n)=x(n)+\dfrac{1}{3}x(n-1)+\dfrac{3}{4}y(n-1)-\dfrac{1}{8}y(n-2)$,使用直接 I 型、II 型以及全部一阶节的级联型、并联型结构来实现。

【解】　将差分方程两边进行 z 变换得:

$$Y(z)=X(z)+\frac{1}{3}z^{-1}X(z)+\frac{3}{4}z^{-1}Y(z)-\frac{1}{8}z^{-2}Y(z)$$

$$Y(z)\left[1-\frac{3}{4}z^{-1}+\frac{1}{8}z^{-2}\right]=X(z)\left[1+\frac{1}{3}z^{-1}\right]$$

从而得到传递函数如下:

$$H(z)=\frac{Y(z)}{X(z)}=\frac{1+\dfrac{1}{3}z^{-1}}{1-\dfrac{3}{4}z^{-1}+\dfrac{1}{8}z^{-2}}=\frac{1+\dfrac{1}{3}z^{-1}}{\left(1-\dfrac{1}{2}z^{-1}\right)\left(1-\dfrac{1}{4}z^{-1}\right)}=\frac{3/10}{1-\dfrac{1}{2}z^{-1}}+\frac{-7/3}{1-\dfrac{1}{4}z^{-1}}$$

直接 I 型、II 型以及全部一阶节的级联型、并联型结构如图 4-14 所示。

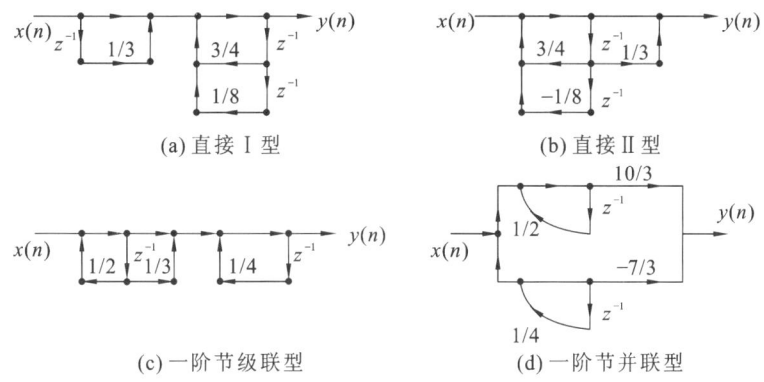

图 4-14　例 4-1 滤波器结构图

 ## 4.3　模拟低通滤波器的设计方法

在这里讨论模拟滤波器,其目的是为学习数字滤波器做准备。随着数字技术的发展,与模拟滤波器相比,数字滤波器具有明显的优势,还可以借助计算机软件编程的方式来实现,所以在很多情况下可以借助数字滤波器来处理模拟信号。但是数字滤波器的构成原理和设计方法往往还在利用模拟滤波器已经成熟的技术,所以我们有必要介绍一下模拟滤波器的设计方法。不论设计何种滤波器,都是先把该种滤波器的技术要求转换为相应的低通滤波器的技术要求,然后设计低通滤波器的传输函数 $H_a(s)$,再经过频率转换将 $H_a(s)$ 变换为所求的滤波器的传输函数。

常用的模拟滤波器有巴特沃思(Butterworth)滤波器、切比雪夫(Chebyshev)滤波器、椭圆(Ellipse)滤波器和贝塞尔(Bessel)滤波器等。其中,巴特沃思滤波器具有单调下降的幅度特性,通带具有最大平坦,但是过渡带相对较宽;切比雪夫滤波器的幅频特性在通带或阻带内都有波动,可以提高选择性;椭圆滤波器在通带和阻带内均为等波纹幅频特性;贝塞尔滤波器着重相频特性,通带内有较好的线性相位特性。这些滤波器都有严格的设计公式、现成的曲线和图表供使用。

通常情况下,在设计滤波器时,总是先设计低通滤波器,然后再通过频率变换将低通滤波器转换成所希望类型的滤波器。因此,下面先介绍低通滤波器的技术指标和逼近方法,然后再分别介绍巴特沃思滤波器和切比雪夫滤波器的设计方法。

4.3.1 幅度平方函数

所谓设计模拟低通滤波器,即根据技术指标要求,求出满足要求的系统传输函数 $H_a(s)$。

下面介绍一种根据幅度平方函数来逼近理想滤波器的方法,即用 $|H_a(j\Omega)|^2$ 求模拟滤波器的 $H_a(s)$。

模拟低通滤波器的频率响应常用幅度平方函数 $|H_a(j\Omega)|^2$ 来表示,即

$$|H_a(j\Omega)|^2 = H_a(j\Omega)H_a^*(j\Omega)$$

由于滤波器冲激函数 $h(t)$ 是实函数,因而 $H(j\Omega)$ 满足 $H^*(j\Omega) = H(-j\Omega)$,所以

$$H_a(s)H_a(-s)\Big|_{s=j\Omega} = H_a(j\Omega)H_a(-j\Omega) = |H_a(j\Omega)|^2 \tag{4-8}$$

式(4-8)中,$H_a(s)$ 是模拟滤波器的系统函数,它是 s 的有理函数,$H_a(j\Omega)$ 是滤波器的频率响应特性,$|H_a(j\Omega)|$ 是滤波器的幅度函数。下面来讨论由已知的 $|H_a(j\Omega)|^2$ 来求得 $H_a(s)$。

设 $H_a(s)$ 有一个极点(或零点)位于 $s=s_0$ 处,由于冲激响应为实数,则极点(零点)必以共轭对形式出现,即 $s=s_0^*$ 处也一定有极点(零点),故与之对应的 $H_a(s)$ 在 $s=-s_0$ 和 $-s_0^*$ 处必有极点(零点),于是 $H_a(s)$ 的极点(零点)以及与之对应的 $H_a(-s)$ 极点(零点)如表4-1所示。

表 4-1 $H_a(s)$ 与 $H_a(-s)$ 的极点(零点)

$H_a(s)$ 的极点(零点)	$-\sigma_1 \pm j\Omega_1$	$-\sigma_0$	$-j\sigma_0$
$H_a(-s)$ 的极点(零点)	$\sigma_1 \mp j\Omega_1$	σ_0	$j\sigma_0$

由 $|H_a(j\Omega)|^2$ 确定 $H_a(s)$ 的方法如下。

(1) 由 $|H_a(j\Omega)|^2\Big|_{\Omega^2=-s^2} = H_a(s)H_a(-s)$ 得到象限对称的 s 平面函数。

(2) 将 $H_a(s)H_a(-s)$ 因式分解,得到各零点和极点。

(3) 按照 $H_a(j\Omega)$ 与 $H_a(s)$ 的频率特性对比确定出增益常数 K_0。

(4) 由求出的 $H_a(s)$ 的零点、极点及 K_0,则可完全确定 $H_a(s)$。

【例 4-2】 根据以下幅度平方函数 $|H_a(j\Omega)|^2$ 确定系统函数 $H_a(s)$。

$$|H_a(j\Omega)|^2 = \frac{4(1-\Omega^2)^2}{(4+\Omega^2)(9+\Omega^2)}$$

【解】 由于 $|H_a(j\Omega)|^2$ 是非负的有理数,它在 $j\Omega$ 轴上的零点是偶次的,所以满足幅度

平方函数的条件,将 $\Omega = s/j$ 代入 $|H_a(j\Omega)|^2$ 的表达式中,可得

$$H_a(s)H_a(-s) = \frac{4(s^2+1)^2}{(4-s^2)(9-s^2)} = \frac{4(s^2+1)^2}{(s+2)(-s+2)(s+3)(-s+3)}$$

其极点为 $s=\pm 2, s=\pm 3$;零点为 $s=\pm j$。

为了系统稳定,选择左半平面极点 $s=-2, s=-3$ 及一对虚轴共轭零点 $s=\pm j$ 作为 $H_a(s)$ 的零、极点,并设增益常数 K_0,则 $H_a(s)$ 为

$$H_a(s) = K_0 \frac{2(s^2+1)}{(s+2)(s+3)}$$

按照 $H_a(s)$ 和 $H_a(j\Omega)$ 的低频特性,即由 $H_a(s)\Big|_{s=0} = H_a(j\Omega)\Big|_{\Omega=0}$ 得 $K_0 = 1$,因此

$$H_a(s) = \frac{2(s^2+1)}{(s+2)(s+3)}$$

4.3.2　巴特沃思低通滤波器的设计

巴特沃思低通滤波器的幅度平方函数定义如下。

$$|H_a(j\Omega)|^2 = \frac{1}{1+|K(j\Omega)|^2} = \frac{1}{1+|(\Omega/\Omega_c)|^2} = \frac{1}{1+\varepsilon^2(\Omega/\Omega_p)^{2N}} \tag{4-9}$$

式(4-9)中,Ω_p 为通带截止频率;Ω_c 为 3dB 截止频率,其单位是 rad/s,当 $\Omega = \Omega_c$ 时,$|H_a(j\Omega)|^2 = 1/2$,即称 Ω_c 是滤波器的半功率点;N 是正整数,代表滤波器的阶数,N 的取值越大,所得到的滤波器特性就越接近理想滤波器。巴特沃思低通滤波器的幅频特性与阶数 N 的关系如图 4-15 所示。

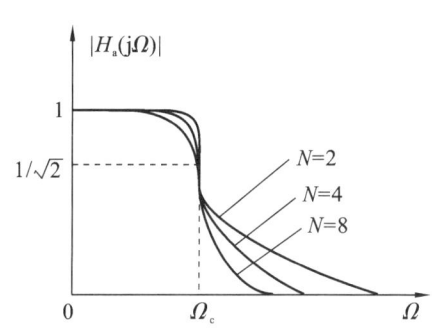

图 4-15　巴特沃斯滤波器阶数 N 与幅频特性关系

1. 幅度响应的特性

由图 4-15 可以看出,巴特沃思低通滤波器的特点如下。

(1) 当 $\Omega = 0$ 时,$|H_a(j0)|^2 = 1$,即在 $\Omega = 0$ 处无衰减。

(2) 当 $\Omega = \Omega_c$ 时,$|H_a(j\Omega_c)|^2 = 1/2, \Omega_c = 3\text{dB}$。也就是说,当 $\Omega = \Omega_c$ 时,不管 N 为多少,所有的特性曲线都通过 -3dB 点,衰减为 3dB,这就是 3dB 的不变性。

(3) $\Omega < \Omega_c$ 通带内,巴特沃思低通滤波器有最大平坦的幅度特性,随着 Ω 由 0 增大,$|H_a(j\Omega)|^2$ 单调减小,N 越大,通带内特性越平坦。

(4) $\Omega > \Omega_c$,$|H_a(j\Omega)|^2$ 随 Ω 增加而单调减小,N 越大,阻带衰减速度越快。

2. 传输函数 $H_a(s)$ 的推导

由于模拟滤波器的理论已相当成熟,很多常用滤波器的设计参数已经表格化和图形化,借助这些表格可以很方便地设计一些简单的滤波器。下面我们介绍下采用查表的方法设计巴特沃思滤波器的方法。

为了构造出其幅度平方函数 $H_a(s)$,由其幅度平方函数

$$|H_a(j\Omega)|^2 = \frac{1}{1+(\Omega/\Omega_c)^{2N}} \tag{4-10}$$

将 $\Omega = s/j$ 代入式(4-10)得

$$H_a(s)H_a(-s) = \frac{1}{1+\left(\dfrac{s}{j\Omega_c}\right)^{2N}} \tag{4-11}$$

由式(4-11)可知 $H_a(s)H_a(-s)$ 没有零点,极点为

$$s_k = (-1)^{\frac{1}{2N}}(\mathrm{j}\Omega_c) = \Omega_c e^{\mathrm{j}\pi\left(\frac{1}{2}+\frac{2K+1}{2N}\right)} \quad (k = 0,1,2,\cdots,2N-1)$$

$H_a(s)H_a(-s)$ 在 s 平面上有 $2N$ 个极点,是象限对称的,等间隔分布在半径为 Ω_c 的圆上(称为巴特沃思圆),间隔为 π/N。

在这 $2N$ 个极点中,选取 s 左半平面的 N 个极点构成 $H_a(s)$,而舍弃位于 s 右半平面的 N 个极点构成的不稳定滤波器的传输函数 $H_a(-s)$,则稳定的滤波器的传输函数 $H_a(s)$ 可以表示为

$$H_a(s) = \frac{\Omega_c^N}{\prod\limits_{k=0}^{N-1}(s - s_k)} = \frac{1}{\prod\limits_{k=0}^{N-1}\left(\frac{s}{\Omega_c} - \frac{s_k}{\Omega_c}\right)} \tag{4-12}$$

一般设计中,常采用归一化方法使巴特沃思滤波器的极点分布以及相应的系统函数、分母多项式的系数都有现成的表格可查,见表 4-2、表 4-3。这里所谓的归一化低通原型,就是将 3dB 衰减处的频率 Ω_c 归一化为 $\Omega_c = 1$。

表 4-2　巴特沃思低通滤波器的归一化传输函数的分母多项式系数

阶数 N	$A(p) = a_0 + a_1 p + a_2 p^2 + \cdots + a_{N-1} p^{N-1} + p^N$								
	a_0	a_1	a_2	a_3	a_4	a_5	a_6	a_7	a_8
1	1.0000								
2	1.0000	1.4142							
3	1.0000	2.0000	2.0000						
4	1.0000	2.6131	3.4142	2.6131					
5	1.0000	3.2361	5.2361	5.2361	3.236				
6	1.0000	3.8637	7.4641	9.1416	7.4641	3.8637			
7	1.0000	4.4940	10.0978	14.5918	14.5918	10.0978	4.4940		
8	1.0000	5.1258	13.1371	21.8462	25.6884	21.8642	13.1371	5.1258	
9	1.0000	5.7588	16.5817	31.1634	41.9864	41.9864	31.1637	16.5817	5.7588

表 4-3　巴特沃思低通滤波器分母多项式的因式

阶数 N	$A(p) = A_1(p)A_2(p)A_3(p)A_4(p)A_5(p)$
1	$(p+1)$
2	$(p^2 + 1.4142p + 1)$
3	$(p^2 + p + 1)(p+1)$
4	$(p^2 + 0.7654p + 1)(p^2 + 1.8478p + 1)$
5	$(p^2 + 0.6180p + 1)(p^2 + 1.6180p + 1)(p+1)$
6	$(p^2 + 0.5176p + 1)(p^2 + 1.4142p + 1)(p^2 + 1.9319p + 1)$
7	$(p^2 + 0.4450p + 1)(p^2 + 1.2470 + 1)(p^2 + 1.8019p + 1)(p+1)$
8	$(p^2 + 0.3902p + 1)(p^2 + 1.1111p + 1)(p^2 + 1.6629p + 1)(p^2 + 1.9616p + 1)$
9	$(p^2 + 0.34731p + 1)(p^2 + p + 1)(p^2 + 1.5321p + 1)(p^2 + 1.8794p + 1)(p+1)$

令式(4-12)中 $s/\Omega_c = p$,p 称为归一化复频率,则巴特沃思归一化低通滤波器的系统函数 $H_a(p)$ 可表示为

$$H_a(p) = \frac{1}{\displaystyle\prod_{k=0}^{N-1}(p - p_k)} = \frac{1}{a_0 + a_1 p + a_2 p^2 + \cdots + a_{N-1} p^{N-1} + p^N} \tag{4-13}$$

查表(4-2)得归一化后的 $H_a(p)$ 的多项式,建立归一化系统的系统函数 $H_a(p)$,由于前面进行了归一化处理,再将归一化系统函数的变量 p 用 s/Ω_c 代替,就得到所需的系统函数 $H_a(s)$,即

$$H_a(s) = H_a(p)\Big|_{p = \frac{s}{\Omega_c}} \tag{4-14}$$

3. 巴特沃思低通滤波器设计参数的确定

1)设计时给定的参数

一般来说,滤波器设计需要满足四个技术指标:Ω_p 为所满足的通带截止频率;α_p(dB) 为 Ω_p 处 $|H_a(j\Omega_p)|$ 的衰减最大值;Ω_s 为所满足的阻带截止频率;α_s(dB) 为 Ω_s 处 $|H_a(j\Omega_s)|$ 的衰减最小值。其中,通带允许的最大衰减(波纹)α_p 和阻带允许的最小衰减 α_s 的定义如下。

$$\alpha_p = 20 \lg \left| \frac{H_a(j0)}{H_a(j\Omega_p)} \right| = -20 \lg |H_a(j\Omega_p)|$$

$$\alpha_s = 20 \lg \left| \frac{H_a(j0)}{H_a(j\Omega_s)} \right| = -20 \lg |H_a(j\Omega_s)|$$

2)求滤波器的阶次 N

滤波器的阶次 N 可由设计指标要求中的 Ω_p、α_p、Ω_s、α_s 确定。

由 $|H_a(j\Omega)|^2 = \dfrac{1}{1 + (\Omega/\Omega_c)^{2N}}$ 两边取对数得

$$20 |H_a(j\Omega)| = -10 \lg [1 + (\Omega/\Omega_c)^{2N}]$$

将上式代入 α_p、α_s 的定义式求解可得

$$N \geqslant \lg \left(\frac{10^{0.1\alpha_p} - 1}{10^{0.1\alpha_s} - 1} \right) \Big/ 2 \lg \left(\frac{\Omega_p}{\Omega_s} \right) \tag{4-15}$$

取滤波器的阶数为 $\lfloor N+1 \rfloor$(取 $N+1$ 的整数部分)。

3)求 Ω_c

巴特沃思滤波器归一化低通原型的通带截止频率为 $\Omega_c = 1$,去归一化成任意的截止频率 Ω_c 时必须是 3dB 衰减处的 Ω_c,才能进行式(4-14)的转换,为此必须根据给定的指标求 Ω_c。由通带截止频率 Ω_p 处的衰减 α_p,求得 3dB 衰减处的 Ω_c 为

$$\Omega_c = \frac{\Omega_p}{\sqrt[2N]{10^{0.1\alpha_p} - 1}} \tag{4-16}$$

由于阶次选 $\lfloor N+1 \rfloor$,比要求的大,这样确定的滤波器通带处正好满足设计要求,但阻带指标有富余量(Ω_s 处衰减可大于 α_s)。类似的,也可以由阻带截止频率 Ω_s 处的衰减 α_s,求得 3dB 衰减处的 Ω_c 为

$$\Omega_c = \frac{\Omega_s}{\sqrt[2N]{10^{0.1\alpha_s} - 1}}$$

同样,这样确定的滤波器阻带处正好满足设计要求,但通带指标有富余量(Ω_p 处衰减可小于 α_p)。为了使通带、阻带衰减皆超过要求,一般选取

$$\Omega_c = (\Omega_p + \Omega_s)/2$$

综上所述,以巴特沃思低通滤波器为原型,设计实际的模拟低通滤波器的设计步骤归纳如下。

(1)根据设计指标要求中的 Ω_p、α_p、Ω_s、α_s,由式(4-15)、式(4-16)计算滤波器的阶次 N

和 3dB 截止频率。

(2) 根据阶次 N 查表,按照式(4-13),确定归一化传输函数 $H_a(p)$。

(3) 去归一化,由式(4-14)最终得实际的模拟低通滤波器的传输函数 $H_a(s)$。

在设计步骤(2)中,只要确定了滤波器的阶数 N,就可以查出归一化传输函数 $H_a(p)$。由式(4-13)可以看出,归一化传输函数 $H_a(p)$ 其分母是 p 的 N 阶多项式,如果用 $A(p)$ 表示其分母多项式,则 $A(p)$ 可表示为

$$A(p) = a_0 + a_1 p + a_2 p^2 + \cdots + a_{N-1} p^{N-1} + p^N$$

或

$$A(p) = A_1(p) A_2(p) A_3(p) A_4(p) A_5(p)$$

此时,归一化传输函数 $H_a(p)$ 表示为

$$H_a(p) = 1/A(p)$$

式中的分母多项式的系数 $a_0, a_1, a_2, \cdots, a_{N-1}$ 可以通过查表 4-2 得到,或者 $A(p)$ 多项式系数可以查表 4-3 得到。

【例 4-3】 设计一个巴特沃思低通滤波器,已知通带截止频率 $f_p = 5\text{kHz}$,通带最大衰减 $\alpha_p = 5\text{dB}$,阻带截止频率 $f_s = 12\text{kHz}$,阻带最小衰减 $\alpha_s = 30\text{dB}$。

【解】 (1) 求阶次 N 和 3dB 截止频率 Ω_c。

$$\Omega_p = 2\pi f_p = 10^4 \pi, \quad \Omega_s = 2\pi f_s = 2.4 \times 10^4 \pi$$

由

$$N \geqslant \frac{\lg\left(\dfrac{10^{0.1\alpha_p} - 1}{10^{0.1\alpha_s} - 1}\right)}{2\lg\left(\dfrac{\Omega_p}{\Omega_s}\right)}$$

解得 $N = 3.31$,取 $N = 4$。

$$\Omega_c = (\Omega_p + \Omega_s)/2 = 1.2 \times 10^4 \pi$$

(2) 查表 4-2 得巴特沃思 4 阶归一化原型(低通)系统函数如下。

$$H_a(p) = \frac{1}{1 + 2.6131 p + 3.4142 p^2 + 2.6131 p^3 + p^4}$$

(3) 去归一化,由式(4-14),将 $p = \dfrac{s}{\Omega_c} = \dfrac{s}{1.2 \times 10^4 \pi}$ 代入,得到对应于真实频率的传输函数如下。

$$H_a(s) = \frac{10^{16} \pi^4}{10^{16} \pi^4 + 2.184 \times 10^{12} \pi^3 s + 2.377 \times 10^8 \pi^2 s^2 + 1.26 \times 10^4 \pi s^3 + 3.14 s^4}$$

综上所述,巴特沃思滤波器的幅频特性曲线,无论通带还是阻带,都是频率的单调函数,因此,当通带边界处满足指标要求时,则阻通带内肯定有余量,因而并不经济。所以,更有效的设计方法是将精度均匀地分布在整个通带内,或者均匀地分布在整个阻带内,或者同时分布在二者之内。这样就可以用阶数较低的系统满足指标的要求。这种精度均匀分布的办法可以使用等波纹特性的逼近函数来完成,如切比雪夫滤波器。下面介绍切比雪夫滤波器的设计方法。

4.3.3 切比雪夫低通滤波器的设计

切比雪夫滤波器的幅度特性就是在一个频带中(通带或阻带)具有等波纹特性。在通带中是等波纹的,在阻带中是单调的,称为切比雪夫 Ⅰ 型;在通带中是单调的,在阻带内是等波纹的,称为切比雪夫 Ⅱ 型。实际应用中采用哪种形式取决于具体的用途,本节只介绍切比雪夫 Ⅰ 型滤波器的设计方法。切比雪夫滤波器的设计方法与巴特沃思滤波器的设计方法完全类似,只不过它们的幅度平方函数的表达式不同而已。

1. 切比雪夫 Ⅰ 型滤波器的幅度平方函数

切比雪夫 Ⅰ 型滤波器的幅度平方函数用式(4-17)表示如下。

$$|H_a(j\Omega)|^2 = \frac{1}{1+\varepsilon^2 C_N^2\left(\dfrac{\Omega}{\Omega_c}\right)} \tag{4-17}$$

其中,ε 为小于 1 的正数,它是表示通带波纹大小的一个参数,ε 越大,波纹也越大;Ω/Ω_c 为 Ω 对 Ω_c 的归一化频率,Ω_c 为截止频率,也是滤波器中的某一衰减分贝的通带宽度(分贝数不一定为 3dB,即在切比雪夫滤波器中,不一定是 3dB 的带宽);$C_N(x)$ 是 N 阶切比雪夫多项式,定义如下。

$$C_N(x) = \begin{cases} \cos[N\arccos(x)], & |x| \leqslant 1 \\ \cosh[N\text{arccosh}(x)], & |x| > 1 \end{cases}$$

当 $N \geqslant 1$ 时,切比雪夫多项式的递推公式为

$$C_{N-1}(x) = 2xC_N(x) - C_{N-1}(x)$$

2. 切比雪夫滤波器的幅度函数特性

由式(4-17)得 $|H_a(j\Omega)|$ 的特点如下。

(1) 当 $\Omega = 0$ 时,分以下两种情况。

① N 为偶数时,$H_a(j0) = 1/\sqrt{1+\varepsilon^2}$。

② N 为奇数时,$H_a(j0) = 1$。

如图 4-16 所示,即 N 为偶数时,$|H_a(j0)|$ 是通带内最小值;N 为奇数时,$|H_a(j0)|$ 是通带内最大值。

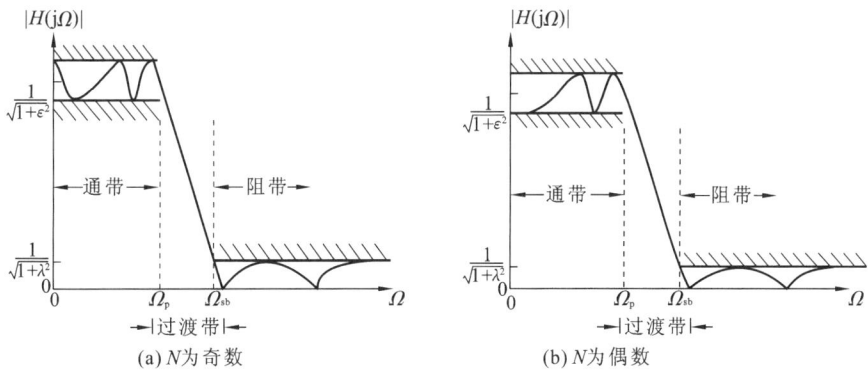

图 4-16 N 分别为奇数和偶数时切比雪夫 Ⅰ 型低通滤波器的幅频特性

(2) $\Omega = \Omega_c$ 时,$H_a(j\Omega) = 1/\sqrt{1+\varepsilon^2}$,即所有的幅度函数曲线都通过 $1/\sqrt{1+\varepsilon^2}$ 点,所以称 Ω_c 为切比雪夫滤波器的截止频率。

(3) 在通带内,即当 $\Omega < \Omega_c$ 时,$\Omega/\Omega_c < 1$,$|H_a(j\Omega)|$ 在 $1 \sim 1/\sqrt{1+\varepsilon^2}$ 之间等波纹的起伏。

(4) 在通带外,即 $\Omega/\Omega_c > 1$ 时,随着 Ω 的增大,$\varepsilon^2 C_N^2\left(\dfrac{\Omega}{\Omega_c}\right) \gg 1$,使 $|H_a(j\Omega)|$ 迅速单调的趋近于零。

3. 切比雪夫低通滤波器的系统函数 $H_a(s)$

由 $\quad |H_a(j\Omega)|^2 = H_a(s)H_a(-s) = \dfrac{1}{1+\varepsilon^2 C_N^2(\Omega/\Omega_c)} = \dfrac{1}{1+\varepsilon^2 C_N^2(s/j\Omega_c)}$

得 $\qquad H_a(s) = \dfrac{1}{\sqrt{1+\varepsilon^2 C_N^2(s/j\Omega_c)}} = \dfrac{K}{\prod\limits_{k=1}^{N}(s-s_k)} \tag{4-18}$

式(4-18)中，$s_k = \sigma_k + j\Omega_k$，这里需要确定常数 K。第二个等号右边分母展开后是 s 的 N 阶多项式，其最高阶次 s^N 的系数是 1，考虑到 $C_N(s/j\Omega_c)$ 是 $s/j\Omega_c$ 的多项式，最高阶次系数是 2^{N-1}，因此常数 K 满足 $K = \dfrac{\Omega_c^N}{\varepsilon 2^{N-1}}$，将 K 代入，最后得到系统函数为

$$H_a(s) = \frac{\dfrac{\Omega_c^N}{\varepsilon 2^{N-1}}}{\prod\limits_{k=1}^{N}(s - s_k)} \tag{4-19}$$

与巴特沃思归一化滤波器一样，也是将式(4-19)中的通带截止频率 Ω_c（Ω_c 不一定是 3dB 衰减处的频率）归一化为 $\Omega_c = 1$，就得到归一化的所有公式。在滤波器的设计表格（表 4-4、表 4-5）中都是列出归一化的低通滤波数据。归一化后切比雪夫滤波器的系统函数如下。

$$H_a(p) = \frac{\dfrac{1}{\varepsilon 2^{N-1}}}{\prod\limits_{k=1}^{N}(p - p_k)} = \frac{1}{a_0 + a_1 p + a_2 p^2 + \cdots + a_{N-1} p^{N-1} + p^N}$$

最后，去归一化处理，得

$$H_a(s) = H_a(p)\Big|_{p = s/\Omega_c} = \frac{\dfrac{\Omega_c^N}{\varepsilon 2^{N-1}}}{\prod\limits_{k=1}^{N}(s - s_k)}$$

表 4-4   切比雪夫低通滤波器分母多项式的系数

1dB 波纹，$\varepsilon = 0.5088$

阶数 N	$A(p) = a_0 + a_1 p + a_2 p^2 + \cdots + a_{N-1} p^{N-1} + p^N$								
	a_0	a_1	a_2	a_3	a_4	a_5	a_6	a_7	a_8
1	1.9652								
2	1.1025	1.0997							
3	0.4913	1.2384	0.9983						
4	0.2756	0.7426	1.4539	0.9528					
5	0.1228	0.5805	0.9744	1.6888	0.9368				
6	0.0689	0.3071	0.9393	1.2221	1.9308	0.9283			
7	0.0307	0.2137	0.5486	1.3575	1.4288	2.1761	0.9231		
8	0.0172	0.1073	0.4478	0.8468	1.8369	1.6552	2.4230	0.9198	
9	0.0077	0.0706	0.2442	0.7863	1.2016	2.3781	1.8815	2.6709	0.9159

3dB 波纹，$\varepsilon = 0.9977$

阶数 N	$A(p) = a_0 + a_1 p + a_2 p^2 + \cdots + a_{N-1} p^{N-1} + p^N$								
	a_0	a_1	a_2	a_3	a_4	a_5	a_6	a_7	a_8
1	1.0024								
2	0.7079	0.6449							
3	0.2506	0.9283	0.5972						
4	0.1770	0.4048	1.1691	0.5816					
5	0.0626	0.4080	0.5489	1.1415	0.5745				
6	0.0442	0.1634	0.6991	0.6906	1.6628	0.5071			
7	0.0157	0.1462	0.3000	1.0518	0.8314	1.9116	0.5684		
8	0.0111	0.0565	0.3208	0.4719	1.4667	0.9720	2.1607	0.5669	
9	0.0039	0.0476	0.1314	0.5835	0.6789	1.9438	1.1123	2.4101	0.5659

表 4-5 切比雪夫低通滤波器分母多项式的因式

1dB 波纹,$\varepsilon = 0.5088$

分母多项式 阶数 N	$A(p) = A_1(p)A_2(p)A_3(p)A_4(p)A_5(p)$
1	$(p + 1.9652)$
2	$(p^2 + 1.0977p + 1.1025)$
3	$(p^2 + 0.4942p + 0.9942)(p + 0.4942)$
4	$(p^2 + 0.2790p + 0.9865)(p^2 + 0.6737p + 0.2794)$
5	$(p^2 + 0.1789p + 0.9883)(p^2 + 0.4684p + 0.4293)(p + 0.2895)$
6	$(p^2 + 0.1244p + 0.9907)(p^2 + 0.3398p + 0.5577)(p^2 + 0.4641p + 0.1247)$
7	$(p^2 + 0.0914p + 0.9927)(p^2 + 0.2561 + 0.6535)(p^2 + 0.3701p + 0.2305)(p + 0.2054)$
8	$(p^2 + 0.07p + 0.9941)(p^2 + 0.1994p + 0.7235)(p^2 + 0.2984p + 0.3409)(p^2 + 0.352p + 0.07)$
9	$(p^2 + 0.0553p + 0.9952)(p^2 + 0.1593p + 0.7754)(p^2 + 0.2441p + 0.4385)$ $(p^2 + 0.2994p + 0.1424)(p + 0.1593)$

3dB 波纹,$\varepsilon = 0.9977$

分母多项式 阶数 N	$A(p) = A_1(p)A_2(p)A_3(p)A_4(p)A_5(p)$
1	$(p + 1.002)$
2	$(p^2 + 0.6449p + 0.7080)$
3	$(p^2 + 0.2986p + 0.8392)(p + 0.2986)$
4	$(p^2 + 0.1703p + 0.9031)(p^2 + 0.4112p + 0.1960)$
5	$(p^2 + 0.1097p + 0.9360)(p^2 + 0.2873p + 0.3770)(p + 0.1775)$
6	$(p^2 + 0.0765p + 0.9548)(p^2 + 0.2089p + 0.5218)(p^2 + 0.2853p + 0.0889)$
7	$(p^2 + 0.0562p + 0.9665)(p^2 + 0.2577 + 0.6273)(p^2 + 0.2279p + 0.2043)(p + 0.1265)$
8	$(p^2 + 0.0432p + 0.9742)(p^2 + 0.1229p + 0.7036)(p^2 + 0.1506p + 0.4228)(p^2 + 0.1847p + 0.1266)$
9	$(p^2 + 0.0553p + 0.9952)(p^2 + 0.1593p + 0.7754)(p^2 + 0.2441p + 0.4385)$ $(p^2 + 0.2994p + 0.1424)(p + 0.1593)$

4. 参数的确定

下面进一步讨论切比雪夫滤波器有关参数的确定方法。

根据给定的通带截止频率 Ω_p 和通带最小衰减 α_p、阻带截止频率 Ω_s 和阻带最大衰减 α_s 来确定参数 ε、N。

1)通带波纹参数 ε

由于 Ω_p 就是通带截止频率 Ω_c,由 $|H_a(j\Omega)| = \dfrac{1}{\sqrt{1 + \varepsilon^2 C_N^2(\Omega/\Omega_c)}}$ 得

$$|H_a(j\Omega_p)| = \frac{1}{\sqrt{1 + \varepsilon^2}}$$

通带衰减 $\alpha_p = 20\lg \dfrac{|H_a(j0)|}{|H_a(j\Omega_p)|} = -20\lg|H_a(j\Omega_p)|$

即

$$\varepsilon = \sqrt{10^{0.1\varepsilon_p} - 1}$$

2）阶数 N

切比雪夫滤波器的阶数 N 是由阻带允许的衰减确定，代入 $\Omega=\Omega_s$ 有

$$|H_a(j\Omega_s)|=\frac{1}{1+\varepsilon^2 C_N^2\left(\frac{\Omega_s}{\Omega_c}\right)} \tag{4-20}$$

阻带衰减为

$$\alpha_s=20\lg\frac{|H_a(j0)|}{|H_a(j\Omega_s)|}=-20\lg|H_a(j\Omega_s)| \tag{4-21}$$

结合式（4-20）和式（4-21）可得

$$\alpha_s\geqslant-10\lg\frac{1}{1+\varepsilon^2 C_N^2\left(\frac{\Omega_s}{\Omega_c}\right)}=10\lg\left\{1+\varepsilon^2\cosh^2\left[N\mathrm{arccosh}\left(\frac{\Omega_s}{\Omega_c}\right)\right]\right\}$$

滤波器的阶数 N 为满足下式的最小整数。

$$N\geqslant\frac{\mathrm{arccosh}\left(\sqrt{10^{0.1\alpha_s}-1}/\varepsilon\right)}{\cosh\left(\frac{\Omega_s}{\Omega_c}\right)}$$

通常要用到恒等式 $\quad\mathrm{arccosh}(x)=\ln\left(x+\sqrt{x^2-1}\right)$

【例 4-4】 一个模拟低通滤波器，要求通带截止频率为 3kHz，通带最大衰减为 0.1dB，阻带截止频率为 12kHz，阻带最小衰减为 60dB。应用切比雪夫 Ⅰ 型滤波器的设计方法求该滤波器的幅度函数。

【解】（1）求参数 ε。

由 $20\lg(1-\alpha_p)=-0.1$，求得 $1-\alpha_p=10^{\frac{-0.1}{20}}=0.9886$，则

$$\varepsilon=\sqrt{\frac{1}{(1-\alpha_p)^2}-1}=\sqrt{\frac{1}{0.9886^2}-1}=0.1523$$

（2）求阶次 N。

$$N\geqslant\frac{\mathrm{arccosh}\left(\sqrt{10^{0.1\alpha_s}-1}/\varepsilon\right)}{\cosh\left(\frac{\Omega_s}{\Omega_c}\right)}=\frac{\mathrm{arccosh}(1000/0.1523)}{\mathrm{arccosh}(12/3)}=\frac{9.4828}{2.0634}=4.5957$$

取 $N=5$。

（3）取 $N=5$，则该模拟低通滤波器的幅度表示为如下。

$$H_a(p)=\frac{\frac{1}{\varepsilon 2^{N-1}}}{\prod_{k=1}^N(p-p_k)}=\frac{1}{2.441(p+0.5389)(p^2+0.3331p+1.1949)(p^3+0.87198p+0.63592)}$$

最后去归一化处理，得到的传输函数如下。

$$H_a(s)=H_a(p)\big|_{p=s/\Omega_c}$$
$$=\frac{1.25\times10^{22}}{(s+1.693\times10^4)(s^2+1.046\times10^4 s+1.179\times10^9)(s^2+2.739\times10^4 s+6.276\times10^8)}$$

4.4 冲激响应不变换法

4.4.1 变换原理

冲激响应不变法是利用模拟滤波器理论来设计数字滤波器，使数字滤波器能模仿模拟

滤波器的特性。它是将模拟滤波器冲激响应 $h(t)$ 的均匀采样值作为数字滤波器的单位冲激响应序列 $h(n)$,满足以下条件。

$$h(n) = h(t) \mid_{t=nT} \qquad (4-22)$$

式(4-22)中,T 为采样周期。然后对 $h(n)$ 进行 z 变换,即可求得数字滤波器的传递函数 $H(z)$。由此可见,IIR 数字滤波器的设计步骤如下。

(1)将给定的数字滤波器的设计指标变换为模拟滤波器的设计指标。

(2)设计低通模拟滤波器的传递函数 $H_a(s)$。

(3)将 $H_a(s)$ 转换为数字滤波器的传递函数 $H(z)$。

根据 s 平面到 z 平面的映射关系如图 4-17 所示,$z = e^{sT}$。由于

$$h(n) = h(t) \mid_{t=nT} = h(t) \sum_{n=0}^{+\infty} \delta(t - nT)$$

所以 $h(n)$ 所对应的数字滤波器的传输函数如下。

$$H(z) = \sum_{n=0}^{+\infty} h(n) z^{-n}$$

根据采样信号 z 变换与模拟信号拉普拉斯变换之间的关系,得

$$H(z) \mid_{z=e^{sT}} = \frac{1}{T} \sum_{k=-\infty}^{+\infty} H_a(s - jk\Omega_s) = \frac{1}{T} \sum_{k=-\infty}^{+\infty} H_a\left(s - jk\frac{2\pi}{T}\right) \qquad (4-23)$$

由式(4-23)可以看出,当采用冲激响应不变法将模拟滤波器变换为数字滤波器时,实际上是首先将模拟滤波器的传递函数 $H_a(s)$ 进行周期性延拓,然后进行 $z = e^{sT}$ 的映射变换,从而得到数字滤波器的传递函数 $H(z)$。

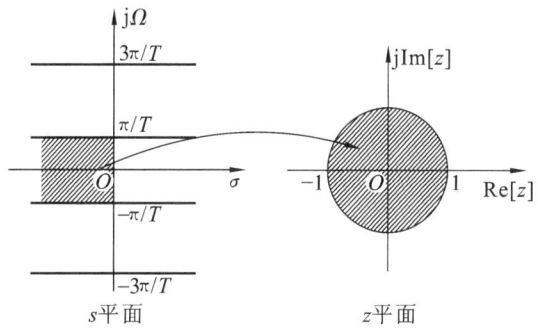

图 4-17 冲激响应不变法的映射关系图

4.4.2 混叠失真

理解和掌握冲激响应不变法的设计方法应该说是比较简单的,但更重要的是理解和掌握这种设计方法在数字滤波器和模拟滤波器之间转换时发生的变化。由前面的讨论可知,系统时域采样等价于系统频域的周期延拓。现在问题是,在变换中对系统不但进行了时域采样,同时还进行了模拟到数字域的变换。接下来就来讨论这些变换所产生的一系列变化。

假设 s 平面上,s 在 $j\Omega$ 轴上取值,z 在 z 平面内的单位圆周 $e^{j\omega}$ 上取值,可以得到数字滤波器的频率响应 $H(e^{j\omega})$ 和模拟滤波器的频率响应的关系如下。

$$H(e^{j\omega}) = \frac{1}{T} \sum_{k=-\infty}^{+\infty} H_a\left(j\frac{\omega - 2\pi k}{T}\right)$$

若模拟滤波器通带有限,带限于折叠频率之内,即

$$H(\mathrm{j}\Omega) = 0, \ |\Omega| \geqslant \frac{\pi}{T} = \frac{\Omega_{\mathrm{s}}}{2}$$

这时,数字滤波器不失真地重现模拟滤波器的频率响应。即

$$H(\mathrm{e}^{\mathrm{j}\omega}) = \frac{1}{T}\sum_{k=-\infty}^{+\infty} H_{\mathrm{a}}\left(\mathrm{j}\frac{\omega}{T}\right), \quad |\omega| < \pi$$

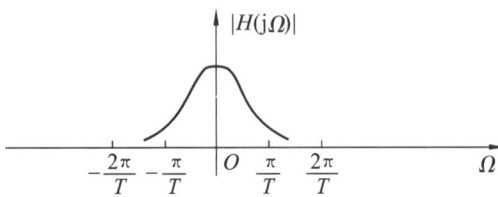

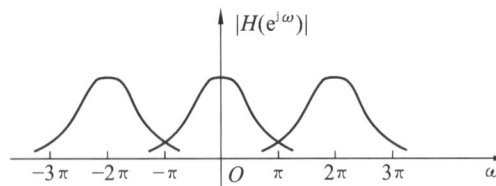

图 4-18　冲激响应不变法的频率混叠图

但任何一个实际的模拟滤波器其频率响应都不可能是真正带限的,因此不可避免地会出现频谱交叠,这时数字滤波器的频率响应将不同于原模拟滤波器的频率响应,而出现一定的失真,如图 4-18 所示。模拟滤波器在折叠频率以上衰减越大,失真则越小,此时采用冲激响应不变法所设计的数字滤波器的频率响应才能接近于模拟滤波器的频率响应。

这种频率混叠失真现象会使设计出的数字滤波器在 $\omega = \pm\pi$ 附近的频率特性不同程度的偏离模拟滤波器在 $\Omega = \pm\pi/T$ 附近的频率特性,严重时会使设计出的数字滤波器不满足给定的技术指标。为此,希望设计的滤波器是带限滤波器。如果不是带限滤波器(如高通、带阻滤波器),则需在高通、带阻滤波器之前加保护滤波器,滤掉那些高于折叠频率 π/T 以上的频率,从而避免混叠失真的现象。然而,这样又会增加系统的复杂性和成本,因此,高通与带阻滤波器不适合采用冲激响应不变法设计。

4.4.3　模拟滤波器的数字化

下面研究获得了满足性能要求的模拟滤波器的传输函数 $H_{\mathrm{a}}(s)$ 后,怎样根据冲激响应不变法求与之对应的数字滤波器的系统函数 $H(z)$。

(1) 对已知的 $H_{\mathrm{a}}(s)$ 进行拉普拉斯反变换求出 $h_{\mathrm{a}}(t)$。

设模拟滤波器的传输函数 $H_{\mathrm{a}}(s)$ 只有单极点,并且假定分母的阶数高于分子阶数(一般都是满足这个要求,因为只有这样系统才是稳定的),则可将 $H_{\mathrm{a}}(s)$ 展开成部分分式表达

$$H_{\mathrm{a}}(s) = \sum_{k=1}^{N} \frac{A_k}{s - s_k} \tag{4-24}$$

然后进行拉普拉斯反变换求得相应的单位冲激响应

$$h_{\mathrm{a}}(t) = \sum_{k=1}^{N} A_k \mathrm{e}^{s_k t} u(t)$$

(2) 对 $h_{\mathrm{a}}(t)$ 采样得到 $h(n)$。

$$h(n) = h_{\mathrm{a}}(nT) = h_{\mathrm{a}}(t)\big|_{t=nT} = \sum_{k=1}^{N} A_k \mathrm{e}^{s_k nT} u(nT) = \sum_{k=1}^{N} A_k \mathrm{e}^{(s_k T)n} u(n)$$

(3) 对 $h(n)$ 进行 z 变换,得到所需的数字滤波器的系统函数。

$$H(z) = \sum_{n=-\infty}^{+\infty} h(n)z^{-n} = \sum_{n=0}^{+\infty}\sum_{k=1}^{N} A_k (\mathrm{e}^{s_k T} z^{-1})^n = \sum_{k=1}^{N} \frac{A_k}{1 - \mathrm{e}^{s_k T} z^{-1}} \tag{4-25}$$

对比式(4-24)和式(4-25),发现将 $H_{\mathrm{a}}(s)$ 和 $H(z)$ 展开成部分分式的时候,s 平面上的

每一个极点 $s = s_k$ 对应 z 平面上的极点 $z_k = \mathrm{e}^{s_k T}$,而 $H_\mathrm{a}(s)$ 和 $H(z)$ 的部分分式中的所有系数 A_k 不变。

根据以上讨论,可以看出,如果模拟滤波器是稳定的,即所有极点 s_k 位于 s 平面的左半平面,则变换后的数字滤波器的所有极点 z_k 位于单位圆内,因此,数字滤波器也必然是稳定的。值得注意的是,虽然冲激响应不变法能保证 s 平面极点和 z 平面极点有这种对应关系,但是并不等于整个 s 平面和 z 平面有这种对应的关系。例如,有如下两种情况。

(1) $H(\mathrm{e}^{\mathrm{j}\omega})$ 不同程度的偏离 $H(\mathrm{j}\Omega)$。

由采样定理可知,时域抽样则频域出现周期性延拓,只有当模拟滤波器的频带有上限 f_m 时,才能保证映射后数字滤波器的频率响应不出现混叠现象。但任何模拟滤波器都不是严格带限的,映射后的数字滤波器的频率响应 $H(\mathrm{e}^{\mathrm{j}\omega})$ 都会出现不同程度的混叠。

(2) 频域出现 $1/T$ 的幅度增益。

如果采样频率很高,即 T 很小,则映射后频率响应 $H(\mathrm{e}^{\mathrm{j}\omega})$ 的幅度可能溢出,这是不希望发生的,为了使数字滤波器的增益不随采样频率而变化,工程实际中经常采用时域修正后的映射公式。

令

$$h(n) = T h_\mathrm{a}(nT)$$

则有

$$H(z) = \sum_{k=1}^{N} \frac{T A_k}{1 - \mathrm{e}^{s_k T} z^{-1}}$$

4.4.4 优缺点

综上所述,得到冲激响应不变法的主要特点如下。

(1) 数字滤波器的单位抽样响应模仿模拟滤波器的单位冲激响应,时域特性逼近好。

(2) 数字滤波器与模拟滤波器的频率坐标变换是线性的,即 $\omega = \Omega$。因而一个线性相位的模拟滤波器通过冲激响应不变法得到的仍然是一个线性相位的数字滤波器。

(3) 存在频率混叠现象,使设计的数字滤波器的阻带性能指标变差,不适合设计高通、带阻滤波器。

虽然冲激响应不变法时域逼近特性好,但是不能设计高通和带阻滤波器,这极大地限制了它的应用,因此,在实际工作中冲激响应不变法用得很少,主要还是采用双线性变换法设计数字滤波器。

【例 4-5】 利用冲激响应不变法设计将模拟滤波器 $H_\mathrm{a}(s) = \dfrac{1}{s+1}$ 变换为数字滤波器 $H(z)$,采样周期 $T = 1\mathrm{s}$。

【解】 直接利用式(4-25),当 $T = 1\mathrm{s}$ 时,对应的数字滤波器的系统函数 $H(z)$ 为

$$H(z) = \frac{1}{1 - \mathrm{e}^{-1} z^{-1}}$$

【例 4-6】 利用冲激响应不变法设计将模拟滤波器 $H_\mathrm{a}(s) = \dfrac{3s+5}{s^2+3s+2}$ 变换为数字滤波器 $H(z)$,采样周期 $T = 1\mathrm{s}$。

【解】 模拟滤波器的传输函数如下。

$$H_{a}(s) = \frac{3s+5}{s^{2}+3s+2} = \frac{2}{s+1} + \frac{1}{s+2}$$

极点为 $s_{1} = -1, s_{2} = -2$，其相应数字滤波器的极点为 $z_{1} = \mathrm{e}^{-1}, z_{2} = \mathrm{e}^{-2}$。

所求数字滤波器的系统函数如下。

$$H(z) = \frac{2}{1-\mathrm{e}^{-1}z^{-1}} + \frac{1}{1-\mathrm{e}^{-2}z^{-1}}$$

4.5 双线性变换法

冲激响应不变法是使数字滤波器在时域上模仿模拟滤波器,但是存在频率响应的混叠失真现象,这是因为从 s 平面到 z 平面是多值映射造成的,为了克服这一缺点,可以采用双线性变换法。双线性变换法是从模拟滤波器到数字滤波器的另一种变换方法,而且是工程实践中普遍采用的方法,其特点是有直接且简单的计算公式,无频谱混叠失真。

4.5.1 变换原理

双线性变换法的设计思想是:先把整个 s 平面压缩变换到某一中介平面 s_{1} 的水平带里,水平带宽度为 $2\dfrac{\pi}{T}$,即从 $-\dfrac{\pi}{T} \sim \dfrac{\pi}{T}$,再把 s_{1} 平面按 $z = \mathrm{e}^{s_{1}T}$ 标准变换关系变换到 z 平面上去,这样就使 s 平面与 z 平面有了一一对应的关系,消除了多值变换带来的频谱混叠现象,如图 4-19 所示。

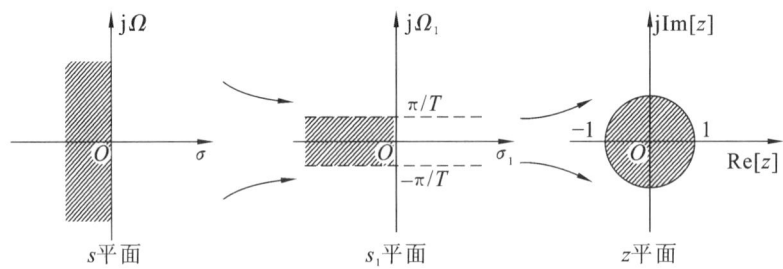

图 4-19 双线性变换法的映射关系

将 z 平面整个 $\mathrm{j}\Omega$ 轴压缩变换到 s_{1} 平面的 $\mathrm{j}\Omega_{1}$ 轴上的 $-\dfrac{\pi}{T} \sim \dfrac{\pi}{T}$ 一段,其变换式为

$$\Omega = \tan\left(\frac{\Omega_{1}T}{2}\right) \tag{4-26}$$

这样, $\Omega = \pm\infty$ 变换到 $\Omega_{1} = \pm\dfrac{\pi}{T}$, $\Omega = 0$ 变换到 $\Omega_{1} = 0$,可将式(4-26)写成如下形式。

$$\mathrm{j}\Omega = \frac{\mathrm{e}^{\mathrm{j}\frac{\Omega_{1}T}{2}} - \mathrm{e}^{-\mathrm{j}\frac{\Omega_{1}T}{2}}}{\mathrm{e}^{\mathrm{j}\frac{\Omega_{1}T}{2}} + \mathrm{e}^{-\mathrm{j}\frac{\Omega_{1}T}{2}}}$$

令 $\mathrm{j}\Omega = s, \mathrm{j}\Omega_{1} = s_{1}$,得

$$s = \frac{\mathrm{e}^{\frac{s_{1}T}{2}} - \mathrm{e}^{-\frac{s_{1}T}{2}}}{\mathrm{e}^{\frac{s_{1}T}{2}} + \mathrm{e}^{-\frac{s_{1}T}{2}}}$$

再将 s_{1} 平面通过标准变换关系映射到 z 平面 $z = \mathrm{e}^{s_{1}T}$,从而得到 s 平面到 z 平面的单值映射

关系为

$$s = \frac{1 - z^{-1}}{1 + z^{-1}} \qquad (4-27)$$

$$z = \frac{1 + s}{1 - s} \qquad (4-28)$$

一般地，为了使模拟滤波器频率特性与数字滤波器频率特性在不同频率处有对应关系，也可以调节频带间的对应关系。再引入常数 K，使

$$\Omega = k\tan\left(\frac{\Omega_1 T}{2}\right) \qquad (4-29)$$

当模拟滤波器与数字滤波器在低频处有较好的对应关系时，即 $\Omega \approx \Omega_1$，Ω_1 较小时，

$$\tan\left(\frac{\Omega_1 T}{2}\right) \approx \frac{\Omega_1 T}{2} \qquad (4-30)$$

所以式(4-29)又可写为 $\Omega \approx k\frac{\Omega_1 T}{2} \approx \Omega_1$，则 $k = \frac{2}{T}$。引入 k 后，式(4-27)与式(4-28)改写成如下形式。

$$s = \frac{2}{T}\frac{1 - z^{-1}}{1 + z^{-1}} \qquad (4-31)$$

$$z = \frac{\frac{2}{T} + s}{\frac{2}{T} - s} \qquad (4-32)$$

这样就得到了将 s 平面"一对一"地映射到 z 平面的单值映射关系。由于分子多项式和分母多项式都是线性的，因此，称式(4-31)和式(4-32)为双线性变换。

4.5.2 逼近情况

模拟滤波器到数字滤波器的映射(变换)就是将 s 平面映射到 z 平面，从而将模拟滤波器的系统函数 $H_a(s)$ 变换为数字滤波器的系统函数 $H(z)$。

这种映射必须满足以下两个基本要求。

(1) s 平面的虚轴 $s = j\omega$ 映射到 z 平面的单位圆上 $z = e^{j\omega}$，从而保证数字滤波器的频率响应特性 $H(e^{j\omega})$ 模仿模拟滤波器的频率响应特性 $H_a(j\Omega)$。

(2) s 平面左半平面($\text{Re}[s] < 0$)映射到 z 平面单位圆内部($|z| < 1$)，从而将稳定的模拟滤波器 $H_a(s)$ 映射为稳定的数字滤波器 $H(z)$。

用双线性变换法满足映射中应满足的两点要求，具体如下。

(1) 将 $z = e^{j\omega}$ 代入式 $s = \frac{2}{T}\frac{1 - z^{-1}}{1 + z^{-1}}$ 中，有

$$s = \frac{2}{T}\frac{1 - e^{-j\omega}}{1 + e^{-j\omega}} = \frac{2}{T}\frac{e^{j\frac{\omega}{2}} - e^{-j\frac{\omega}{2}}}{e^{j\frac{\omega}{2}} + e^{-j\frac{\omega}{2}}} = j\frac{2}{T}\tan\left(\frac{\omega}{2}\right) = j\Omega$$

即频率轴相对应，也就是 $s = j\Omega$ 映射到 $z = e^{j\omega}$。

(2) 将 $s = \sigma + j\Omega$ 代入式(4-33)得

$$z = \frac{\frac{2}{T} + s}{\frac{2}{T} - s} = \frac{\left(\frac{2}{T} + \sigma\right) + j\Omega}{\left(\frac{2}{T} - \sigma\right) - j\Omega} \qquad (4-33)$$

因此,得
$$|z| = \frac{\sqrt{\left(\frac{2}{T}+\sigma\right)^2 + \Omega^2}}{\sqrt{\left(\frac{2}{T}-\sigma\right)^2 + \Omega^2}} \tag{4-34}$$

由式(4-34)可以看出,当 $\sigma < 0$ 时,$|z| < 1$;当 $\sigma = 0$ 时,$|z| = 1$;当 $\sigma > 0$ 时,$|z| > 1$。即满足因果稳定的映射要求。

4.5.3 模拟滤波器的数字化

用双线性变换法设计数字滤波器时,在得到了相应的模拟滤波器的传输函数 $H_a(s)$ 后,只要将相应的变换关系式代入 $H(s)$,即可得到数字滤波器的系统函数 $H(z)$,即

$$H(z) = H(s) \Big|_{\frac{2}{T}\frac{1-z^{-1}}{1+z^{-1}}} \tag{4-35}$$

因此,在用双线性变换法将模拟滤波器 $H_a(s)$ 转换成数字滤波器 $H(z)$ 时,只需利用式(4-35)即可以直接实现数字滤波器的设计,简单方便。因而双线性变换法是数字滤波器设计被广泛采用的方法。

接下来,分析双线性变换法中模拟频率 Ω 与数字频率 ω 之间的关系。

将 $s = j\Omega, z = e^{j\omega}$ 代入式(4-30),可以得到

$$j\Omega = \frac{2}{T}\frac{1-e^{j\omega}}{1+e^{j\omega}} = j\frac{2}{T}\frac{\sin(\omega/2)}{\cos(\omega/2)} = j\frac{2}{T}\tan(\omega/2) \tag{4-36}$$

因此,模拟频率 Ω 与数字频率 ω 之间的关系为

$$\Omega = \frac{2}{T}\tan(\omega/2) \tag{4-37}$$

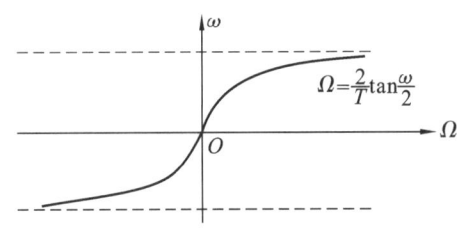

图 4-20　双线性变换法得频率变换关系

式(4-37)表明,s 平面上的 Ω 与 z 平面上的 ω 之间呈非线性的正切关系,如图 4-20 所示。正是因为这种频率坐标变换的非线性关系,才消除了频谱混叠现象。因此,可以说双线性变换法的优点是以频率坐标变换的非线性关系为代价的。

模拟频率 Ω 与数字频率 ω 之间的非线性关系是双线性变换法的缺陷,直接影响到数字滤波器的频率响应是否能够逼真地模仿模拟滤波器的频率响应。

4.5.4 优缺点

综上所述,双线性变换法的主要特点如下。

(1) 模拟滤波器经双线性变换后,不存在频率响应特性的混叠失真现象,在窄带内能够近似地保持原模拟滤波器的幅频特性,即使频带拖尾,也不会产生混叠。

(2) 计算方法简单,因为 s 平面与 z 平面之间有简单的代数关系,可以从模拟滤波器的传输函数直接通过代数置换得到数字滤波器的系统函数。

(3) 由于 ω 与 Ω 是非线性关系,所以存在着相频特性失真。

总之,双线性变换法具有直接、简明、公式化等特点,因此,得到了普遍的应用,使得数字滤波器的设计更加经济实惠。

【例4-7】 设采样周期为 $T = 1s$,用双线性变换法将模拟滤波器 $H_a(s) = \dfrac{2s-1}{s^2+5s+4}$ 转

换为数字滤波器。

【解】 直接利用式(4-36)将 $H(s)$ 转换为 $H(z)$,即

$$H(z) = H(s) \mid_{s = \frac{2}{T} \frac{1-z^{-1}}{1+z^{-1}}} = \frac{2s-1}{s^2 + 5s + 4} \Big|_{s = \frac{2}{T} \frac{1-z^{-1}}{1+z^{-1}}} = \frac{0.1 - 0.2z^{-1} - 0.3z^{-2}}{1 + 0.6z^{-1}}$$

【例 4-8】 要求从二阶巴特沃思模拟滤波器用双线性变换导出一个低通数字滤波器,已知 3dB 截止频率为 100Hz,系统抽样频率为 1kHz。

【解】 先求出归一化的巴特沃思滤波器。将 $s = s/\Omega_c$ 代入其中,得到截止频率为 Ω_c 的模拟巴特沃思滤波器,然后变换成数字巴特沃思滤波器。

归一化的二阶巴特沃思滤波器的系统函数如下。

$$H_a(s) = \frac{1}{s^2 + \sqrt{2}s + 1} = \frac{1}{s^2 + 1.4142136s + 1}$$

则将 $s = s/\Omega_c = s/2\pi f_c$ 代入得出截止频率为 Ω_c 的模拟原型为

$$H_a(s) = \frac{1}{\left(\frac{s}{200\pi}\right)^2 + 1.4142136\left(\frac{s}{200\pi}\right) + 1} = \frac{3947874.18}{s^2 + 888.58s + 394784.18}$$

由双线性变换公式可得

$$H(z) = H_a(s) \mid_{s = \frac{2}{T} \frac{1-z^{-1}}{1+z^{-1}}}$$

$$= \frac{394784.18}{\left(2 \times 10^3 \cdot \frac{1-z^{-1}}{1+z^{-1}}\right)^2 + 888.58 \times \left(2 \times 10^3 \cdot \frac{1-z^{-1}}{1+z^{-1}}\right) + 394784.18} = \frac{0.064(1 + 2z^{-1} + z^{-2})}{1 - 1.1683z^{-1} + 0.4241z^{-2}}$$

4.5.5 冲激响应不变换法与双线性变换法的比较

IIR 低通数字滤波器的设计方法主要有冲激响应不变法和双线性变换法两种。

(1) 冲激响应不变法是将数字滤波器的单位冲激响应完全模仿模拟滤波器的单位冲激响应,时域逼近良好,而且模拟频率和数字频率之间呈线性关系。因而,一个线性相位的模拟滤波器通过冲激响应不变法后得到的仍然是一个线性相位的数字滤波器。

冲激响应不变法的最大缺点是具有频率响应的混叠效应。因此,只适用于限带的模拟滤波器(如衰减特性很好的低通或带通滤波器),而且高频衰减越快,混叠效应越小。至于高通和带阻滤波器,由于它们在高频部分不衰减,因此将完全混淆在低频响应中。如果要对高通和带阻滤波器采用冲激响应不变法,就必须先对高通和带阻滤波器加一个保护滤波器,滤掉高于折叠频率以上的频率,然后再使用冲激响应不变法转换为数字滤波器。当然这样会进一步增加设计的复杂性和滤波器的阶数。

(2) 双线性变换法与冲激响应不变法相比,其主要优点是避免了频率响应的混叠现象,这是因为 s 平面与 z 平面是单值的一一对应关系。s 平面整个 $j\Omega$ 轴单值地对应于 z 平面单位圆周,即频率轴是单值变换关系。s 平面上 Ω 与 z 平面 ω 成非线性正切关系,在零频率附近,模拟角频率 Ω 与数字频率 ω 之间的变换关系接近于线性关系;但当 Ω 进一步增加时,ω 增长得越来越慢,最后当 Ω 趋于无穷时,ω 终止在折叠频率 $\omega = \pi$ 处,因而双线性变换不会出现由于高频部分超过折叠频率而混淆到低频部分的现象,从而消除了频率混叠现象。

双线性变换的这个特点是靠频率的严重非线性关系而得到的。由于频率之间的非线性变换关系,就产生了新的问题。首先,一个线性相位的模拟滤波器经过双线性变换后得到非线性相位的数字滤波器,不再保持原有的线性相位;其次,这种非线性关系要求模拟滤波器的幅频响应必须是分段常数型的,即某一频率段的幅频响应近似等于某一常数(这正是一般

典型的低通、高通、带通、带阻型滤波器的响应特性),不然变换所产生的数字滤波器的幅频响应相对于原模拟滤波器的幅频响应就会产生畸变。

总的来说,冲激响应不变法和双线性变换法各有优缺点,实际工程运用多采用双线性变换法实现模拟到数字滤波器的转变,而且该方法计算简单,具有很好的应用。

4.6 频带变换

4.6.1 模拟频带变换

前面我们研究的低通滤波器设计实际上是一个原型低通滤波器,其他形式的滤波器(高通、带通、带阻滤波器)可以由此滤波器通过频率变换从低通变换到所需要的类型。所以不论设计哪种滤波器都要先将该滤波器的技术要求转换为原型低通滤波器的技术要求,然后设计原型低通滤波器,最后再用频率变换的方法转换为所需要的滤波器类型。如图 4-21 所示。

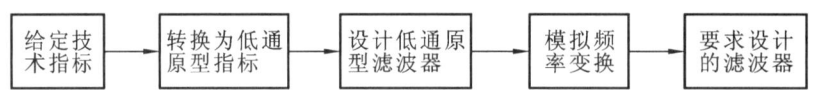

图 4-21　模拟滤波器设计流程图

图 4-21 中给出了设计流程图,下面讨论用归一化模拟低通滤波器原型转换成归一化模拟高通、带通、带阻滤波器的设计方法。

设归一化模拟低通滤波器的系统函数为 $G_a(p)$,频率响应为 $G_a(j\lambda)$,变换后的模拟各类滤波器的系统函数为 $H_a(s)$,频率响应为 $H_a(j\eta)$。

1. 归一化原型模拟低通滤波器到模拟高通滤波器的频率变换

设低通滤波器 $G_a(j\lambda)$ 和高通滤波器 $G_a(j\eta)$ 的幅频特性如图 4-22 所示,λ_p 和 λ_s 分别为低通滤波器的归一化通带截止频率和归一化阻带截止频率;η_s 和 η_p 分别为高通滤波器的归一化通带截止频率和归一化阻带截止频率。用模拟高通滤波器的通带截止频率 Ω_p 对频率 Ω 进行归一化处理,η 为归一化频率,则 $\eta = \Omega/\Omega_p$。

归一化边界频率为
$$\eta_s = \Omega_s/\Omega_p, \quad \eta_p = 1$$

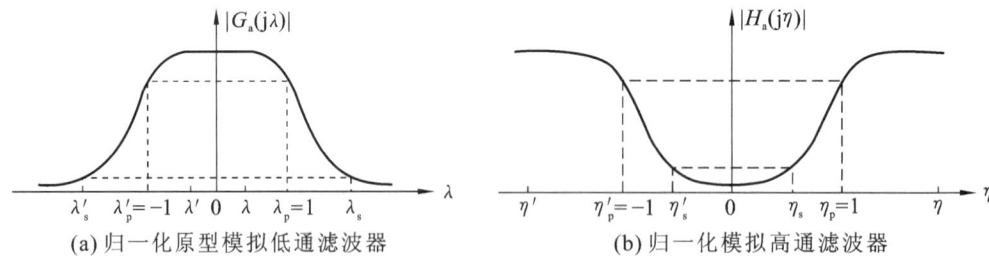

(a) 归一化原型模拟低通滤波器　　　　　(b) 归一化模拟高通滤波器

图 4-22　高通和低通滤波器的幅频特性

由于滤波器的幅频响应是频率的偶函数,所以只要将 $|G_a(j\lambda)|$ 的右(或左)半边曲线对应于 $|H_a(j\eta)|$ 的左(或右)半边曲线 ,就可以实现低通到高通的变换。低通的 λ 从 $+\infty$ 经过 λ_s 和 λ_p 到 0 时,高通的 η 则从 0 经过 η_s 和 η_p 到 $+\infty$。因此,归一化低通频率 λ 和归一化高通频率 η 之间的关系为

$$\lambda = 1/\eta$$

在变换时为了简化计算,习惯上使 $\lambda_p = 1$(由于 λ_p 只是一个归一化系数,表示相对大小,因此可以标定位任意值,一般为了简化选择为 1)。

$G_a(p)$ 的归一化复变量 p 与 $H_a(s)$ 的复变量 s 之间的映射关系如下。

$$p = \mathrm{j}\lambda = -\frac{\mathrm{j}}{\eta} = \frac{1}{\mathrm{j}\eta} = \frac{\Omega_p}{s}$$

$G_a(p)$ 与 $H_a(s)$ 的映射关系为

$$H_a(s) = G_a(p) \mid_{p+\frac{\Omega_p}{s}}$$

【例 4-9】 要求设计一个高通滤波器,技术指标要求为:在频率 $f_p = 100\mathrm{Hz}$ 处衰减为 3dB,阻带 $f_s = 50\mathrm{Hz}$ 处衰减不小于 30dB,试求相应的原型低通滤波器的技术要求。

【解】 高通技术要求:$f_p = 100\mathrm{Hz}$,$\alpha_p = 3\mathrm{dB}$,$f_s = 50\mathrm{Hz}$,$\alpha_p = 30\mathrm{dB}$

令 $f_p = 100\mathrm{Hz}$ 为参考频率,则归一化的频率如下。

$$\eta_p = 1,\quad \eta_s = f_s/f_p = 0.5$$

根据低通到高通的频率变换关系 $\lambda = 1/\eta$ 得低通滤波器的技术指标要求如下。

$$\lambda_p = 1,\quad \alpha_p = 3\mathrm{dB}$$
$$\lambda_s = 2,\quad \alpha_s = 30\mathrm{dB}$$

2. 归一化原型模拟低通滤波器到模拟带通滤波器的频率变换

低通和带通滤波器的幅频特性如图 4-23 所示。

通带的上限、下限和阻带的上限、下限截止频率 Ω_{ph},Ω_{pl},Ω_{sh},Ω_{sl}。

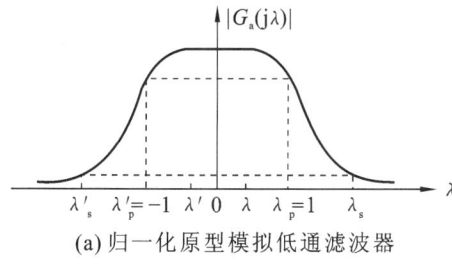
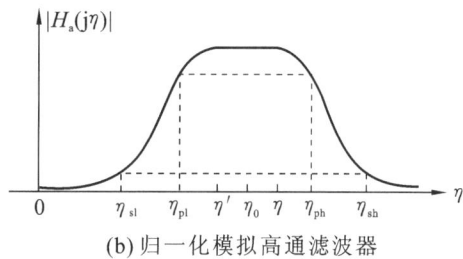

(a)归一化原型模拟低通滤波器   (b)归一化模拟高通滤波器

图 4-23　带通和低通滤波器的幅频特性

带通滤波器的通带带宽为

$$\Omega_{BW} = \Omega_{ph} - \Omega_{pl}$$

通带的中心频率为

$$\Omega_0 = \sqrt{\Omega_{ph}\Omega_{pl}}$$

用 Ω_{BW} 对频率进行归一化处理,其归一化频率为

$$\eta = \Omega/\Omega_{BW} = \Omega/(\Omega_{ph} - \Omega_{pl})$$

则归一化边界频率为

$$\eta_{ph} = \frac{\Omega_{ph}}{\Omega_{BW}},\eta_{pl} = \frac{\Omega_{pl}}{\Omega_{BW}},\eta_{sh} = \frac{\Omega_{sh}}{\Omega_{BW}},\eta_{sl} = \frac{\Omega_{sl}}{\Omega_{BW}} \tag{4-38}$$

所以只要将 $\mid G_a(\mathrm{j}\lambda)\mid$ 的整个曲线对应于 $\mid H_a(\mathrm{j}\eta)\mid$ 的右半边曲线,就可以实现低通到高通的变换。

归一化频率 λ 与 η 频率变换关系为

$$\lambda = \frac{\eta^2 - \eta_0^2}{\eta}$$

$G_a(p)$ 的归一化复变量 p 与 $H_a(s)$ 的复变量 s 之间的映射关系为

$$p = \mathrm{j}\lambda = \frac{-\eta^2 + \eta_0^2}{\mathrm{j}\eta} = \frac{(\mathrm{j}\eta)^2 + \eta_0^2}{\mathrm{j}\eta} = \frac{(\mathrm{j}\Omega)^2 + \Omega_0^2}{\mathrm{j}\eta \cdot \Omega_{\mathrm{BW}}} = \frac{s^2 + \Omega_0^2}{s\Omega_{\mathrm{BW}}} = \frac{s^2 + \Omega_{\mathrm{ph}}\Omega_{\mathrm{pl}}}{s(\Omega_{\mathrm{ph}} - \Omega_{\mathrm{pl}})}$$

$G_{\mathrm{a}}(p)$ 与 $H_{\mathrm{a}}(s)$ 的映射关系为

$$H_{\mathrm{a}}(s) = G_{\mathrm{a}}(p) \mid_{p = \frac{s^2 + \Omega_{\mathrm{ph}}\Omega_{\mathrm{pl}}}{(\Omega_{\mathrm{ph}} - \Omega_{\mathrm{pl}})s}} \tag{4-39}$$

【例 4-10】 试设计一带通滤波器，技术指标要求为：带宽 200Hz，中心频率 $f_0 = 1\mathrm{kHz}$，在带通范围内衰减不大于 3dB，并要求频率小于 850Hz 或大于 1 250Hz 时衰减不小于 25dB。

【解】 选用切比雪夫滤波器来设计。

(1) 带通滤波器的技术指标为

$$\Omega_{\mathrm{ph}} = 2\pi \times 900, \Omega_{\mathrm{pl}} = 2\pi \times 1\,100, \Omega_{\mathrm{sh}} = 2\pi \times 850, \Omega_{\mathrm{sl}} = 2\pi \times 1\,250$$

(2) 带通滤波器的通带带宽 $\Omega_{\mathrm{BW}} = 2\pi \times 200$，将频率归一化，由式(4-38)则

$$\eta_0 = 5, \eta_{\mathrm{sh}} = 4.15, \eta_{\mathrm{sl}} = 6$$

由 $\eta_{\mathrm{pl}} - \eta_{\mathrm{ph}} = 1$ 和 $\eta_{\mathrm{pl}}\eta_{\mathrm{ph}} = \eta_0^2 = 25$ 得

$$\eta_{\mathrm{ph}} = 4.53, \quad \eta_{\mathrm{pl}} = 5.53$$

从而得

$$\lambda_{\mathrm{s}} = \frac{\eta_{\mathrm{sl}}^2 - \eta_0^2}{\eta_{\mathrm{sl}}} = 1.83$$

即归一化的低通滤波器的阻带截止频率 $\lambda_{\mathrm{s}} = 1.83$。

(3) 求归一化低通滤波的传输函数 $G(p)$。由 $N \geqslant \dfrac{\mathrm{arccosh}\left(\sqrt{10^{0.1a_{\mathrm{s}}} - 1}/\varepsilon\right)}{\cosh\dfrac{\Omega_{\mathrm{s}}}{\Omega_{\mathrm{c}}}}$，可求得滤波器的阶次

$$N \geqslant \frac{\mathrm{arccosh}\left(\sqrt{10^{0.1a_{\mathrm{s}}} - 1}/\sqrt{10^{0.1a_{\mathrm{p}}} - 1}\right)}{\cosh\dfrac{\Omega_{\mathrm{s}}}{\Omega_{\mathrm{c}}}} = \frac{\mathrm{arccosh}(12.01)}{\cosh(1.83)} = 3.07$$

取滤波器阶次 $N = 3$，查表 4-3 得到原型低通滤波器的传输函数为

$$G(p) = \frac{1}{(p^2 + 0.2986p + 0.8392)(p + 0.2986)}$$

(4) 利用式(4-39)得所求的带通滤波器的系统函数为

$$H(s) = G(p) \mid_{p = \frac{s^2 + \Omega_{\mathrm{p1}}\Omega_{\mathrm{p2}}}{s(\Omega_{\mathrm{p2}} - \Omega_{\mathrm{p1}})}}$$

$$= \frac{4.97 \times 10^8 s^3}{(s^2 + 375s + 4 \times 10^7)(s^4 + 375s^3 + 8 \times 10^6 s^2 + 1.5 \times 10^{10} s + 1.6 \times 10^{15})}$$

3. 归一化原型模拟低通滤波器到模拟带阻滤波器的频率变换

带阻滤波器的边界频率参数、通带带宽、阻带的中心频率的定义与同模拟带通滤波器相同，其归一化频率为

$$\eta = \frac{\Omega}{\Omega_{\mathrm{BW}}} = \frac{\Omega}{\Omega_{\mathrm{ph}} - \Omega_{\mathrm{pl}}}$$

其幅频特性如图 4-24 所示。

λ 与 η 之间的频率变换关系为

$$\lambda = \frac{\eta}{\eta^2 - \eta_0^2}$$

边界频率 $\lambda_{\mathrm{p}} = 1, \lambda_{\mathrm{s}}$ 满足

$$\lambda_{\mathrm{s}} = \min\left\{ \left| \frac{\eta_{\mathrm{sh}}}{\eta_{\mathrm{sh}}^2 - \eta_0^2} \right|, \left| \frac{\eta_{\mathrm{sl}}}{\eta_{\mathrm{sl}}^2 - \eta_0^2} \right| \right\}$$

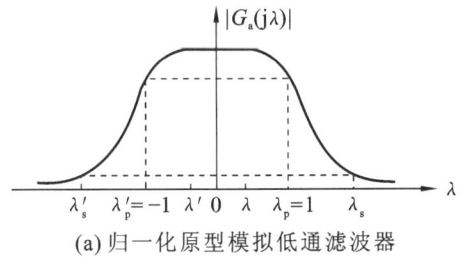

(a) 归一化原型模拟低通滤波器

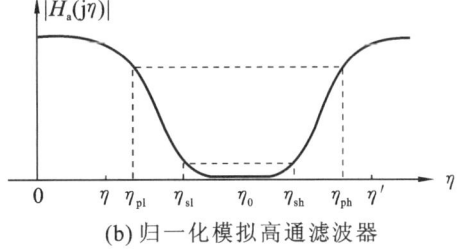

(b) 归一化模拟高通滤波器

图 4-24 带阻和低通滤波器的幅频特性

$G_a(p)$ 与 $H_a(s)$ 的映射关系为

$$H_a(s) = G_a(p) \Big|_{p = \frac{(\Omega_{ph} - \Omega_{pl})s}{s^2 + \Omega_{ph}\Omega_{pl}}}$$

4. 模拟高通、带通和带阻滤波器设计

以上讨论了模拟低通滤波器原型到模拟高通、带通、带阻滤波器的转换方法,模拟高通、带通和带阻滤波器的设计步骤如下。

(1) 确定所要设计的模拟滤波器的技术指标要求和归一化频率。

(2) 按照频率变换关系,将上面的技术指标要求转换为归一化原型模拟低通滤波器 $G_a(p)$ 的归一化技术指标要求。

综上所述,现将低通到高通、低通到带通、低通到带阻的频率变换关系,归纳如表 4-6 所示。

表 4-6   模拟滤波器的频率变换

滤波器类型	模拟频带关系	要求设计的滤波器 $H(s)$
低通—高通	$\lambda_s = \dfrac{\Omega_p}{\Omega_s}$	$p = \dfrac{\Omega_p}{s}$
低通—带通	$\lambda_s = \dfrac{\Omega_{sh} - \Omega_{sl}}{\Omega_{ph} - \Omega_{pl}}, \Omega_0^2 = \Omega_{ph} \cdot \Omega_{pl}, B = \Omega_{ph} - \Omega_{pl}$	$p = \dfrac{s^2 + \Omega_0^2}{Bs}$
低通—带阻	$\lambda_s = \dfrac{\Omega_{ph} - \Omega_{pl}}{\Omega_{sh} - \Omega_{sl}}, \Omega_0^2 = \Omega_{sh} \cdot \Omega_{sl}, B = \Omega_{sh} - \Omega_{sl}$	$p = \dfrac{Bs}{s^2 + \Omega_0^2}$

表 4-6 中,Ω_p 表示所要求滤波器的通带截止频率,Ω_{ph} 和 Ω_{pl} 分别表示所要求滤波器的通带上、下截止频率,Ω_s 表示所要求滤波器的阻带截止频率,Ω_{sh} 和 Ω_{sl} 分别表示所要求滤波器的阻带上、下截止频率,Ω_0 是滤波器的通带或阻带中心频率,B 是滤波器的通带(阻带)带宽。

4.6.2 数字频带变换

实际应用中,数字高通、带通、带阻滤波器的设计,有以下两种方法。

(1) 方法 1   把一个归一化原型模拟低通滤波器经模拟频带变换成所需要类型(高通、带通、带阻与另一截止频率的低通)的模拟滤波器,然后通过冲激响应不变法或双线性变换法数字化为所需要类型的数字滤波器。

(2) 方法 2   由模拟低通原型先利用冲激响应不变法或双线性变换法数字化成数字低通滤波器,然后利用数字频带变换法,将其变换成所需要的各型数字滤波器(另一截止频率的数字低通、数字高通、数字带通和数字带阻等)。如图 4-25 所示。

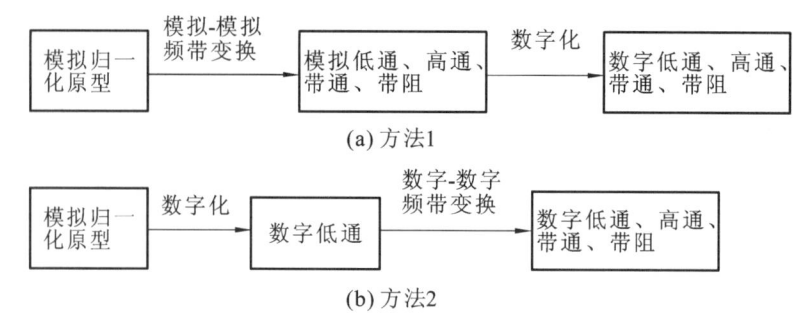

图 4-25　数字高通、带通、带阻滤波器的设计方法

方法 1 也称为直接转换法,可以借助 4.6.1 小节中介绍的设计方法,直接计算即可得到。现在我们主要介绍方法 2(也称间接转换法),即在得到数字低通滤波器的情况下,如何将数字滤波器的数字低频映射到数字高频、带通频率和带阻频率。

注意:这里讨论的第一步(见图 4-25(b))的数字化方法,都是采用双线性变换法。

数字-数字频带的变化,实质上就是从低通数字滤波器的 w 平面到另一个所需类型数字滤波器的 z 平面的变换关系,即从 w 平面到 z 平面的映射关系为

$$w^{-1} = G(z^{-1})$$

则原低通数字滤波器的系统函数 $H_\mathrm{d}(w)$ 与转换后类型的数字滤波器的系统函数 $H(z)$ 之间的关系为

$$H(z) = H_\mathrm{d}(w) \big|_{w^{-1}=G(z^{-1})}$$

以下讨论中,设低通数字频率为 θ,所转换类型的数字频率为 ω。为了保证因果稳定的 $H_\mathrm{d}(w)$ 变换成合乎要求的因果稳定的 $H(z)$,而且数字化采用的是双线性的变换法,所以 $G(z^{-1})$ 一定是 z^{-1} 的有理函数,并且 $G(z^{-1})$ 必须是全通函数。N 阶全通函数可表示为

$$w^{-1} = G(z^{-1}) = \pm \prod_{i=1}^{N} \frac{z^{-1} - a_i^*}{1 - a z^{-1}} \quad (\,|\,a\,|<1)$$

1. 低通数字滤波器变为高通数字滤波器

低通变成高通,设低通数字滤波器和高通数字滤波器的截止频率分别为 θ_p、ω_p。若 θ 从 $0 \to \pi$,则 ω 从 $\pi \to 0$,则变换的全通函数的阶数为 $N = 1$,因而有

$$w^{-1} = G(z^{-1}) = \frac{-z^{-1} - a}{1 + a z^{-1}} = \frac{z^{-1} + a}{1 + a z^{-1}} (a \text{ 为实数,且 } |\,a\,|<1) \quad (4\text{-}40)$$

通带截止频率的关系为 $w = \mathrm{e}^{\mathrm{j}\theta_\mathrm{p}} \to z = \mathrm{e}^{-\mathrm{j}\omega_\mathrm{p}}$。

将 $w = \mathrm{e}^{\mathrm{j}\theta_\mathrm{p}}, z = \mathrm{e}^{-\mathrm{j}\omega_\mathrm{p}}$ 代入式(4-40)可得

$$\mathrm{e}^{-\mathrm{j}\theta_\mathrm{p}} = -\frac{\mathrm{e}^{\mathrm{j}\omega_\mathrm{p}} + a}{1 + a\,\mathrm{e}^{\mathrm{j}\omega_\mathrm{p}}}$$

由此计算出系数 a 的值

$$a = -\frac{\cos\left(\dfrac{\theta_\mathrm{p} + \omega_\mathrm{p}}{2}\right)}{\cos\left(\dfrac{\theta_\mathrm{p} - \omega_\mathrm{p}}{2}\right)}$$

由数字低通变换成的数字高通函数变换关系为

$$H(z) = H_\mathrm{d}(w) \big|_{w^{-1} = -\frac{z^{-1} + a}{1 + a z^{-1}}}$$

2. 低通数字滤波器变为带通数字滤波器

设 ω_2,ω_1 为所要求的数字带阻滤波器的上、下截止频率,ω_0 为通带中心频率,θ_p 为低通的截止频率。

当低通数字频率 θ 由 $0 \to \pi$ 时,带通数字频率 ω 由 $\omega_0 \to \pi$,当低通数字频率 θ 由 $-\pi \to 0$ 时,带通数字频率 ω 由 $0 \to \omega_0$。因而当 ω 由 0 变化到 π 时,则相应的 θ 必须变化到 2π,因而全通函数的阶数应为 $N = 2$,则有

$$w^{-1} = G(z^{-1}) = -\frac{z^{-1} - a^*}{1 - az^{-1}} \cdot \frac{z^{-1} - a}{1 - a^* z^{-1}} = -\frac{z^{-2} + d_1 z^{-1} + d_2}{d_2 z^{-2} + d_1 z^{-1} + 1}(\mid a \mid < 1) \quad (4\text{-}41)$$

由于 $\omega = 0$(或 $\omega = \pi$)对应于 $\theta = \pi$,故有 $w^{-1} = -1$ 时,$z^{-1} = G(1) = -1$,代入式(4-41)并且 d_1,d_2 都是实数,化简得

$$d_1 = \frac{-2ak}{1+k}$$

$$d_2 = \frac{k-1}{k+1}$$

其中

$$a = -\frac{\cos\left(\dfrac{\omega_2 + \omega_1}{2}\right)}{\cos\left(\dfrac{\omega_2 - \omega_1}{2}\right)} = \cos\omega_0$$

$$k = \tan\left(\frac{\theta_\mathrm{p}}{2}\right)\cot\left(\frac{\omega_2 - \omega_1}{2}\right)$$

由数字低通变换到数字带通的函数变换关系为

$$H(z) = H_\mathrm{d}(w) \mid_{w^{-1} = -\frac{z^{-2} - \frac{2ak}{k+1} z^{-1} + \frac{k-1}{k+1}}{\frac{k-1}{k+1} z^{-2} - \frac{2ak}{k+1} z^{-1} + 1}}$$

3. 低通数字滤波器变为带阻数字滤波器

前面讨论过低通与带通滤波器之间的关系,ω 变化量为 π 时,θ 变化量为 2π,同样带阻滤波器全通函数阶数 $N = 2$,则有

$$w^{-1} = G(z^{-1}) = \frac{z^{-1} - a}{1 - a^* z^{-1}} \cdot \frac{z^{-1} - a^*}{1 - az^{-1}} = -\frac{z^{-2} + d_1 z^{-1} + d_2}{d_2 z^{-2} + d_1 z^{-1} + 1}(\mid a \mid < 1) \quad (4\text{-}42)$$

又由 $w^{-1} = -1$(对应带阻的 $\omega = 0$)时,$z^{-1} = G(1) = 1$(对应低通的 $\theta = 0$),代入式(4-42)计算化简可得

$$d_1 = \frac{-2a}{1+k}$$

$$d_2 = \frac{1-k}{1+k}$$

其中

$$a = -\frac{\cos\left(\dfrac{\omega_2 + \omega_1}{2}\right)}{\cos\left(\dfrac{\omega_2 - \omega_1}{2}\right)} = \cos\omega_0$$

$$k = \tan\left(\frac{\theta_\mathrm{p}}{2}\right)\tan\left(\frac{\omega_2 - \omega_1}{2}\right)$$

由数字低通变换到数字带阻的函数变换关系为

$$H(z) = H_\mathrm{d}(w) \mid_{w^{-1} = \frac{z^{-2} - \frac{2a}{1+k} z^{-1} + \frac{1-k}{1+k}}{\frac{1-k}{1+k} z^{-2} - \frac{2a}{1+k} z^{-1} + 1}}$$

以上讨论了数字低通到高通、低通到带通、低通到带阻的频率变换关系,现将讨论结果归纳如表 4-7 所示。

表 4-7 数字 - 数字频带变换

变换类型	变换公式	变换参数的公式
低通 ↓ 高通	$w^{-1} = -\dfrac{z^{-1} + a}{1 + az^{-1}}$	$a = -\cos\left(\dfrac{\theta_p + \omega_p}{2}\right)\bigg/\cos\left(\dfrac{\theta_p - \omega_p}{2}\right)$ ω_p 为待求的数字高通滤波器的通带截止频率
低通 ↓ 带通	$w^{-1} = \dfrac{z^{-2} - \dfrac{2ak}{k+1}z^{-1} + \dfrac{k-1}{k+1}}{\dfrac{k-1}{k+1}z^{-2} - \dfrac{2a}{k+1}z^{-1} + 1}$	$a = \cos\left(\dfrac{\omega_2 + \omega_1}{2}\right)\bigg/\cos\left(\dfrac{\omega_2 - \omega_1}{2}\right) = \cos\omega_0$ $k = \tan\left(\dfrac{\theta_p}{2}\right)\cot\left(\dfrac{\omega_2 - \omega_1}{2}\right)$ ω_1、ω_2 分别为待求的数字带通滤波器的通带上、下截止频率,ω_0 为通带中心频率
低通 ↓ 带阻	$w^{-1} = \dfrac{z^{-2} - \dfrac{2\alpha}{1+k}z^{-1} + \dfrac{1-k}{1+k}}{\dfrac{1-k}{1+k}z^{-2} - \dfrac{2\alpha}{1+k}z^{-1} + 1}$	$a = \cos\left(\dfrac{\omega_2 + \omega_1}{2}\right)\bigg/\cos\left(\dfrac{\omega_2 - \omega_1}{2}\right) = \cos\omega_0$ $k = \tan\left(\dfrac{\theta_p}{2}\right)\tan\left(\dfrac{\omega_2 - \omega_1}{2}\right)$ ω_1、ω_2 分别为待求的数字带阻滤波器的通带上、下截止频率,ω_0 为阻带中心频率

对于图 4-25(b) 的间接转换法设计数字滤波器,即先数字化,再作数字-数字频带变换的方案,其设计步骤可归纳如下。

(1) 根据滤波器性能指标设计出原型的低通模拟滤波器 $H_a(s)$。

(2) 利用双线性变换法或者冲激响应不变法,将原型低通滤波器 $H_a(s)$ 转换成数字低通滤波器 $H_d(w)$。

(3) 利用表 4-7 中的相应数字频带关系式,求出由 $H_d(w)$ 转到所求的 $H(z)$ 的变换函数的各个参数,从而求得变量从 w^{-1} 到 z^{-1} 的变换函数 $w^{-1} = G(z^{-1})$。

(4) 利用第(3)步求得的变换函数,将 $H_d(w)$ 转换成所求的数字滤波器的系统函数 $H(z)$。

可见,这种方法设计数字滤波器计算很复杂,一般都是借助 MATLAB 来求解。

4. 模拟低通滤波器直接转化为数字滤波器的设计方案

图 4-25(a) 为直接转化法,是利用 4.6.1 小节中介绍的模拟频带转换方法,先得到所需的模拟滤波器,再利用数字化的方法得到所求的数字滤波器,这里我们通过实例来介绍这种方法的应用。

实际应用中,一般采用双线性变换法来数字化,根据如下的双线变换法 s 平面与 z 平面的关系式:

$$s = c\frac{1 - z^{-1}}{1 + z^{-1}}$$

再结合表 4-6 中模拟 - 模拟频带转换关系式,经推导后可得到所求的各种数字滤波器的系统函数。用低通滤波器直接设计各种数字滤波器的变换关系如表 4-8 所示。

表 4-8   模拟低通滤波器直接设计数字滤波器

变换类型	$s \to z$ 变换公式	频率变换关系及变换参数的公式
高通	$s = c \dfrac{1-z^{-1}}{1+z^{-1}}$	$\Omega = \tan\left(\dfrac{\omega}{2}\right)$
带通	$s = \dfrac{1 - 2z^{-1}\cos\omega_0 + z^{-2}}{1 - z^{-2}}$	$\cos\omega_0 = \cos\left(\dfrac{\omega_2 + \omega_1}{2}\right)\bigg/\cos\left(\dfrac{\omega_2 - \omega_1}{2}\right)$ $\Omega = \dfrac{\cos\omega_0 - \cos\omega}{\sin\omega}$ ω_1、ω_2 分别为待求的数字带通滤波器的通带上、下截止频率，ω_0 为通带中心频率
带阻	$s = \dfrac{1 - z^{-2}}{1 - 2z^{-1}\cos\omega_0 + z^{-2}}$	$\cos\omega_0 = \cos\left(\dfrac{\omega_2 + \omega_1}{2}\right)\bigg/\cos\left(\dfrac{\omega_2 - \omega_1}{2}\right)$ $\Omega = \dfrac{\sin\omega}{\cos\omega - \cos\omega_0}$ ω_1、ω_2 分别为待求的数字带阻滤波器的通带上、下截止频率，ω_0 为阻带中心频率

【例 4-11】   用双线性变换法设计一个三阶切比雪夫数字高通滤波器，采样频率为 $f_s = 4\text{kHz}$，截止频率为 $f_p = 1\text{kHz}$。

【解】   利用归一化原型低通滤波器直接变换成数字高通滤波器。

用 $\delta_1 = 3\text{dB}$ 的三阶切比雪夫低通系统函数，查表 4-4 得

$$H_a(s) = \frac{0.2506}{0.2506 + 0.9283s + 0.5972s^2 + s^3}$$

由 $\omega_c = 2\pi \dfrac{f_c}{f_s} = 0.5\pi$，计算参量 c 得

$$c = \Omega_p \tan\frac{\omega_p}{2} = 1$$

而由表 4-8 变换关系式 $s = c\dfrac{1-z^{-1}}{1+z^{-1}}$ 可得数字高通滤波器的系统函数 $H(z)$ 为

$$H(z) = \frac{0.2506}{0.2506 + 0.9283\dfrac{1+z^{-1}}{1-z^{-1}} + 0.5972\left(\dfrac{1+z^{-1}}{1-z^{-1}}\right)^2 + \left(\dfrac{1+z^{-1}}{1-z^{-1}}\right)^3}$$

化简可得

$$H(z) = \frac{0.0903(1 - 3z^{-1} + 3z^{-2} - z^{-3})}{1 + 0.6906z^{-1} + 0.8019z^{-2} + 0.3892z^{-3}}$$

【例 4-12】   用双线性变换法设计一个三阶巴特沃思数字带通滤波器，抽样频率为 $f_s = 5\,000\text{Hz}$，上、下边带截止频率分别为 $f_2 = 1\,500\text{Hz}$，$f_1 = 300\text{Hz}$。

【解】   由模拟低通 → 数字带通，数字带通滤波器的上、下边带截止频率 ω_1、ω_2 分别为

$$\omega_1 = \Omega_1 T = \frac{300 \times 2\pi}{5\,000} = \frac{3\pi}{25}, \quad \omega_2 = \Omega_2 T = \frac{1\,500 \times 2\pi}{5\,000} = \frac{3\pi}{5}$$

取归一化原型，$\Omega_c = 1$，则有

$$\cos\omega_0 = \cos\left(\frac{\omega_2 + \omega_1}{2}\right)\bigg/\cos\left(\frac{\omega_2 - \omega_1}{2}\right) = 0.841$$

查表 4-2 得三阶归一化巴特沃思低通滤波器的系统函数为

$$H_{\text{LP}}(s) = \frac{1}{s^3 + 2s^2 + 2s + 1}$$

由表 4-8 变换关系式 $s = \dfrac{1 - 2z^{-1}\cos\omega_0 + z^{-2}}{1 - z^{-2}}$ 可得数字带通滤波器的系统函数 $H(z)$ 为

$$H(z) = H_{\mathrm{LP}}(s) \mid_{s=\frac{1-2z^{-1}\cos\omega_0+z^{-2}}{1-z^{-2}}}$$

$$= \frac{0.1514(1 - 3z^{-2} + 3z^{-4} - z^{-6})}{1 - 1.8195z^{-1} + 1.3322z^{-2} - 0.8195z^{-3} + 0.6167z^{-4} - 0.2152z^{-5} + 0.0105z^{-6}}$$

【例 4-13】 要设计一个二阶巴特沃思带阻数字滤波器,其阻带 3dB 的边带频率分别为 $8\mathrm{kHz}, 4\mathrm{kHz}$,抽样频率 $f_s = 40\mathrm{kHz}$。

【解】 要设计的是二阶数字带阻滤波器,故原型低通应该是一阶的,一阶巴特沃斯归一化原型低通滤波器的系统函数可以查表求得

$$H_{\mathrm{LP}}(s) = \frac{1}{1 + s}$$

其 3dB 截止频率 $\Omega = 1\mathrm{rad/s}$,则低通变到带阻的变换中所需常数为

$$\cos\omega_0 = \cos\left(\frac{\omega_2 + \omega_1}{2}\right) \Big/ \cos\left(\frac{\omega_2 - \omega_1}{2}\right) = 0.608$$

由表 4-8 中的变换关系式 $s = \dfrac{1 - z^{-2}}{1 - 2z^{-1}\cos\omega_0 + z^{-2}}$,将 $H_{\mathrm{LP}}(s)$ 的表达式代入可得数字带阻滤波器系统函数 $H(z)$ 为

$$H(z) = H_{\mathrm{LP}}(s) \mid_{\frac{1-z^{-2}}{1-2z^{-1}\cos\omega_0+z^{-2}}} = \frac{0.7548(1 - 1.236z^{-1} + z^{-2})}{1 - 0.9329z^{-1} + 0.5095z^{-2}}$$

4.7 本章内容相关的 MATLAB 应用示例

1. 滤波器结构的转换

滤波器结构转换的函数如下。

```
[b0,B,A] = dir2cas/ dir2par(b,a)
```

其中,b,a 分别为直接型的分子和分母多项式系数向量;b0 是直接型转换为级联型或并联型的常系数,B,A 分别为级联型或并联型的分子和分母多项式系数向量。

【例 4-14】 给定系统函数传递函数为

$$H(z) = \frac{0.0017 + 0.0072z^{-1} + 0.011z^{-2} + 0.0073z^{-3} + 0.0018z^{-4}}{1 - 3.053z^{-1} + 3.825z^{-2} - 2.292z^{-3} + 0.551z^{-4}}$$

求其级联型系统结构的参数。

MATLAB 程序如下。

```
x = ones(1,100);
n = 1:100;
b = [0.0017,0.00721,0.011,0.00733,0.00183];
a = [1, - 3.053,3.825, - 2.292,0.551];
[b0,B,A] = dir2cas(b,a);
[b,a] = casdir(b0,B,A);
y = filter(b,a,x);
plot(n,x,'r',n,y,'- k');
grid on;
ylabel('x(n) 与 y(n)');
xlabel('n');
```

运行结果如下。

```
b0 =
        0.0017
B =
1.000   1.563   0.664
1.000   2.678   1.62
A =
1.000   - 1.485   0.842
1.000   - 1.567   0.654
```

这样直接型转换为级联型的结构为

$$H(z) = 0.0017 \frac{(1 + 1.563z^{-1} + 0.664z^{-2})(1 + 2.678z^{-1} + 1.62z^{-2})}{(1 - 1.485z^{-1} + 0.842z^{-2})(1 - 1.567z^{-1} + 0.654z^{-2})}$$

由级联型转换为直接型的参数为

```
b =
0.0017   0.0072   0.011   0.0073   0.0018
a =
1.000   - 3.054   3.3825   - 2.292   0.551
```

2. 冲激响应不变法和双线性变换法函数

其函数如下。

```
[bz,az] = impinvar/bilinear (b,a,fs)
```

其中,b,a 分别为模拟滤波器的分子和分母多项式系数向量;fs 为采样频率,单位是 Hz,默认时 fs 为 1Hz;bz、az 分别为数字滤波器的分子和分母多项式系数向量。

【例 4-15】 冲激响应不变法将模拟滤波器 $H_a(s) = \dfrac{3s + 2}{2s^2 + 3s + 1}$ 变换为数字滤波 $H(z)$,采样周期为 $T = 0.1s$。

MATLAB 程序如下。

```
b = [3 2];a = [2 3 1];T = 0.1;   %模拟滤波器分子和分母多项式系数及采样间隔
[bz1,az1] = impinvar(b,a,1/T)
```

运行结果如下。

```
bz1 =
    0.3000   - 0.2807
az1 =
2.0000   - 3.7121   1.7214
```

bz1、az1 分别是数字滤波器分子与分母多项式系数向量。

【例 4-16】 用双线性变换法将模拟滤波器 $H_a(s) = \dfrac{3s + 2}{2s^2 + 3s + 1}$ 变换为数字滤波 $H(z)$,采样周期为 $T = 0.1s$。

MATLAB 程序如下。

```
b = [3 2];a = [2 3 1];T = 0.1;   %模拟滤波器分子和分母多项式的系数及采样间隔
[bz1,az1] = bilinear(b,a,1/T) %将模拟滤波器传递函数转换为数字滤波器传递函数
```

运行结果如下。

```
bz1 =
    0.0720   0.0046   - 0.0674
az1 =
    1.0000   - 1.8560   0.8606
```

3. 滤波器设计函数

MATLAB信号处理箱提供了模拟滤波器设计的函数,用户只需一次调用就可以自动完成全部的设计过程,编程十分简单。这些工具函数既适用于模拟滤波器,也适用于数字滤波器。

1）巴特沃思滤波器

其设计函数如下。

```
[N,Wn] = buttord(Wp,Ws,Rp,Rs,'s')
[b,a] = butter(N, Wn,'ftype','s')
```

buttord为巴特沃思滤波器最小阶数选择函数。其中,N为滤波器阶数;Wn为滤波器截止频率;Wp、Ws分别为通带截止频率和阻带截止频率,rad/s;Rp、Rs分别为通带最大衰减和阻带最小衰减,dB;'s'表示模拟滤波器,默认时是数字滤波器。

butter为巴特沃思滤波器设计函数。其中,b、a分别为滤波器传输函数的分子、分母多项式系数向量;'ftype'为滤波器类型:'high'表示高通滤波器截止频率Wn;'stop'表示带阻滤波器,Wn＝[W1，W2];'ftype'默认是表示低通或者带通滤波器。

2）切比雪夫滤波器

其设计函数如下。

```
[N,Wn] = cheblord/cheb2ord(Wp,Ws,Rp,Rs,'s');
[b,a] = chebyl(N,Rp,Wn,'ftype','s') 或者[b,a] = cheby2 (N,Rs, Wn,'ftype','s')
```

3）椭圆滤波器

其设计函数如下。

```
[N,Wn] = ellipord(Wp,Ws,Rp,Rs,'s');
[b,a] = ellp (N, Rp,Rs Wn,'ftype','s')。
```

【例4-17】 用冲激响应不变法设计巴特沃思低通数字滤波器,要求通带频率为$0 \leqslant \omega \leqslant 0.2\pi$,通带波纹小于1dB,阻带在$0.3\pi \leqslant \omega \leqslant \pi$内,幅度衰减大于15dB,采样周期$T = 0.1s$。假设一个信号$X(t) = \sin 2\pi f_1 t + 0.5\cos 2\pi f_2 t$,其中$f_1 = 5Hz$,$f_2 = 30Hz$。试将原信号与经过该滤波器的输出信号进行比较。

【解】 给出通带边界频率和阻带边界频率均为数字频率,设计时先将其转化为模拟频率。

MATLAB程序如下。

```
wp = 0.2* pi;ws = 0.3* pi;Rp = 1;Rs = 15;    %数字滤波器截止频率、通带波纹和阻带衰减
T = 0.01;Nn = 128;   %采样间隔
Wp = wp/T;Ws = ws/T;    %得到模拟滤波器的频率:采用冲激响应不变法的频率转换形式
[N,Wn] = buttord(Wp,Ws,Rp,Rs,'s');    %计算模拟滤波器的最小阶数
[z,p,k] = buttap(N);    %设计低通原型数字滤波器
[Bap,Aap] = zp2tf(z,p,k);    %零点、极点增益形式转换为传递函数形式
[b,a] = lp2lp(Bap,Aap,Wn);    %低通滤波器频率转换
[bz,az] = impinvar(b,a,1/T);    %冲激响应不变法设计数字滤波器传递函数
figure(1)
[H,f] = freqz(bz,az,Nn,1/T);    %输出幅频响应和相频响应
subplot(2,1,1),plot(f,20* log10(abs(H)));
xlabel(' 频率 /Hz');ylabel(' 振幅 /dB');grid on;
subplot(2,1,2),plot(f,180/pi* unwrap(angle(H)))
xlabel(' 频率 /Hz');ylabel(' 相位 /^o');grid on;
figure(2)
f1 = 5;f2 = 30;    %输入信号含有的频率
N = 100;   %数据点数
n = 0:N-1;t = n* T;    %时间序列
```

```
x = sin(2* pi* f1* t) + 0.5* cos(2* pi* f2* t);   %输入信号
subplot(2,1,1),plot(t,x),title(' 输入信号 ');grid on;
y = filtfilt(bz,az,x);   %对信号进行滤波
subplot(2,1,2),plot(t,y),title(' 输出信号 '),xlabel(' 时间 /s') ;grid on;
```

滤波器通带频率为 $0 \leqslant \omega \leqslant 0.2\pi$，该滤波器采样频率为 $f_s = \dfrac{1}{T} = 100\text{Hz}$，即该滤波器的通带范围是 $0 \sim 10\text{Hz}$。如图 4-26 所示。

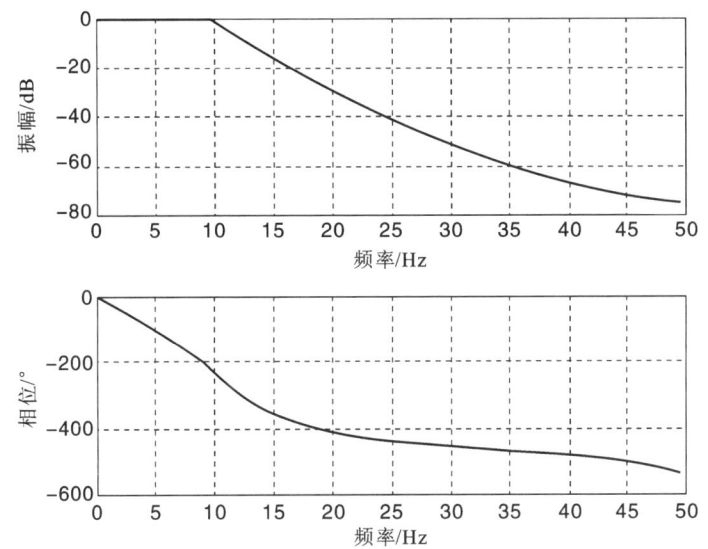

图 4-26　滤波器的频率特性

原信号中含有 5Hz 和 30Hz，显然 5Hz 可以通过该滤波器，而 30Hz 的信号不能通过该滤波器，从而可以看出，滤波器滤掉了 30Hz 的高频信号，达到了滤波的要求，如图 4-27 所示。

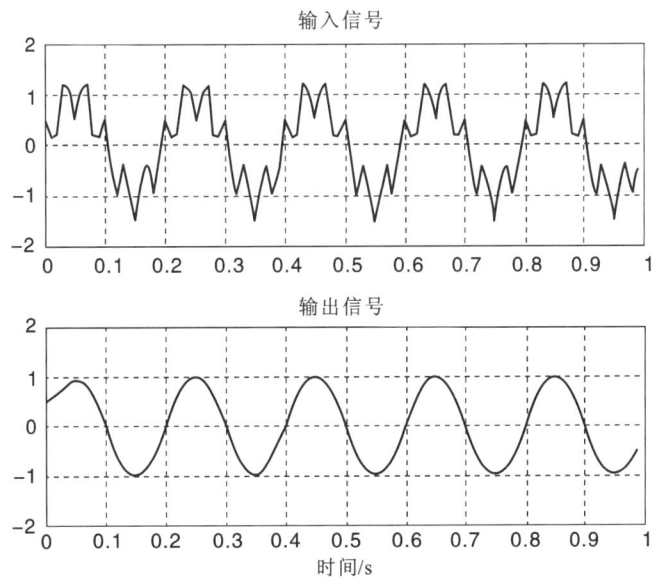

图 4-27　设计滤波器的输入和输出信号

【例 4-18】　设计一个带通切比雪夫 I 型数字滤波器，通带为 $100 \sim 200\text{Hz}$，过渡带宽均为 50Hz，通带波纹小于 1dB，阻带衰减大于 30dB，采样频率 $f_s = 1\,000\text{Hz}$。假设一个信号

$x(t) = \sin 2\pi f_1 t + 0.3\cos 2\pi f_2 t + 0.1\sin 2\pi f_3 t$，其中 $f_1 = 30\text{Hz}, f_2 = 100\text{Hz}, f_3 = 300\text{Hz}$。试将原信号与经过该滤波器滤波后输出信号进行比较。

【解】 该滤波器的通带范围为 $100 \sim 200\text{Hz}$，过渡带宽均为 50Hz，因此，通带边界频率为 100Hz 和 200Hz，阻带边界频率为 50Hz 和 250Hz。

MATLAB 程序如下。

```
Fs = 1000;      %采样频率
wp = [100 200]* 2/Fs;    %通带边界频率(归一化频率)
ws = [50 250]* 2/Fs;     %阻带边界频率(归一化频率)
Rp = 1;Rs = 30;Nn = 128;  %通带波纹和阻带衰减以及绘制频率特性的数据点数
[N,Wn] = cheb1ord(wp,ws,Rp,Rs);%求得数字滤波器的最小阶数和归一化截止频率
[b,a] = cheby1(N,Rp,Wn);  %按最小阶数、通带波纹和截止频率设计数字滤波器
figure(1)
[H,f] = freqz(b,a,Nn,Fs);   %求得滤波器的频率特性
subplot(2,1,1),plot(f,20* log10(abs(H)));
xlabel(' 频率 /Hz');ylabel(' 振幅 /dB');grid on;
subplot(2,1,2),plot(f,180/pi* unwrap(angle(H)))
xlabel(' 频率 /Hz');ylabel(' 相位 /^o');grid on;
figure(2)
f1 = 30;f2 = 100;f3 = 300;  %输入信号的三种频率成分
N = 100;   %输入信号的数据点数
dt = 1/Fs;n = 0:N-1;t = n* dt; %时间序列
x = sin(2* pi* f1* t) + 0.3* cos(2* pi* f2* t) + 0.1* sin(2* pi* f3* t); %输入信号
subplot(2,1,1),plot(t,x),title(' 输入信号 ') ;grid on; %绘制输入信号
y = filtfilt(b,a,x);   %对输入信号进行滤波
subplot(2,1,2),plot(t,y)   %绘制输出信号
ylim([- 0.2 0.3])
title(' 输出信号 '),xlabel(' 时间 /s');grid on;
```

其频率特性如图 4-28 所示。

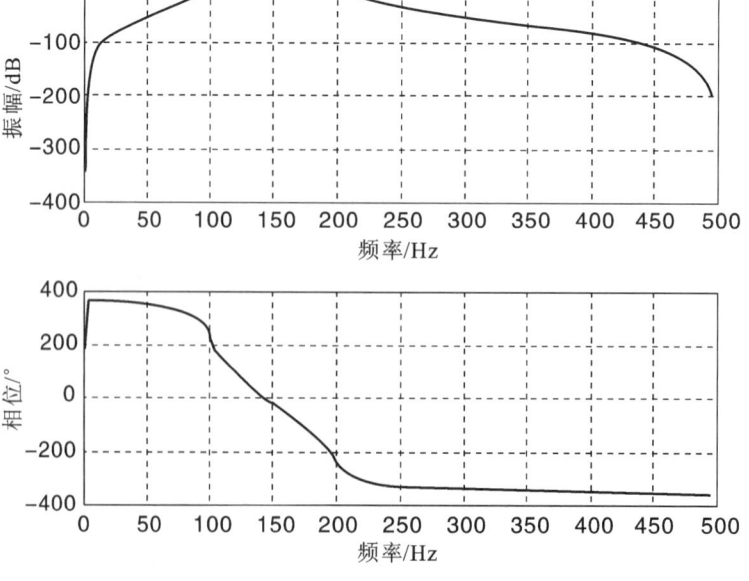

图 4-28　设计的滤波器的频率特性

由图 4-29 看出,100 ~ 200Hz 为通带,将 30Hz、100Hz、300Hz 的合成信号通过滤波器后,完全滤除了在阻带范围内的 30Hz 和 300Hz 的信号,起到了滤波的效果。

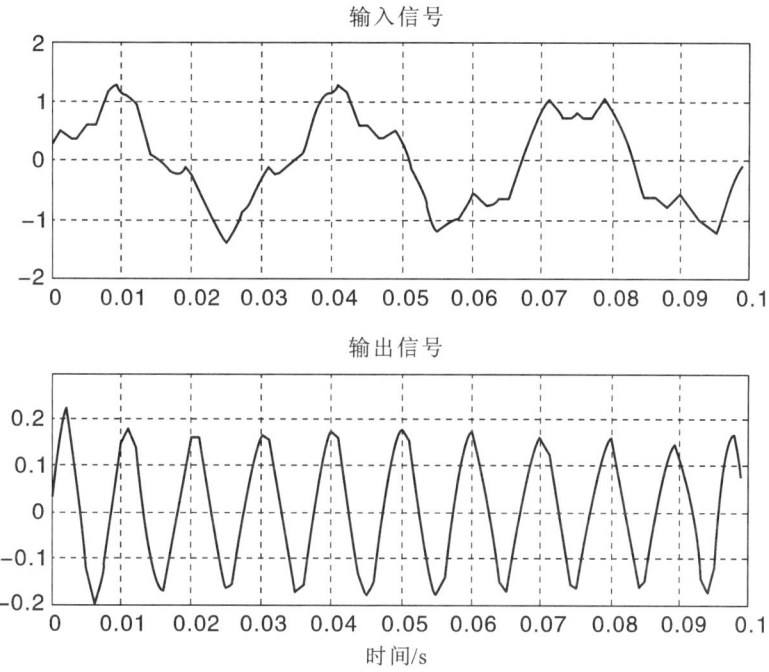

图 4-29　设计滤波器的输入和输出信号

本 章 小 结

本章主要研究了 IIR 数字滤波器的设计方法,最重要的是从模拟滤波器到数字滤波器的两种转换方法:冲激响应不变法和双线性变换法。在介绍数字滤波器的设计方法之前,首先要了解数字滤波器的基本概念、基本分类(LPF、HPF、BPF、BSF)及技术指标的提法。然后,要熟练掌握模拟滤波器的设计思路,尤其是以巴特沃思和切比雪夫为原型逼近方式的模拟低通滤波器的设计方法。通过频率变换,可以将模拟低通滤波器转换成所需类型的模拟滤波器。最后,重点介绍了模拟滤波器到数字滤波器的两种转换方法:冲激响应不变法和双线性变换法,同时,对各种滤波器的设计方法进行了详细讨论。

本章内容较多,涉及许多的数学计算,需要重点注意以下几点。

(1)滤波器的性能要求往往以频率响应的幅度特性的允许误差来表征,在具体技术指标中使用通带允许的最大衰减及阻带达到的最小衰减。巴特沃思和切比雪夫滤波器的设计方法,采用现成的查表法比较简单。

(2)冲激响应不变法是从滤波器的冲激响应出发,时域逼近良好,但是最大的缺点是有频率响应的混叠失真。

(3)双线性变换法实现了 s 平面和 z 平面的一一对应的单值映射关系,消除了混叠现象,但是缺点是频率之间的非线性关系。

(4)原型变换法利用模拟滤波器中成熟的设计方法,可以应用模拟滤波器低通原型设计各种数字滤波器,但是在模拟滤波器数字化时一般采用双线性变换。

习题与上机练习 4

1. 使用直接 I 型及直接 II 型结构实现以下传递函数。

$$H(z) = \frac{-5 + 2z^{-1} - 0.5z^{-2}}{1 + 3z^{-1} + 3z^{-2} + z^{-3}}$$

2. 使用级联型结构及并联型结构实现以下传递函数。

$$H(z) = \frac{3z^3 - 3.5z^2 + 2.5z}{(z^2 - z + 1)(z - 0.5)}$$

3. 分别使用直接型、级联型和并联型实现下面的传递函数,并画出流图。

(1) $H(z) = \dfrac{3z^3 - 3.5z^2 + 2.5z}{(z^2 - z + 1)(z - 0.5)}$

(2) $H(z) = \dfrac{4z^3 - 2.828z^2 + z}{(z^2 - 1.414z + 1)(z + 0.7071)}$

4. 使用冲激响应不变法将 $H_a(s) = \dfrac{s+a}{(s+a)^2 + b^2}$ 变换为 $H(z)$,抽样周期为 $T = 1$。

5. 设有一模拟滤波器系统函数为 $H_a(s) = \dfrac{1}{s^2 + s + 1}$,采样周期 $T = 2$,试用双线性变换法将其转变为数字系统函数。

6. 要求从二阶巴特沃思模拟滤波器用双线性变换导出一低通数字滤波器,已知 3dB 截止频率为 100Hz,系统抽样频率为 1kHz。

7. 已知模拟低通滤波器的原型,要设计数字低通、高通、带通、带阻滤波器,有哪些方法实现。试画出这些方法的结构表示图并标明其变换方法。

8. 设计一个巴特沃思数字低通滤波器,要求:$0 \leqslant f \leqslant 25$Hz,衰减小于 3dB;$f \geqslant 50$Hz,衰减大于或等于 40dB,采样频率 $f_s = 2\,000$Hz。采用双线性变换法设计。

9. 用双线性变换法设计一个三阶切比雪夫数字高通滤波器,采样频率为 $f_s = 8$kHz,截止频率为 $f_c = 2$kHz。

10. 设计一个巴特沃思数字带阻滤波器,通带下限频率 $\omega_1 = 0.19\pi$rad,阻带下截止频率 $\omega_{sl} = 0.198\pi$rad,阻带上截止频率 $\omega_{sh} = 0.202\pi$rad,通带上限频率 $\omega_3 = 0.21\pi$rad,阻带最小衰减 $\alpha_s = 13$dB,ω_1 和 ω_3 处衰减 $\alpha_p = 3$dB。

11. 已知差分方程 $16y(n) + 12y(n-1) + 2y(n-2) - 4y(n-3) - y(n-4) = x(n) - 3x(n-1) + 11x(n-2) - 27x(n-3) + 18(n-4)$。利用 dir2cas 及 dir2par 函数求出该系统的级联型及并联型结构的系统函数,并画出相应的结构图。

12. 已知 $H_a(s) = \dfrac{s+1}{s^2 + 5s + 6}$,$T = 2$。分别用冲激响应不变法、双线性变换法,利用 impinvar 及 bilinear 函数求出系统函数 $H(z)$。

13. 设计一数字高通滤波器,它的通带为 $400 \sim 500$Hz,通带内容许有 0.5dB 的波动,阻带内衰减在小于 317Hz 的频带内至少为 19dB,采样频率为 $1\,000$Hz。利用 MATLAB 编程实现。

14. 设计一个切比雪夫高通滤波器,采样频率 $f_s = 2.4$kHz,在频率 $f_p = 160$Hz 处衰减不大于 $\alpha_p = 3$dB,在频率 $f_T = 40$Hz 处衰减不小于 $\alpha_T = 48$dB。利用 MATLAB 编程实现。

第5章 FIR 数字滤波器的设计与实现

有限长冲激响应(FIR)滤波器在满足幅度特性技术要求的同时,也可以满足严格的线性相位技术要求。FIR 滤波器的单位冲激响应 $h(n)$ 是有限长的,其系统函数的极点位于 z 平面的原点,因而滤波器一定是稳定的。另外,FIR 滤波器还可以采用快速傅里叶变换(FFT)算法来实现,从而大大提高运算效率。FIR 滤波器的主要缺点是,必须用很长的冲激响应滤波器才能取得很好衰减特性,因而 FIR 滤波器的系统函数的阶次要比 IIR 滤波器的高,运算量增大。

本章首先介绍 FIR 数字滤波器的实现结构,然后介绍 FIR 数字滤波器的线性相位特性,之后介绍了 FIR 数字滤波器的两种设计方法 —— 窗函数法和频率采样设计法,最后将 IIR 数字滤波器和 FIR 数字滤波器进行简单的比较。

5.1 FIR 数字滤波器的实现结构

设 FIR 滤波器的单位冲激响应为 $h(n), 0 \leqslant n \leqslant N-1$,则其系统函数为

$$H(z) = \sum_{n=0}^{N-1} h(n) z^{-n}$$

对应的差分方程,即卷积和式为

$$y(n) = \sum_{m=0}^{N-1} h(m) x(n-m) \tag{5-1}$$

与 IIR 一样,FIR 也有直接型结构和级联型结构,由于没有非零极点,故 FIR 没有并联型结构。但是 FIR 系统具有线性相位型结构和频率采样型结构。

5.1.1 直接型

根据式(5-1)的差分方程可以直接画出直接型结构流图如图 5-1 所示。这种结构又称为横向结构。将转置定理用于图 5-1,可得到如图 5-2 所示的转置直接型结构形式。

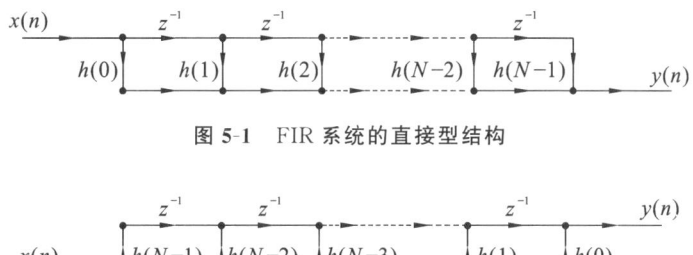

图 5-1 FIR 系统的直接型结构

图 5-2 FIR 系统的转置直接型结构

5.1.2 级联型

如果将 $H(z)$ 分解成二阶因子的乘积,则得到 FIR 系统的级联结构如下。

$$H(z) = \sum_{n=0}^{N-1} h(n) z^{-n} = \prod_{k=1}^{M} (\beta_{0k} + \beta_{1k} z^{-1} + \beta_{2k} z^{-2}) \tag{5-2}$$

对应式(5-2)的流图如图 5-3 所示。这种结构的主要特点是零点可以分别控制，每一个节可以控制一对零点，因此需要控制零点时，可以采用这种结构。级联型结构需要的系数 β 比直接型多，运算时间比直接型长。

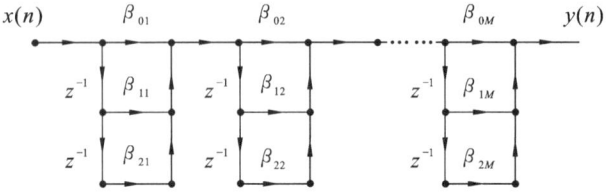

图 5-3　FIR 滤波器级联结构

5.1.3　线性相位型

线性相位是指滤波器对不同频率的正弦波所产生的相移与正弦波的频率呈线性关系。因此，在滤波器的通带内，除了产生相位延迟外，可以保证信号的无失真传输。对于广义线性相位 FIR 系统，单位冲激响应应具有如下的对称性，其中 $0 \leqslant n \leqslant N-1$。

偶对称：$\qquad\qquad\qquad h(n) = h(N-1-n)$

奇对称：$\qquad\qquad\qquad h(n) = -h(N-1-n)$

即 $h(n)$ 的对称中心在 $n=(N-1)/2$ 处，结合 $h(n)$ 的对称性及 N 的奇偶取值，下面分四种情况分别讨论。

1. $h(n)$ 偶对称，N 为奇数

$$H(z) = \sum_{n=0}^{N-1} h(n) z^{-n} = \sum_{n=0}^{\frac{N-1}{2}-1} h(n) z^{-n} + h\left(\frac{N-1}{2}\right) z^{-\frac{N-1}{2}} + \sum_{n=\frac{N-1}{2}+1}^{N-1} h(n) z^{-n}$$

$$= \sum_{n=0}^{\frac{N-1}{2}-1} h(n) z^{-n} + h\left(\frac{N-1}{2}\right) z^{-\frac{N-1}{2}} + \sum_{n=0}^{\frac{N-1}{2}-1} h(N-1-n) z^{-(N-1-n)}$$

$$= \sum_{n=0}^{\frac{N-1}{2}-1} h(n) \left[z^{-n} + z^{-(N-1-n)} \right] + h\left(\frac{N-1}{2}\right) z^{-\frac{N-1}{2}}$$

这种情况的线性相位型结构如图 5-4 所示。

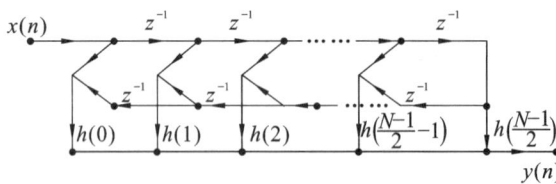

图 5-4　$h(n)$ 偶对称，N 为奇数时 FIR 滤波器的线性相位型结构

2. $h(n)$ 偶对称，N 为偶数

$$H(z) = \sum_{n=0}^{N-1} h(n) z^{-n} = \sum_{n=0}^{\frac{N}{2}-1} h(n) z^{-n} + \sum_{n=\frac{N}{2}}^{N-1} h(n) z^{-n}$$

$$= \sum_{n=0}^{\frac{N}{2}-1} h(n)z^{-n} + \sum_{n=0}^{\frac{N}{2}-1} h(N-1-n)z^{-(N-1-n)}$$

$$= \sum_{n=0}^{\frac{N}{2}-1} h(n)\left[z^{-n} + z^{-(N-1-n)}\right]$$

这种情况的线性相位型结构流图如图 5-5 所示。

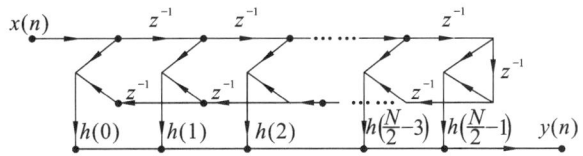

图 5-5 $h(n)$ 偶对称，N 为偶数时 FIR 滤波器的线性相位型结构

3. $h(n)$ 奇对称，N 为奇数

当 $h(n)$ 奇对称时，$h\left(\dfrac{N-1}{2}\right)=0$，此时

$$H(z) = \sum_{n=0}^{N-1} h(n)z^{-n} = \sum_{n=0}^{\frac{N-1}{2}-1} h(n)z^{-n} + h\left(\frac{N-1}{2}\right)z^{-\frac{N-1}{2}} + \sum_{n=\frac{N-1}{2}+1}^{N-1} h(n)z^{-n}$$

$$= \sum_{n=0}^{\frac{N-1}{2}-1} h(n)z^{-n} + \sum_{n=0}^{\frac{N-1}{2}-1} h(N-1-n)z^{-(N-1-n)}$$

$$= \sum_{n=0}^{\frac{N-1}{2}-1} h(n)\left[z^{-n} - z^{-(N-1-n)}\right]$$

这种情况的线性相位结构只需要将图 5-4 中的加法运算改为"—"，并断开 $h\left(\dfrac{N-1}{2}\right)$ 处的连线。

4. $h(n)$ 奇对称，N 为偶数

$$H(z) = \sum_{n=0}^{N-1} h(n)z^{-n} = \sum_{n=0}^{\frac{N}{2}-1} h(n)z^{-n} + \sum_{n=\frac{N}{2}}^{N-1} h(n)z^{-n}$$

$$= \sum_{n=0}^{\frac{N}{2}-1} h(n)z^{-n} + \sum_{n=0}^{\frac{N}{2}-1} h(N-1-n)z^{-(N-1-n)}$$

$$= \sum_{n=0}^{\frac{N}{2}-1} h(n)\left[z^{-n} - z^{-(N-1-n)}\right]$$

这种情况的线性相位结构只需要将图 5-5 中的加法运算改为"—"即可。

【例 5-1】 已知 FIR 滤波器的单位冲激响应如下：

（1）$N=6$，$h(0)=h(5)=1$，$h(1)=h(4)=3$，$h(2)=h(3)=2$；

（2）$N=7$，$h(0)=-h(6)=2$，$h(1)=-h(5)=-1$，$h(2)=-h(4)=3$。

试画出它们的线性相位型结构。

【解】 （1）线性相位型结构图如图 5-6(a) 所示。由所给的 $h(n)$ 的值可知，$h(n)$ 满足 $h(n)=h(N-1-n)$。

（2）线性相位型结构图如图 5-6(b) 所示。由所给的 $h(n)$ 的值可知，$h(n)$ 满足 $h(n) = -h(N-1-n)$。

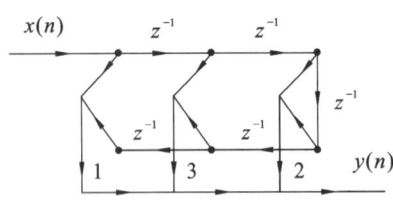

(a) N=6时FIR滤波器线性相位型结构

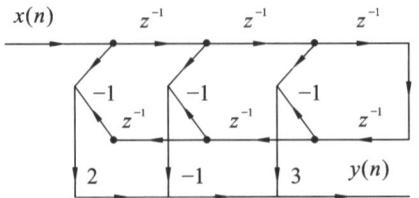

(b) N=7时FIR滤波器线性相位型结构

图 5-6   例 5-1 图

5.1.4   频率采样型

频率采样型结构的算法原理是用单位圆上的频率采样值来描述系统函数并构造出对应的结构。通过第 3 章的学习，我们知道一个 N 点的有限长序列 $h(n)$ 的 z 变换 $H(z)$ 可以用其离散傅里叶变换 $H(k)$ 唯一地表示，即

$$
\begin{aligned}
H(z) &= \sum_{n=0}^{N-1} h(n)z^{-n} = \sum_{n=0}^{N-1}\left(\frac{1}{N}\sum_{k=0}^{N-1}H(k)W_N^{-nk}\right)z^{-n}\\
&= \frac{1}{N}\sum_{k=0}^{N-1}H(k)\Big[\sum_{n=0}^{N-1}W_N^{-k}z^{-1}\Big]n \qquad\qquad (5\text{-}3)\\
&= \frac{1}{N}(1-z^{-N})\sum_{k=0}^{N-1}\frac{H(k)}{1-W_N^{-k}z^{-1}}
\end{aligned}
$$

式中，$H(k) = \sum_{n=0}^{N-1} h(n)W_N^{nk}$。

将式(5-3)分解成如下形式。

$$
H(z) = \frac{1}{N}H_1(z)H_2(z) \qquad\qquad (5\text{-}4)
$$

式中，$H_1(z) = 1-z^{-N}$；$H_2(z) = \sum_{k=0}^{N-1}\dfrac{H(k)}{1-W_N^{-k}z^{-1}}$。

式(5-4)提供了 FIR 滤波器的另一种结构，这种结构由两个子系统级联而构成。下面分别进行介绍。

（1）$H_1(z) = 1-z^{-N}$。

$H_1(z)$ 是一个有限长系统，由 N 个延迟单元组成，它在 z 平面单位圆上有 N 等分零点，即

$$
1-z^{-N} = 0
$$
$$
z_k = \mathrm{e}^{\mathrm{j}\frac{2\pi}{N}k} = W_N^{-k} \quad (0 \leqslant k \leqslant N-1)
$$

$H_1(z)$ 的频率特性为

$$
H_1(\mathrm{e}^{\mathrm{j}\omega}) = 1-\mathrm{e}^{-\mathrm{j}N\omega} = 2\mathrm{j}\mathrm{e}^{-\mathrm{j}\frac{N\omega}{2}}\sin\left(\frac{N\omega}{2}\right)
$$

其幅度特性为

$$
\left|H_1(\mathrm{e}^{\mathrm{j}\omega})\right| = \left|\sin\left(\frac{N\omega}{2}\right)\right|
$$

其子网络结构及幅度特性如图 5-7 所示。由于其幅度特线曲线就像梳头发的梳子一样，因此得名"梳状滤波器"。

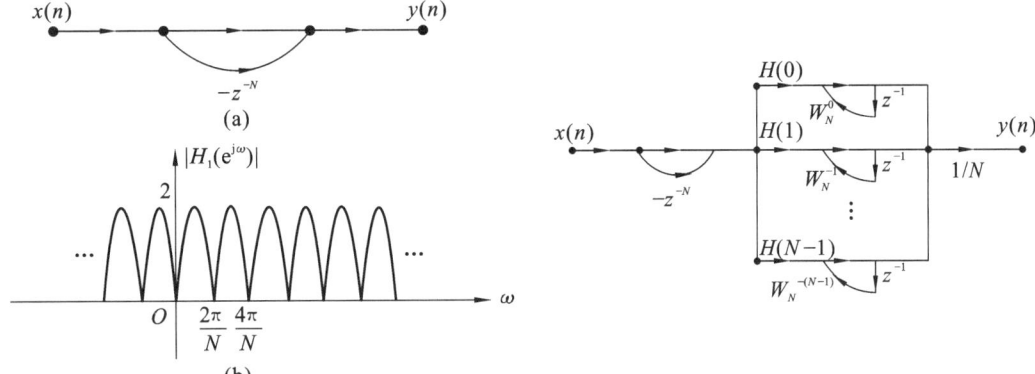

图 5-7　$H_1(z)$ 的结构及其幅度特性　　　　图 5-8　FIR 滤波器频率采样型结构

（2）$H_2(z) = \sum\limits_{k=0}^{N-1} \dfrac{H(k)}{1 - W_N^{-k} z^{-1}}$。

$H_2(z)$ 为一个无限长系统，是一组并联的一阶网络，其中每个一阶网络都是一个谐振器，它们在单位圆上各有一个极点 z_k，即

$$1 - W_N^{-k} z^{-1} = 0 \quad (k = 0, 1, \cdots, N-1)$$

$$z_k = W_N^{-k} = e^{j\frac{2\pi}{N}k}$$

因此，网络对于频率 $\omega = \dfrac{2k\pi}{N}$ 的响应为无穷大，它是一个谐振频率为 $\dfrac{2k\pi}{N}$ 的无耗谐振器。

把这两部分组合起来构成整个系统，其结构如图 5-8 所示。$H_1(z)$ 的零点为 $z_k = W_N^{-k}$，$H_2(z)$ 的极点为 $z_k = W_N^{-k}$，由此可见 $H_2(z)$ 的极点正好抵消 $H_1(z)$ 的零点，从而使系统在 $\omega = \dfrac{2k\pi}{N}$ 处的响应是 $H(k)$，因此可以直接控制滤波器的响应。这正是频率采样型结构的优点。

频率采样型结构的主要缺点如下。

（1）所有的系数 $H(k)$ 和 W_N^{-k} 都是复数，而复数相乘运算比较麻烦。

（2）所有谐振网络的极点都在单位圆上，如果滤波器的系数稍有误差，极点就可能移到单位圆外，因此系统不容易稳定。为了克服这一缺点，实际应用中只好把所有谐振器的极点设置在半径小于1，而又接近于1的圆周 r 上，为使零、极点相抵消，梳状滤波器的零点也相应移到半径为 r 的圆周上。因此，修正后系统函数为

$$H(z) = \frac{1}{N}(1 - r^N z^{-N}) \sum_{k=0}^{N-1} \frac{H_r(k)}{1 - r W_N^{-k} z^{-1}}$$

式中，$H_r(k)$ 为修正点上的采样值。

但因为 r 近似为 1，所以有

$$H_r(k) = H(z) \big|_{z = r W_N^{-k}} = H(r W_N^{-k}) \approx H(W_N^{-k}) = H(k)$$

因此　　　　　　　　$H(z) \approx \dfrac{1}{N}(1 - r^N z^{-N}) \sum\limits_{k=0}^{N-1} \dfrac{H_r(k)}{1 - r W_N^{-k} z^{-1}}$

一般来说，频率采样结构比较复杂，所需存储器、乘法器也比较多。但当滤波器的多数采样值 $H(k)$ 为零（如窄带低通或者窄带带通滤波器）时，那么频率采样型结构比直接型结构少用一些乘法器，但其存储器比直接型结构多一些，它的每个部分都具有很高的规范性，并

且二阶节很多时也并不复杂。

5.2 线性相位 FIR 滤波器的特性

FIR 数字滤波器,其单位冲激响应 $h(n)$,长度为 N,则相应的系统函数为

$$H(z) = \sum_{n=0}^{N-1} h(n) z^{-n}$$

该式表明 $H(z)$ 是一个关于 z^{-1} 的 $N-1$ 阶多项式,在 z 平面上有 $N-1$ 个零点,在原点处有 $N-1$ 个极点。显然,该系统稳定,而且只要对 z^{-1} 的系数 $h(n)$ 加一定约束,就可以使 $H(z)$ 具有线性相位特性。

5.2.1 线性相位条件

对于离散线性时不变系统,系统频率响应 $H(e^{j\omega})$ 可表示为

$$H(e^{j\omega}) = H(z)\big|_{z=e^{j\omega}} = \big| H(e^{j\omega}) \big| e^{j\Theta(H)} = \pm \big| H(e^{j\omega}) \big| e^{j\theta(\omega)} = H(\omega) e^{j\theta(\omega)}$$

式中,$\big| H(e^{j\omega}) \big|$ 称为滤波器的幅度响应;$\Theta(H)$ 称为滤波器的相位响应。幅度响应反映了滤波器对信号通过该滤波器后各频率成分衰减的强弱,而相位响应则反映各频率成分通过滤波器后在时间上的延时为多少。而 $H(\omega)$ 为可正、可负的实函数,称为幅度函数。$\theta(\omega)$ 称为相位函数。

滤波器具有线性相位是指相位函数 $\theta(\omega)$ 与频率 ω 呈线性关系,即满足

$$\theta(\omega) = -\tau\omega \quad \text{或} \quad \theta(\omega) = \beta - \tau\omega$$

其中,β、τ 都是常数。表示相位是通过坐标原点 $\omega=0$ 或通过 $\theta(0)=\beta$ 的斜线,二者的群延迟都是常数 $\tau = -\dfrac{\mathrm{d}\theta(\omega)}{\mathrm{d}\omega}$,即滤波器具有线性相位。

在 5.2.2 小节和 5.2.3 小节中将分别讨论有限长单位冲激响应 $h(n)$ 为实序列,并且介绍关于 $(N-1)/2$ 偶对称或奇对称两种情况的相位特性。

5.2.2 $h(n)$ 为偶对称情况

所谓偶对称,即有限长序列 $h(n)$ 满足以下条件。

$$h(n) = h(N-1-n) \tag{5-5}$$

此时,系统函数为

$$H(z) = \sum_{n=0}^{N-1} h(n) z^{-n} = \sum_{n=0}^{N-1} h(N-1-n) z^{-n}$$

令 $m = N-1-n$,则有

$$H(z) = \sum_{n=0}^{N-1} h(N-1-n) z^{-n} = \sum_{m=0}^{N-1} h(m) z^{-(N-1-m)}$$

$$= z^{-(N-1)} \sum_{m=0}^{N-1} h(m) z^{m} = z^{-(N-1)} H(z^{-1})$$

这样,$H(z)$ 可表示为

$$H(z) = \frac{1}{2}\big[H(z) + z^{-(N-1)} H(z^{-1}) \big] = \frac{1}{2} \sum_{n=0}^{N-1} h(n) \big[z^{-n} + z^{-(N-1)} z^{n} \big]$$

$$= z^{-\frac{N-1}{2}} \sum_{n=0}^{N-1} h(n) \left[\frac{1}{2} \big(z^{\frac{N-1}{2}-n} + z^{n-\frac{N-1}{2}} \big) \right]$$

因此，系统的频率响应 $H(e^{j\omega})$ 为

$$H(e^{j\omega}) = H(z)\big|_{z=e^{j\omega}} = e^{-j\frac{N-1}{2}\omega}\sum_{n=0}^{N-1}h(n)\cos\left[\left(n-\frac{N-1}{2}\right)\omega\right]$$

所以其幅度函数为

$$H(\omega) = \sum_{n=0}^{N-1}h(n)\cos\left[\left(n-\frac{N-1}{2}\right)\omega\right]$$

相位函数为

$$\theta(\omega) = -\frac{N-1}{2}\omega$$

群延时为

$$\tau = -\frac{d\theta(\omega)}{\omega} = \frac{N-1}{2}$$

图 5-9　$h(n)$ 偶对称时的线性相位特性

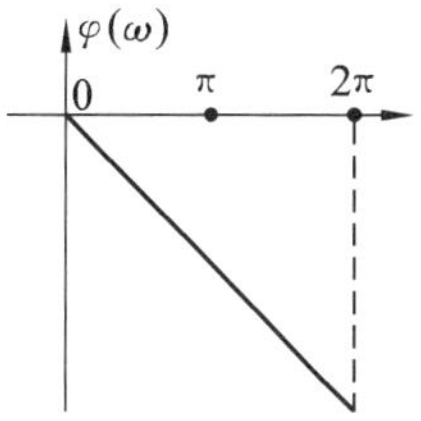

所以 FIR 数字滤波器具有线性相位特性，如图 5-9 所示。图 5-9 表明这种 FIR 滤波器有 $\frac{N-1}{2}$ 个采样周期的群延时，相当于单位冲激响应 $h(n)$ 长度的一半。图 5-10 和图 5-11 分别画出了 $h(n)$ 为偶对称情况下，N 分别为奇数和偶数的图形。

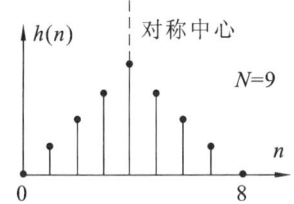

图 5-10　$h(n)$ 偶对称、N 为奇数

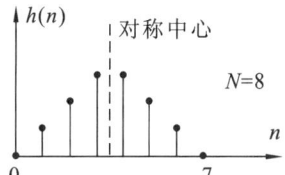

图 5-11　$h(n)$ 偶对称、N 为偶数

5.2.3　$h(n)$ 为奇对称的情况

所谓奇对称，即有限长序列 $h(n)$ 满足以下条件。

$$h(n) = -h(N-1-n) \tag{5-6}$$

此时，系统函数为

$$H(z) = \sum_{n=0}^{N-1}h(n)z^{-n} = -\sum_{n=0}^{N-1}h(N-1-n)z^{-n}$$

令 $m = N-1-n$，则有

$$\begin{aligned}H(z) &= -\sum_{n=0}^{N-1}h(N-1-n)z^{-n} = -\sum_{m=0}^{N-1}h(m)z^{-(N-1-m)} \\ &= -z^{-(N-1)}\sum_{m=0}^{N-1}h(m)z^{m} = -z^{-(N-1)}H(z^{-1})\end{aligned}$$

这样，$H(z)$ 可表示为

$$\begin{aligned}H(z) &= \frac{1}{2}[H(z) - z^{-(N-1)}H(z^{-1})] = \frac{1}{2}\sum_{n=0}^{N-1}h(n)[z^{-n} - z^{-(N-1)}z^{n}] \\ &= z^{-\frac{N-1}{2}}\sum_{n=0}^{N-1}h(n)\left[\frac{1}{2}(z^{\frac{N-1}{2}-n} - z^{n-\frac{N-1}{2}})\right]\end{aligned}$$

因此，系统的频率响应 $H(e^{j\omega})$ 为

$$H(e^{j\omega}) = H(z)\big|_{z=e^{j\omega}} = -je^{-j\frac{N-1}{2}\omega}\sum_{n=0}^{N-1}h(n)\sin\left[\left(n-\frac{N-1}{2}\right)\omega\right]$$

$$= -e^{-j\frac{N-1}{2}\omega+j\frac{\pi}{2}}\sum_{n=0}^{N-1}h(n)\sin\left[\left(n-\frac{N-1}{2}\right)\omega\right]$$

所以其幅度函数为

$$H(\omega) = -\sum_{n=0}^{N-1}h(n)\sin\left[\left(n-\frac{N-1}{2}\right)\omega\right] \tag{5-7}$$

相位函数为

$$\theta(\omega) = -\frac{N-1}{2}\omega+\frac{\pi}{2}$$

群延时为

$$\tau = -\frac{d\theta(\omega)}{d\omega} = \frac{N-1}{2}$$

所以 FIR 数字滤波器具有线性相位特性,如图 5-12 所示。图 5-11 表明这种 FIR 线性相位滤波器的相位函数同样是一条直线,但在零频处有一个 $\frac{\pi}{2}$ 的截距,说明此类滤波器不仅有 $\frac{N-1}{2}$ 个采样周期的群延时,而且所有通过的信号还将产生 $90°$ 相移。图 5-13 和图 5-14 分别画出了 $h(n)$ 为奇对称情况下,N 分别为奇数和偶数的图形。

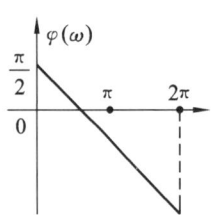 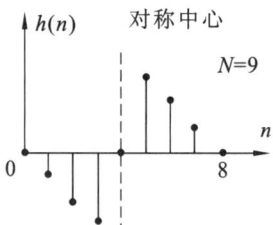 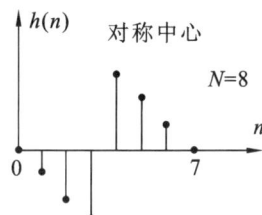

图 5-12 $h(n)$ 奇对称时的线性相位特性　**图 5-13** $h(n)$ 奇对称、N 为奇数　**图5-14** $h(n)$ 奇对称、N 为偶数

5.2.4 幅度函数的特点

下面分四种情况分别讨论幅度函数 $H(\omega)$ 的特点。

1. $h(n)$ 偶对称,N 为奇数(简称第一类)

由 $h(n)$ 为偶对称的幅度函数式为

$$H(\omega) = \sum_{n=0}^{N-1}h(n)\cos\left[\left(n-\frac{N-1}{2}\right)\omega\right]$$

可知,不仅 $h(n)$ 对 $(N-1)/2$ 偶对称,满足 $h(n) = h(N-1-n)$,而且 $\cos\left[\left(n-\frac{N-1}{2}\right)\omega\right]$ 也对 $(N-1)/2$ 偶对称,满足

$$\cos\left[\left(n-\frac{N-1}{2}\right)\omega\right] = \cos\left\{\left[\frac{N-1}{2}-(N-1-n)\right]\omega\right\} = \cos\left[\left(\frac{N-1}{2}-n\right)\omega\right]$$

于是,$H(\omega)$ 中第 n 项与第 $(N-1-n)$ 项相等,可以进行合并,则

$$H(\omega) = h\left(\frac{N-1}{2}\right)+\sum_{n=0}^{(N-3)/2}2h(n)\cos\left[\left(\frac{N-1}{2}-n\right)\omega\right]$$

令 $\dfrac{N-1}{2}-n=m$，则

$$H(\omega)=h\left(\frac{N-1}{2}\right)+\sum_{m=1}^{(N-1)/2}2h\left(\frac{N-1}{2}-m\right)\cos(m\omega)$$

$$=\sum_{m=0}^{(N-1)/2}a(m)\cos(m\omega)$$

(5-8)

式中：

$$a(0)=h\left(\frac{N-1}{2}\right)$$

$$a(m)=2h\left(\frac{N-1}{2}-m\right)\quad\left(m=1,2,\cdots,\frac{N-1}{2}\right)$$

因此可以看出，当 $h(n)$ 偶对称，N 为奇数时，由于 $\cos(m\omega)$ 对于 $\omega=0,\pi,2\pi$ 呈偶对称，所以其幅度函数 $H(\omega)$ 对 $\omega=0,\pi,2\pi$ 也呈偶对称。

2. $h(n)$ 偶对称，N 为偶数（简称第二类）

与第一类情况相似，由于 N 为偶数，差别仅在于式(5-8)没有中间项，即

$$H(\omega)=\sum_{n=0}^{\frac{N}{2}-1}2h(n)\cos\left[\left(\frac{N-1}{2}-n\right)\omega\right]$$

令 $\dfrac{N}{2}-n=m$，则

$$H(\omega)=\sum_{m=1}^{\frac{N}{2}}2h\left(\frac{N}{2}-m\right)\cos\left[\left(m-\frac{1}{2}\right)\omega\right]$$

$$=\sum_{m=1}^{\frac{N}{2}}b(m)\cos\left[\left(m-\frac{1}{2}\right)\omega\right]$$

式中：

$$b(m)=2h\left(\frac{N}{2}-m\right)\quad\left(m=1,2,\cdots,\frac{N}{2}\right)$$

因此可以看出，$h(n)$ 偶对称，N 为偶数时，有以下特性。

（1）当 $\omega=\pi$ 时，$H(\pi)=0$，所以 $H(z)$ 在 $z=-1$ 处必然有一个零点。

（2）由于 $\cos\left[\left(m-\dfrac{1}{2}\right)\omega\right]$ 对于 $\omega=\pi$ 奇对称，所以其幅度函数对 $\omega=\pi$ 奇对称，对 $\omega=0,2\pi$ 呈偶对称。

3. $h(n)$ 奇对称，N 为奇数（简称第三类）

由式(5-7)，$h(n)$ 奇对称的幅度函数为

$$H(\omega)=-\sum_{n=0}^{N-1}h(n)\sin\left[\left(n-\frac{N-1}{2}\right)\omega\right]$$

因为

$$h(n)=-h(N-1-n)$$

则

$$h\left(\frac{N-1}{2}\right)=-h\left(N-1-\frac{N-1}{2}\right)=-h\left(\frac{N-1}{2}\right)$$

所以

$$h\left(\frac{N-1}{2}\right)=0$$

由幅度函数可以看出，不仅 $h(n)$ 对 $\dfrac{N-1}{2}$ 奇对称，满足 $h(n)=-h(N-1-n)$，而且 $\sin\left[\left(n-\dfrac{N-1}{2}\right)\omega\right]$ 也对 $\dfrac{N-1}{2}$ 奇对称，满足

$$\sin\left[\left(n-\frac{N-1}{2}\right)\omega\right]=\sin\left[\left(\frac{N-1}{2}-(N-1-n)\right)\omega\right]=-\sin\left[\left(\frac{N-1}{2}-n\right)\omega\right]$$

所以，将 $H(\omega)$ 中的第 n 项与第 $(N-1-n)$ 项进行合并，可得

$$H(\omega)=\sum_{n=0}^{(N-3)/2}2h(n)\sin\left[\left(\frac{N-1}{2}-n\right)\omega\right]$$

令 $\dfrac{N-1}{2}-n=m$，则

$$H(\omega)=\sum_{m=1}^{(N-1)/2}2h\left(\frac{N-1}{2}-m\right)\sin(m\omega)$$

$$=\sum_{m=1}^{(N-1)/2}c(m)\sin(m\omega)$$

式中： $\qquad c(m)=2h\left(\dfrac{N-1}{2}-m\right) \quad \left(m=1,2,\cdots,\dfrac{N-1}{2}\right)$

因此可以看出，当 $h(n)$ 奇对称，N 为奇数时，幅度函数 $H(\omega)$ 具有以下特性。

(1) 由于 $\sin(\omega m)$ 在 $\omega=0,\pi,2\pi$ 处都为零，因此 $H(\omega)$ 在 $\omega=0,\pi,2\pi$ 处也都为零，即 $H(z)$ 在 $z=\pm 1$ 处都为零点。

(2) 由于 $\sin(\omega m)$ 对 $\omega=0,\pi,2\pi$ 为奇对称，故 $H(\omega)$ 对 $\omega=0,\pi,2\pi$ 也为奇对称。

4. $h(n)$ 奇对称，N 为偶数（简称第四类）

与第三类情况相似，但合并后有 $\dfrac{N}{2}$ 项，即

$$H(\omega)=\sum_{n=0}^{\frac{N}{2}-1}2h(n)\sin\left[\left(\frac{N-1}{2}-n\right)\omega\right]$$

令 $\dfrac{N}{2}-n=m$，则

$$H(\omega)=\sum_{m=1}^{\frac{N}{2}}2h\left(\frac{N}{2}-m\right)\sin\left[\left(m-\frac{1}{2}\right)\omega\right]$$

$$=\sum_{m=1}^{\frac{N}{2}}d(m)\sin\left[\left(m-\frac{1}{2}\right)\omega\right]$$

式中： $\qquad d(m)=2h\left(\dfrac{N}{2}-m\right)$

因此可以看出，当 $h(n)$ 奇对称，N 为偶数时，幅度函数 $H(\omega)$ 具有以下特性。

(1) 由于 $\sin\left[\left(m-\dfrac{1}{2}\right)\omega\right]$ 在 $\omega=0,2\pi$ 处为零，所以 $H(\omega)$ 在 $\omega=0,2\pi$ 处也为零，即 $H(z)$ 在 $z=1$ 处必然为零点。

(2) 由于 $\sin\left[\left(m-\dfrac{1}{2}\right)\omega\right]$ 对于 $\omega=0,2\pi$ 奇对称，对 $\omega=\pi$ 偶对称，所以其幅度函数 $H(\omega)$ 对 $\omega=0,2\pi$ 也呈奇对称，对 $\omega=\pi$ 也呈偶对称。

【例 5-2】 设某 FIR 数字滤波器的系统函数 $H(z)=1+2z^{-1}+4z^{-2}+2z^{-3}+z^{-4}$，试求 $h(n)$ 的表达式，$H(\mathrm{e}^{\mathrm{j}\omega})$ 的幅度函数和相位函数的表达式。

【解】 $h(n)=Z^{-1}[H(z)]=\delta(n)+2\delta(n-1)+4\delta(n-2)+2\delta(n-3)+\delta(n-4)$

可见 $h(n)$ 偶对称，$N=5$ 为奇数，所以为第一类线性相位型 FIR 数字滤波器。

幅度函数为 $\qquad\qquad H(\omega)=\sum_{m=0}^{2}a(m)\cos(m\omega)$

$$a(0) = h\left(\frac{N-1}{2}\right) = h(2) = 4$$

$$a(1) = 2h\left(\frac{N-1}{2} - m\right) = 2h(1) = 4$$

$$a(2) = 2h\left(\frac{N-1}{2} - m\right) = 2h(0) = 2$$

所以　　　　　　　　$H(\omega) = 4 + 4\cos(\omega) + 2\cos(2\omega)$

相位函数为　　　　　　$\theta(\omega) = -\frac{N-1}{2}\omega = -2\omega$

读者也可以根据 $H(e^{j\omega}) = H(z)|_{z=e^{j\omega}}$ 得到相同的结论,在此不再给出详细的过程。

5.2.5　零点位置

下面将讨论线性相位型 FIR 滤波器零点位置。由式(5-5)和(5-6)可知线性相位的条件为

$$h(n) = \pm h(N-1-n)$$

因此线性相位 FIR 滤波器系统函数统一为

$$H(z) = \pm z^{-(N-1)} H(z^{-1}) \tag{5-9}$$

由式(5-9)可得出以下结论。

(1) 若 $z = z_i$ 是 $H(z)$ 的零点,即 $H(z_i) = 0$,$H(z_i) = \pm z_i^{-(N-1)} H(z_i^{-1}) = 0$,因此 $z = \frac{1}{z_i} = z_i^{-1}$ 也是 $H(z)$ 的零点。

(2) 由于 $h(n)$ 是实数,故 $H(z)$ 的零点必然是以共轭对存在的,因此 $z = z_i^*$ 及 $z = (z_i^{-1})^* = \frac{1}{z_i^*}$ 也一定是 $H(z)$ 的零点。

综合(1)和(2)两点,可知线性相位型 FIR 数字滤波器的零点必是互为倒数的共轭对,或者说是共轭镜像的。因此零点位置具有以下四种情况。

(1) z_i 为既不在实轴上,又不在单位圆上的复零点,则必然为互为倒数的两组共轭对。如图 5-15 中的 z_1 所示。

(2) z_i 既在实轴上,又在单位圆上,这时零点只有两种可能的情况,即 $z_i = 1$ 或 $z_i = -1$,如图 5-15 中的 z_2 和 z_3 所示。

(3) z_i 在单位圆上,但不在实轴上,此时共轭对的倒数就是其自身,如图 5-15 中的 z_4 所示。

(4) z_i 不在单位圆上,但在实轴上,此时零点是实数,它没有复共轭部分,只有倒数 $z = z_i^{-1}$,倒数也在实轴上。如图 5-15 中的 z_5 所示。

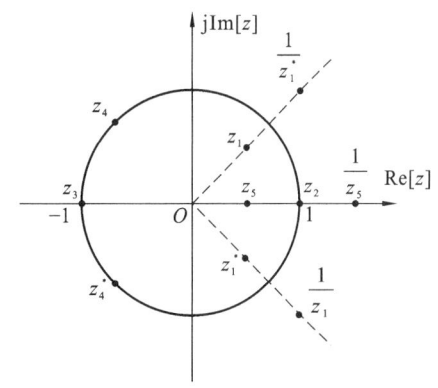

图 5-15　线性相位型 FIR 滤波器的零点位置

结合幅度函数的特性可知,对于 $h(n)$ 偶对称、N 为偶数的第二类线性相位型滤波器,$H(\pi) = 0$,有单根 $z = -1$,即包含图 5-15 中 z_3 所示的零点;当 $h(n)$ 奇对称、N 为偶数的第四类线性相位滤波器,$H(0) = 0$,有单根 $z = 1$,即包含图 5-15 中 z_2 所示的零点;对于 $h(n)$ 奇对称、N 为奇数的第三类线性相位滤波器,$H(0) = H(\pi) = 0$,在 $z = 1$ 和 $z = -1$ 处均有零点,同时包含图 5-15 中的 z_2 和 z_3 所示的零点。

【例5-3】 已知线性相位 FIR 滤波器的部分零点为 $z_1 = 2, z_2 = \mathrm{j}0.5, z_3 = \mathrm{j}$。

(1) 试确定该滤波器的其他零点。

(2) 设 $h(0) = 1$，求该滤波器的系统函数 $H(z)$。

【解】 (1) 根据 FIR 滤波器的零点复数共轭成对分布，可得

$$z_4 = z_2^* = -\mathrm{j}0.5, \quad z_5 = z_3^* = -\mathrm{j}$$

并且每个零点的倒数也为零点，可得

$$z_6 = \frac{1}{z_1} = \frac{1}{2}, z_7 = \frac{1}{z_2} = -\mathrm{j}2, z_8 = \frac{1}{z_3} = -\mathrm{j} = z_5, z_9 = \frac{1}{z_4} = \mathrm{j}2, z_{10} = \frac{1}{z_5} = \mathrm{j} = z_3$$

而实际有 8 个零点，分别为 $2, 0.5, \pm\mathrm{j}0.5, \pm\mathrm{j}, \pm\mathrm{j}2$。

(2) 设系统函数 $H(z)$ 为 $H(z) = A\prod_{K=1}^{8}(1 - z^{-1}z_k)$，由 $h(0) = 1$ 可得 $A = 1$。所以

$$H(z) = 1 - 2.5z^{-1} + 6.25z^{-2} + 13.15z^{-3} + 10.5z^{-4} + 13.15z^{-5} + 6.25z^{-6} - 2.5z^{-7} + z^{-8}$$

5.3 窗函数设计法

FIR 滤波器的设计方法以直接逼近离散时间滤波器的频率响应为基础，有窗函数法、频率采样法和最佳逼近设计等方法，本节讨论最简单的窗函数法，下节讨论频率采样设计方法。由于 FIR 数字滤波器很容易设计成广义线性相位型，所以本处只讨论广义线性相位型 FIR 滤波器的设计。

5.3.1 设计思路

窗函数法的设计思路是先给定所要求的理想滤波器的频率响应 $H_\mathrm{d}(\mathrm{e}^{\mathrm{j}\omega})$，设计一个 FIR 滤波器的频率响应 $H(\mathrm{e}^{\mathrm{j}\omega}) = \sum_{n=0}^{N-1} h(n)\mathrm{e}^{-\mathrm{j}\omega n}$ 去逼近 $H_\mathrm{d}(\mathrm{e}^{\mathrm{j}\omega})$。由于窗函数法设计 FIR 滤波器是在时域进行的，因此必须先由理想频率响应 $H_\mathrm{d}(\mathrm{e}^{\mathrm{j}\omega})$ 的傅里叶反变换，得到单位冲激响应 $h_\mathrm{d}(n)$。

$$h_\mathrm{d}(n) = \frac{1}{2\pi}\int_{-\pi}^{\pi} H_\mathrm{d}(\mathrm{e}^{\mathrm{j}\omega})\mathrm{e}^{\mathrm{j}\omega n}\,\mathrm{d}\omega$$

由于许多理想化的系统均用分段恒定的或分段函数表示的频率响应来定义，因此 $h_\mathrm{d}(n)$ 一定是无限长的序列，并且是非因果的。而要设计的 FIR 滤波器，其 $h(n)$ 必定是有限长的，所以要用有限长的 $h(n)$ 来逼近无限长的 $h_\mathrm{d}(n)$，最简单的方法就是加窗截取 $h_\mathrm{d}(n)$ 为有限长，即

$$h_N(n) = h_\mathrm{d}(n)\omega(n)$$

因而窗函数序列的形状及长度的选择很关键。

以一个截止频率为 ω_c 的线性相位的理想低通滤波器为例，设低通滤波器的群延时为 α，即

$$H_\mathrm{d}(\mathrm{e}^{\mathrm{j}\omega}) = \begin{cases} \mathrm{e}^{-\mathrm{j}\omega\alpha}, & -\omega_\mathrm{c} \leqslant \omega \leqslant \omega_\mathrm{c} \\ 0, & \omega_\mathrm{c} < \omega \leqslant \pi, -\pi \leqslant \omega < \omega_\mathrm{c} \end{cases}$$

具体的设计步骤如下。

(1) 进行傅里叶反变换，求得单位冲激响应如下。

$$\begin{aligned} h_\mathrm{d}(n) &= \frac{1}{2\pi}\int_{-\pi}^{\pi} H_\mathrm{d}(\mathrm{e}^{\mathrm{j}\omega})\mathrm{e}^{\mathrm{j}\omega n}\,\mathrm{d}\omega \\ &= \frac{1}{2\pi}\int_{-\omega_\mathrm{c}}^{\omega_\mathrm{c}} \mathrm{e}^{-\mathrm{j}\omega\alpha}\mathrm{e}^{\mathrm{j}\omega n}\,\mathrm{d}\omega = \frac{\omega_\mathrm{c}}{\pi}\frac{\sin[\omega_\mathrm{c}(n-\alpha)]}{\omega_\mathrm{c}(n-\alpha)} \end{aligned}$$

（2）加窗截取。

$h_d(n)$ 是一个相对于 $n = \alpha$ 偶对称的无限长双边序列，要得到有限长的单位冲激响应 $h(n)$，最简单的方法是加矩形窗进行截取，即

$$\omega(n) = \begin{cases} 1, & 0 \leqslant \omega \leqslant N-1 \\ 0, & \text{其他} \end{cases}$$

按照线性相位滤波器的约束，$h(n)$ 必须是偶对称的，对称中心应该为长度的一半 $\dfrac{N-1}{2}$，因而必须有 $\alpha = \dfrac{N-1}{2}$，所以

$$h(n) = h_d(n)\omega(n) = \frac{\omega_c}{\pi}\frac{\sin\left[\omega_c\left(n - \dfrac{N-1}{2}\right)\right]}{\omega_c\left(n - \dfrac{N-1}{2}\right)} \quad (n = 0, \cdots, N-1)$$

此时，一定满足 $h(n) = h(N-1-n)$ 这一线性相位条件。

（3）加窗的影响。

按照复卷积公式，在时域相乘，对应频域上是周期性卷积关系，即

$$H(e^{j\omega}) = \frac{1}{2\pi}\int_{-\pi}^{\pi} H_d(e^{j\theta})W(e^{j(\omega-\theta)})d\theta \tag{5-10}$$

因此 $H(e^{j\omega})$ 逼近 $H_d(e^{j\omega})$ 的好坏，完全取决于窗函数的频率特性 $W(e^{j\omega})$。

矩形窗函数的频率特性 $W(e^{j\omega})$ 为

$$W(e^{j\omega}) = \sum_{n=0}^{N-1} e^{-j\omega n} = \frac{1-e^{-j\omega N}}{1-e^{-j\omega}} = e^{-j\left(\frac{N-1}{2}\right)\omega}\frac{\sin(\omega N/2)}{\omega/2}$$

表示成幅度函数与相位函数的形式为

$$W(e^{j\omega}) = W(\omega)e^{-j\left(\frac{N-1}{2}\right)\omega}$$

$$W(\omega) = \frac{\sin(\omega N/2)}{\omega/2}$$

若将理想滤波器的频率响应也写成如下形式。

$$H_d(e^{j\omega}) = H_d(\omega)e^{-j\left(\frac{N-1}{2}\right)\omega}$$

$$H_d(\omega) = \begin{cases} 1, & |\omega| \leqslant \omega_c \\ 0, & \omega_c < |\omega| \leqslant \pi \end{cases}$$

因此，由式（5-10）可得

$$H(e^{j\omega}) = \frac{1}{2\pi}\int_{-\pi}^{\pi} H_d(\theta)e^{-j\left(\frac{N-1}{2}\right)\theta}W(\omega-\theta)e^{-j\left(\frac{N-1}{2}\right)(\omega-\theta)}d\theta$$

$$= e^{-j\left(\frac{N-1}{2}\right)\omega}\frac{1}{2\pi}\int_{-\pi}^{\pi} H_d(\theta)W(\omega-\theta)d\theta$$

显然，这个频率响应也是线性相位的。同样令

$$H(e^{j\omega}) = H(\omega)e^{-j\left(\frac{N-1}{2}\right)\omega}$$

则实际求得的 FIR 数字滤波器的幅度函数 $H(\omega)$ 为

$$H(\omega) = \frac{1}{2\pi}\int_{-\pi}^{\pi} H_d(\theta)W(\omega-\theta)d\theta \tag{5-11}$$

下面结合几个关键点，根据式（5-11），说明卷积过程。

（1）当 $\omega = 0$ 时，响应为 $H(0)$，由式（5-11）可知，$H(0)$ 是图 5-16 中（a）与（b）两个函数乘积的积分，即 $W(\theta)$ 在 $\theta = -\omega_c$ 到 $\theta = \omega_c$ 一段内的积分面积。通常 $\omega_c \gg 2\pi/N$，所以 $H(0)$ 实际上近似等于 $W(\theta)$ 在 θ 从 $-\pi \sim \pi$ 的全部积分面积。下面将用 $H(0)$ 进行归一化。

（2）当 $\omega = \omega_c$ 时，$H_d(\theta)$ 刚好与 $W(\omega-\theta)$ 的一半重叠，如图 5-16 中（c）所示，因此卷积

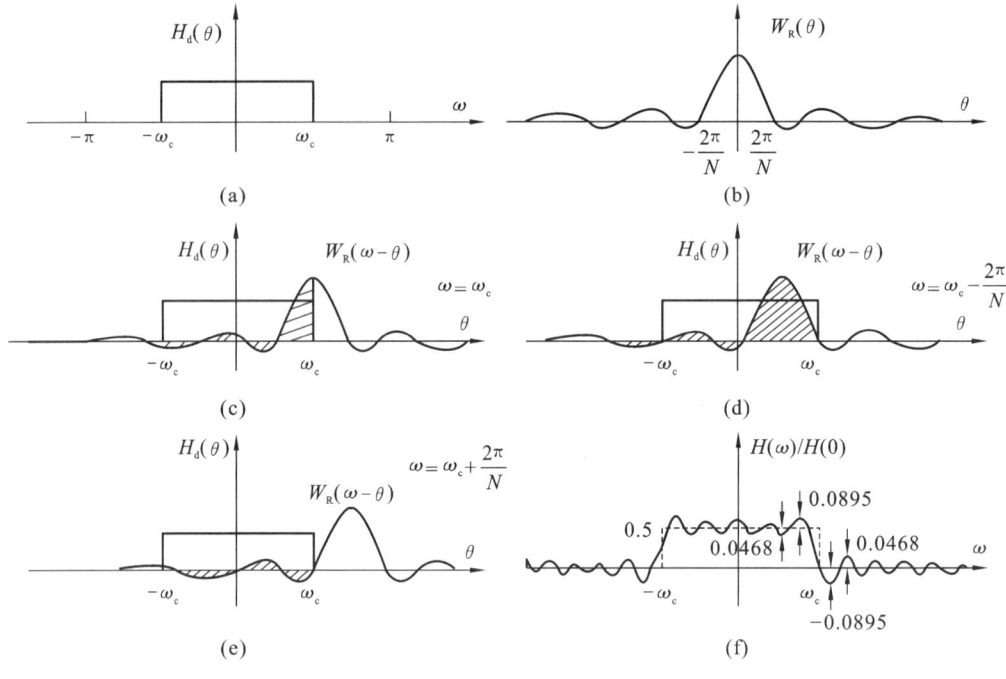

图 5-16　窗函数法的频域卷积

值刚好是 $H(0)$ 的一半,即 $\dfrac{H(\omega_{\mathrm{c}})}{H(0)} = 0.5$,如图 5-16 中(f)所示。

（3）当 $\omega = \omega_{\mathrm{c}} - 2\pi/N$ 时,$W(\omega-\theta)$ 的全部主瓣都在 $H_{\mathrm{d}}(\theta)$ 的通带内,因此卷积得到最大值,即 $H(\omega - 2\pi/N)$ 为最大值,频率响应出现正肩峰,如图 5-16 中(d)所示。

（4）当 $\omega = \omega_{\mathrm{c}} + 2\pi/N$ 时,$W(\omega-\theta)$ 的全部主瓣都在 $H_{\mathrm{d}}(\theta)$ 的通带之外,通带内旁瓣负面积大于正面积,因此卷积得到最小值,即 $H(\omega + 2\pi/N)$ 为最小值,频率响应出现负肩峰,如图 5-16 中(e)所示。

（5）当 $\omega > \omega_{\mathrm{c}} + 2\pi/N$ 时,随着 ω 的继续增大,卷积值将随着 $W(\omega-\theta)$ 的旁瓣在 $H_{\mathrm{d}}(\theta)$ 的通带内面积的变化而变化,$H(\omega)$ 将围绕着零值波动。

（6）当 $-\omega_{\mathrm{c}} + 2\pi/N < \omega < \omega_{\mathrm{c}} - 2\pi/N$,$W(\omega-\theta)$ 主瓣和左、右旁瓣扫过 $H_{\mathrm{d}}(\theta)$ 通带,所以 $H(\omega)$ 在 1 附近上下波动。

由以上分析,最终可得到如图 5-16 中(f)所示的 FIR 滤波器的幅度特性 $H(\omega)$。

综上所述,加窗函数处理后,对理想频率响应产生了以下几点影响。

（1）$H(\omega)$ 将 $H_{\mathrm{d}}(\omega)$ 在截止频率处的间断点变成了连续曲线,使理想频率特性在不连续点处边沿加宽,形成一个过渡带,过渡带的宽度等于窗的频率响应 $W(\omega)$ 的主瓣宽度 $\Delta\omega = 4\pi/N$,即正肩峰与负肩峰的间隔为 $4\pi/N$。窗函数的主瓣越宽,过渡带也越宽。

（2）在截止频率 ω_{c} 的两边,即 $\omega = \omega_{\mathrm{c}} \pm 2\pi/N$ 的地方,$H(\omega)$ 出现最大的肩峰值,肩峰的两侧形成起伏振荡,其振荡幅度取决于旁瓣的相对幅度,而振荡的多少则取决于旁瓣的多少。

（3）改变 N,只能改变频谱函数的主瓣宽度,改变 ω 的坐标比例以及改变 $W(\omega)$ 的绝对值大小。例如,矩形窗情况下,有

$$W(\omega) = \frac{\sin(\omega N/2)}{\sin(\omega/2)} \approx \frac{\sin(\omega N/2)}{\omega/2} = N\frac{\sin x}{x}$$

式中,$x = \omega N/2$。

当截取长度 N 增加时,只会减小过渡带宽度($4\pi/N$),但不能改变主瓣与旁瓣幅值的相

对比例;同样,也不会改变肩峰的相对值。这个相对比例是由窗函数的形状决定的,与 N 无关。换句话说,增加截取窗函数的长度 N 只能相应地减少过渡带,而不能改变肩峰值。由于肩峰值的大小直接影响通带特性和阻带衰减,所以对滤波器的性能影响较大。例如,在矩形窗情况下,最大相对肩峰值为 8.95%,N 增加时,$2\pi/N$ 减小,起伏振荡变密,最大相对肩峰值则总是 8.95%,这种现象称为吉布斯效应。

5.3.2 各种窗函数

对窗函数一般有以下两个方面的要求。

(1)窗谱主瓣应尽可能窄,以使设计出的滤波器具有较陡的过渡带。

(2)尽量减少窗谱的最大旁瓣的相对幅度,也就是使能量尽量集中于主瓣,使设计出的滤波器肩峰和波纹减小,阻带衰减增大。

但是这两方面要求是相互矛盾的,当选用主瓣宽度较窄时,虽然得到较陡的过渡带,但通带和阻带的波动明显增加;当选用较小的旁瓣幅度时,虽然能得到平坦的幅度响应和较小的阻带波纹,但过渡带加宽,即主瓣会加宽。因此,只能根据具体的设计指标选择一种较为合适的窗函数。现将几种常用的窗函数介绍如下。

1. 矩形窗

矩形窗的窗函数为

$$\omega_{R}(n) = \begin{cases} 1, & 0 \leqslant n \leqslant N-1 \\ 0, & 其他 \end{cases}$$

窗函数的幅度函数为

$$W_{R}(\omega) = \frac{\sin(\omega N/2)}{\sin(\omega/2)}$$

主瓣宽度为 $4\pi/N$,形成较大旁瓣。矩形窗函数的时域和频域特性如图 5-17 所示。

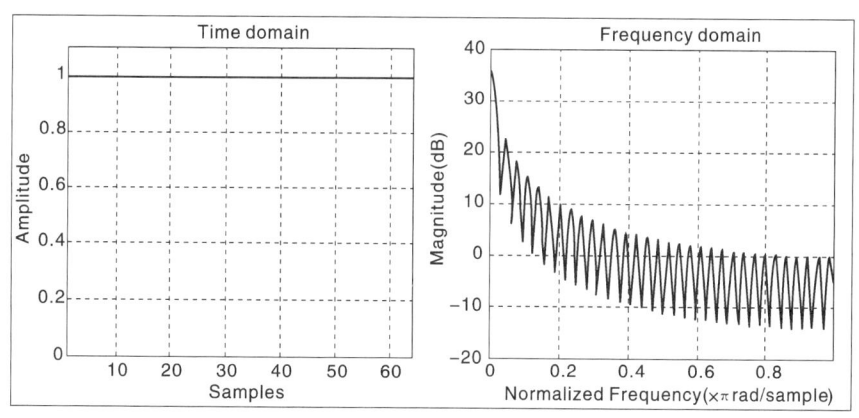

图 5-17 矩形窗函数的时、频域表示

2. 三角形窗

三角形窗又称巴特利特(Bartlett)窗,其函数为

$$\omega(n) = \begin{cases} \dfrac{2n}{N-1}, & 0 \leqslant n \leqslant \dfrac{N-1}{2} \\ 2 - \dfrac{2n}{N-1}, & \dfrac{N-1}{2} < n \leqslant N-1 \end{cases}$$

三角形窗的幅度函数为

$$W(\omega) = \frac{2}{N-1}\left\{\frac{\sin\left[\left(\dfrac{N-1}{4}\right)\omega\right]}{\sin(\omega/2)}\right\}^2 \approx \frac{2}{N}\left(\frac{\sin(N\omega/4)}{\sin(\omega/2)}\right)^2$$

近似结果在 $N \gg 1$ 时成立。此时,主瓣宽度为 $8\pi/N$,比矩形窗主瓣的宽度增加一倍,但旁瓣却小得多。三角窗函数的时域和频域特性如图 5-18 所示。

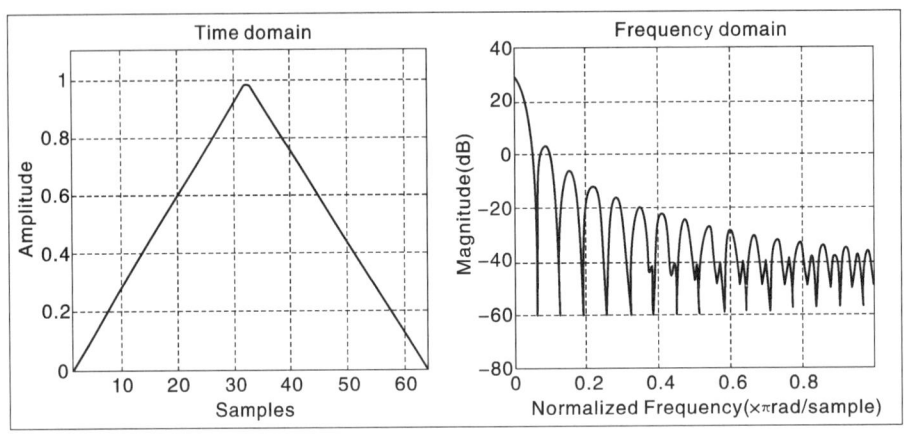

图 5-18 Bartlett 函数的时、频域表示

3. 汉宁窗

汉宁(Hanning)窗又称升余弦窗,其函数为

$$\omega(n) = \begin{cases} \dfrac{1}{2}\left[1 - \cos\left(\dfrac{2\pi n}{N-1}\right)\right], & 0 \leqslant n \leqslant N-1 \\ 0, & \text{其他} \end{cases}$$

汉宁窗频谱的幅度函数为

$$W(\omega) = 0.5W_R(\omega) + 0.25\left[W_R\left(\omega - \frac{2\pi}{N-1}\right) + W_R\left(\omega + \frac{2\pi}{N-1}\right)\right]$$

当 $N \gg 1$ 时,$2\pi/(N-1) \approx 2\pi/N$,则幅度函数近似为

$$W(\omega) = 0.5W_R(\omega) + 0.25\left[W_R\left(\omega - \frac{2\pi}{N}\right) + W_R\left(\omega + \frac{2\pi}{N}\right)\right]$$

其中,$W_R(\omega)$ 是矩形窗的幅度函数,式(5-11)的三部分相加,使得旁瓣大大抵消,使其主瓣宽度为 $8\pi/N$,比矩形窗宽一倍。汉宁窗函数的时域和频域特性如图 5-19 所示。

4. 汉明窗

对汉宁窗函数进行改进,可以得到旁瓣更小的效果,称为汉明(Hamming)窗,又称为改进的升余弦窗,其函数形式如下。

$$\omega(n) = \begin{cases} \left[0.54 - 0.46\cos\left(\dfrac{2\pi n}{N-1}\right)\right], & 0 \leqslant n \leqslant N-1 \\ 0, & \text{其他} \end{cases}$$

汉明窗频率响应的幅度函数为

$$W(\omega) = 0.54W_R(\omega) + 0.23\left[W_R\left(\omega - \frac{2\pi}{N-1}\right) + W_R\left(\omega + \frac{2\pi}{N-1}\right)\right]$$

当 $N \gg 1$ 时,$2\pi/(N-1) \approx 2\pi/N$,则幅度函数近似为

$$W(\omega) \approx 0.54W_R(\omega) + 0.23\left[W_R\left(\omega - \frac{2\pi}{N}\right) + W_R\left(\omega + \frac{2\pi}{N}\right)\right]$$

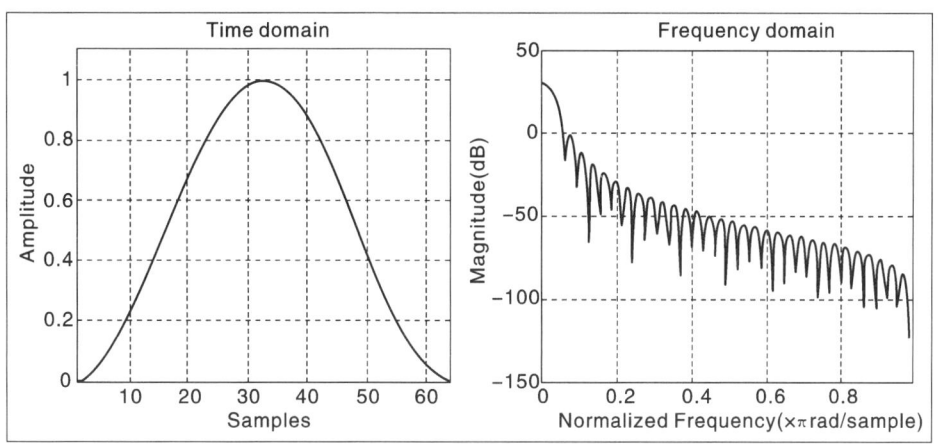

图 5-19　Hanning 函数的时、频域表示

与汉宁窗相比,主瓣宽度相同,为 $8\pi/N$,但旁瓣又被进一步压低,结果可将 99.963% 的能量集中在窗谱的主瓣内,它的最大旁瓣值比主瓣值约低 41dB。汉明窗函数的时域和频域特性如图 5-20 所示。

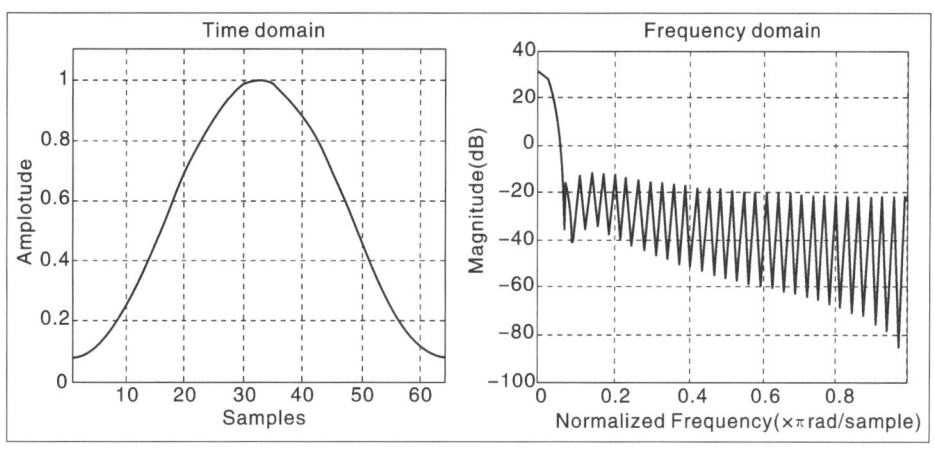

图 5-20　Hamming 函数的时、频域表示

5. 布莱克曼窗

布莱克曼(Blackman)窗又称二阶升余弦窗,其函数为

$$\omega(n) = \begin{cases} 0.42 - 0.5\cos\dfrac{2\pi n}{N-1} + 0.08\cos\dfrac{4n\pi}{N-1}, & 0 \leqslant n \leqslant N-1 \\ 0, & \text{其他} \end{cases}$$

布莱克曼窗频率响应的幅度函数为

$$W_B(\omega) = 0.42 W_R(\omega) + 0.25\left[W_R\left(\omega - \frac{2\pi}{N-1}\right) + W_R\left(\omega + \frac{2\pi}{N-1}\right)\right]$$

$$+ 0.04\left[W_R\left(\omega - \frac{4\pi}{N-1}\right) + W_R\left(\omega + \frac{4\pi}{N-1}\right)\right]$$

该窗由于项数增加,旁瓣之间抵消作用增强,主瓣宽度为 $12\pi/N$。布莱克曼窗函数的时域和频域特性如图 5-21 所示。图 5-22 中对各种窗函数的时域特性进行了比较。

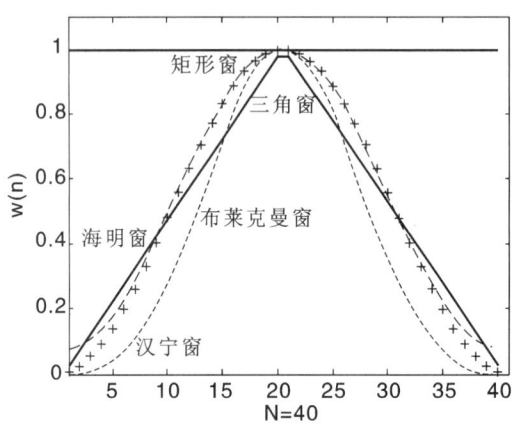

图 5-21　Blackman 函数的时、频域表示

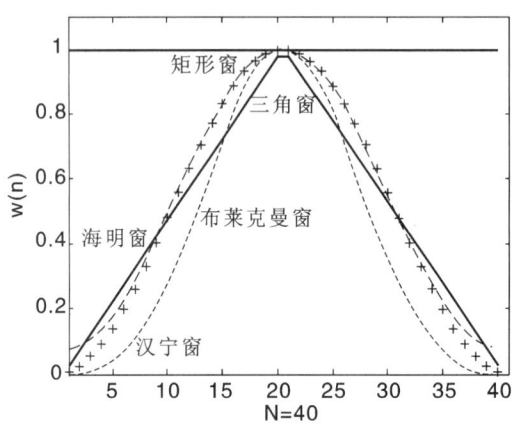

图 5-22　常用窗函数的时域波形比较

6. 凯泽窗

凯泽(Kaiser)窗是利用贝塞尔函数逼近得到的一个理想窗,其函数形式如下。

$$\omega_{\mathrm{K}}(n) = \frac{I_0\left(\beta\sqrt{1-\left[1-2n/(N-1)\right]^2}\right)}{I_0(\beta)}$$

式中,$I_0(x)$ 为零阶贝塞尔函数;β 为一个可以自由选择的参数,它可以调节主瓣与旁瓣的宽度。凯泽窗的时域和频域表示如图 5-23 所示,其主要特征如下。

(1) 当 $n = \dfrac{N-1}{2}$ 时,$\omega_{\mathrm{K}}\left(\dfrac{N-1}{2}\right) = \dfrac{I_0(\beta)}{I_0(\beta)} = 1$。

(2) 当 n 从 $\dfrac{N-1}{2}$ 向两边变化时,$\omega_{\mathrm{K}}(n)$ 逐步减小,参数 β 越大,$\omega_{\mathrm{K}}(n)$ 变化越快。

(3) 当 $n = 0$ 或 $n = N-1$ 时,$\omega_{\mathrm{K}}(0) = \omega_{\mathrm{K}}(N-1) = 1/I_0(\beta)$。参数 β 越大,其频谱的旁瓣越小,主瓣宽度也随之增加,因此 β 值可以在考虑主瓣与旁瓣的影响时进行选择。例如,当 $\beta = 0$ 时,凯泽窗相当于矩形窗;当 $\beta = 8.5$ 时,凯泽窗相当于布莱克曼窗;当 $\beta = 5.44$ 时,凯泽窗近似于汉明窗;β 取不同值时凯泽窗函数的曲线如图 5-24 所示。表 5-1 中给出了不同 β 值下凯泽窗的特性。

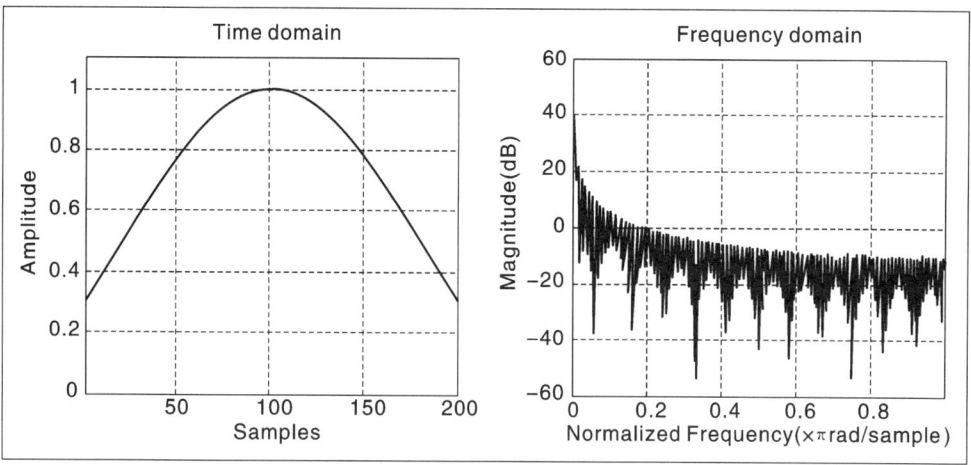

图 5-23 Kaiser 函数的时、频域表示

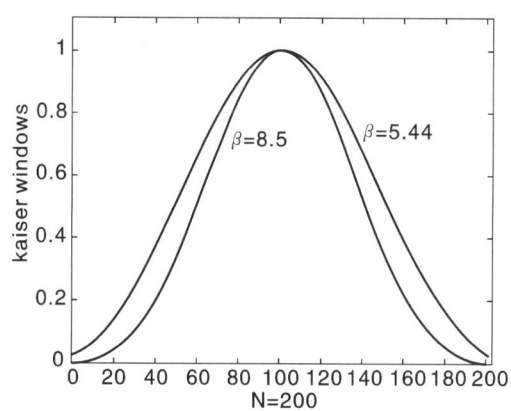

图 5-24 β 为不同值时的凯泽窗函数

表 5-1 不同 β 值下凯泽窗的特性

β	过渡带宽 $\Delta\omega$	阻带最小衰减 /dB
2.120	$3.00\pi/N$	-30
3.384	$4.46\pi/N$	-40
4.538	$5.86\pi/N$	-50
5.658	$7.24\pi/N$	-60
6.764	$8.64\pi/N$	-70
7.865	$10.00\pi/N$	-80
8.960	$11.4\pi/N$	-90
10.056	$12.8\pi/N$	-100

$I_0(x)$ 是第一类零阶贝塞尔函数,用下述快速收敛级数可以计算出任意所需要的精度

$$I_0(x) = 1 + \sum_{K=1}^{+\infty} \left[\frac{(x/2)^K}{K!} \right]^2$$

这个无穷级数可以用有限项去近似,项数决定于所需的精度。一般可取 15 ～ 25 项。

综合以上所述的六种窗函数,其主要性能如表 5-2 所示。

表 5-2 六种窗函数基本参数的比较

窗 函 数	窗谱特性指标		加窗后滤波器性能指标	
	旁瓣峰值衰减 /dB	主瓣宽度	阻带最小衰减 /dB	过渡带宽度 $\Delta\omega/(2\pi/N)$
矩形窗	-13	$4\pi/N$	-21	0.9
三角窗	-25	$8\pi/N$	-25	2.1
汉宁窗	-31	$8\pi/N$	-44	3.1
汉明窗	-41	$8\pi/N$	-53	3.3
布莱克曼窗	-57	$12\pi/N$	-74	5.5
凯泽窗($\beta=7.865$)	-57	$10\pi/N$	-80	5

【例 5-4】 对下列各低通滤波器指标,选择 FIR 窗的类型并确定满足要求所需的项数。

(1) 阻带衰减为 20dB、过渡带为 1kHz、采样频率为 12kHz。

(2) 阻带衰减为 40dB、过渡带为 2kHz、采样频率为 10kHz。

(3) 阻带衰减为 50dB、过渡带为 500Hz、采样频率为 5kHz。

(4) 通带增益为 20dB、阻带增益为 -50dB、通带截止频率为 5kHz、阻带截止频率为 6.5kHz、采样频率为 22kHz。

【解】 (1) 要求阻带衰减为 20dB,查表 5-2 可知矩形窗符合要求。由于采样频率 $f_s=$ 12kHz,所以滤波器的阻带截止频率为 $f_z=6$kHz,由题设可知过渡带 $\Delta f=1$kHz,因此通带截止频率为 $f_p=f_z-\Delta f=5$kHz,于是 $N=0.9(f_s/\Delta f)=0.9\times(12/1)=10.8$,取 $N=11$。

(2) 要求阻带衰减为 40dB,查表 5-2 可知汉宁窗符合要求。由于采样频率 $f_s=10$kHz,所以由题设可知过渡带 $\Delta f=2$kHz,于是 $N=3.1(f_s/\Delta f)=3.1\times(10/2)=15.5$,取 $N=16$。

(3) 要求阻带衰减为 50dB,查表 5-2 可知汉明窗符合要求。由于采样频率 $f_s=5$kHz,所以由题设可知过渡带 $\Delta f=500$ Hz,于是 $N=3.3(f_s/\Delta f)=3.3\times(5/0.5)=33$,取 $N=33$。

(4) 要求通带增益为 20dB、阻带增益为 -50dB,可得阻带衰减为 20dB$-(-50)$dB$=$ 70dB,查表 5-2 可知布莱克曼窗符合要求。由通带截止频率为 5kHz、阻带截止频率为 6.5kHz,可得过渡带 $\Delta f=(6.5-5)$kHz$=1.5$kHz。采样频率为 22kHz,于是 $N=$ $5.5(f_s/\Delta f)=5.5\times(22/1.5)=80.67$,取 $N=81$。

5.3.3 窗函数法的设计步骤

采用窗函数法设计 FIR 数字滤波器的步骤如下。

(1) 给定要求的频率响应函数 $H_d(e^{j\omega})$。

(2) 选择窗函数,根据所允许的过渡带宽 $\Delta\omega$,估计 $h(n)$ 序列长度,一般为
$$N=A/\Delta\omega$$
式中:A 为常数,依窗函数形状而定(参见表 5-2);$\Delta\omega$ 近似等于窗函数频谱 $W(e^{j\omega})$ 主瓣宽度。例如,矩形窗过渡带宽 $4\pi/N$,其 $h(n)$ 序列长度近似为 $N=4\pi/\Delta\omega$。

(3) 计算数字滤波器的单位冲激响应。
$$h_d(n)=\frac{1}{2\pi}\int_{-\pi}^{\pi}H_d(e^{j\omega})e^{j\omega n}d\omega$$

（4）用选择的窗函数对 $h_d(n)$ 进行加窗。

$$h(n) = h_d(n)\omega(n), \quad 0 \leqslant n \leqslant N-1$$

（5）由 $h(n)$ 计算滤波器的频率响应 $H(e^{j\omega})$，$H(e^{j\omega}) = \sum\limits_{n=0}^{N-1} h(n)e^{-j\omega n}$ 检查是否满足设计要求，如不满足则需要重新设计。

【例 5-5】 设计一个线性相位 FIR 数字低通滤波器，通带截止频率 $\Omega_p = 2\pi \times 1.5 \times 10^3$ rad/s，阻带起始频率 $\Omega_s = 2\pi \times 3 \times 10^3$ rad/s，阻带衰减不小于 50dB，采样频率 $f_c = 15\text{kHz}$。

【解】 （1）由模拟滤波器指标求数字滤波器指标。

通带截止频率： $\qquad \omega_p = \Omega_p T = \Omega_p / f_c = 0.2\pi$

阻带起始频率： $\qquad \omega_s = \Omega_s T = \Omega_s / f_c = 0.4\pi$

（2）确定理想线性相位数字低通滤波器的频率响应 $H_d(e^{j\omega})$。

$$H_d(e^{j\omega}) = \begin{cases} e^{-j\omega a}, & |\omega| \leqslant \omega_c \\ 0, & \omega_c < |\omega| \leqslant \pi \end{cases}$$

由希望低通滤波器的过渡带求理想低通滤波器的截止频率 Ω_c。由于 Ω_c 为两个肩峰值处的频率的中点，而 Ω_p 到 Ω_s 之间的过渡带宽并非两个肩峰间的频率差，因而可以采用以下近似方法来求出 Ω_c。

$$\Omega_c \approx \frac{1}{2}(\Omega_p + \Omega_s) = 2\pi \times 2.25 \times 10^3 \text{rad/s}$$

其对应的数字频率为 $\qquad \omega_c \approx \Omega_c / f_c = 0.3\pi$

因此，利用序列傅里叶逆变换，可求得理想低通滤波器的单位冲激响应如下。

$$h_d(n) = \frac{1}{2\pi} \int_{-\pi}^{\pi} H_d(e^{j\omega}) e^{j\omega n} d\omega = \frac{1}{2\pi} \int_{-\omega_c}^{\omega_c} e^{j\omega(n-a)} d\omega = \frac{\sin[\omega_c(n-\alpha)]}{\pi(n-\alpha)}$$

式中：α 为线性相位所必需的位移，并且需满足 $\alpha = \dfrac{N-1}{2}$。

（3）由阻带衰减 δ_s 来确定窗形状，由过渡带确定 N。

由于 $\delta_s = 50\text{dB}$，查表 5-2 可知汉明窗符合要求，其阻带最小衰减 53dB 满足要求。所要求的过渡带宽（数字频域）$\Delta\omega = \omega_s - \omega_p = 0.2\pi$，由于汉明窗过渡带宽满足 $\Delta\omega = \dfrac{6.6\pi}{N}$，所以

$$N = \frac{6.6\pi}{\Delta\omega} = \frac{6.6\pi}{0.2\pi} = 33$$

$$\alpha = \frac{N-1}{2} = 16$$

（4）已知汉明窗表达式如下。

$$\omega(n) = \begin{cases} \left[0.54 - 0.46\cos\left(\dfrac{2\pi n}{N-1}\right)\right], & 0 \leqslant n \leqslant N-1 \\ 0, & 其他 \end{cases}$$

所以

$$h(n) = h_d(n) \cdot \omega(n) = \frac{\sin[0.3\pi(n-16)]}{\pi(n-16)} \cdot \left[0.54 - 0.46\cos\left(\frac{n\pi}{16}\right)\right] \quad (0 \leqslant n \leqslant N-1)$$

（5）由 $h(n)$ 求 $H(e^{j\omega})$，检查各项指标是否满足要求，如不满足可改变 N，或改变窗函数形状（或两者都改变）来重新计算。结果如图 5-25 所示。

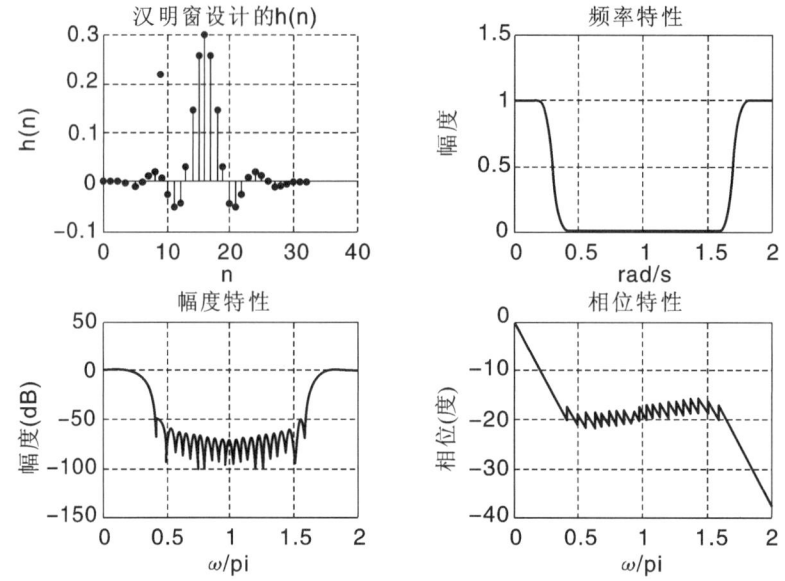

图 5-25   例 5-5 设计的 FIR 滤波器的幅度特性和相位特性

5.3.4   窗函数法计算中的主要问题

在实际设计中,有许多具体问题需要处理。首先当 $H_d(e^{j\omega})$ 很复杂或不能用公式 $h_d(n) = \frac{1}{2\pi}\int_{-\pi}^{\pi} H_d(e^{j\omega})e^{j\omega n}d\omega$ 直接计算积分时,解决的办法是用求和来代替积分。可以对 $H_d(e^{j\omega})$ 从 $\omega = 0$ 到 $\omega = 2\pi$ 采样 M 点,采样值为 $H_d(e^{j\frac{2\pi}{M}k})(k=1,2,\cdots,M-1)$,并用 $2\pi/M$ 代替积分式中的 $d\omega$,则有

$$h_M(n) = \frac{1}{M}\sum_{k=0}^{M-1} H_d(e^{j\frac{2\pi}{M}k})e^{j\frac{2\pi}{M}kn} \qquad (5\text{-}12)$$

根据采样定理,频率的采样造成时域序列的周期延拓,延拓周期为 M,即

$$h_M(n) = \sum_{r=-\infty}^{+\infty} h_d(n+rM)$$

因此,如果 M 选得较大(一般 $M \gg N$),可以保证窗口范围内 $h_M(n)$ 很好地逼近 $h_d(n)$。实际计算式(5-12)时,可以用 $H_d(e^{j\omega})$ 的 M 点采样值,进行 M 点 IDFT(IFFT)得到。

其次,窗函数设计法需要预先确定窗函数的形状和窗序列的点数 N。这一困难可以利用计算机采用累试法来加以解决,以满足给定的频率响应要求。

总之,窗函数设计法的优点是简单,有闭合形式的公式可循,因而很实用;缺点是通带、阻带的截止频率不易控制。

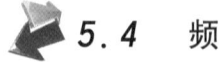 5.4   频率采样设计法

窗函数法设计 FIR 数字滤波器是从时域出发,把理想的无限长单位冲激序列 $h_d(n)$ 用一定形状的窗函数截取成有限长的 $h(n)$,时域上 $h(n)$ 近似理想的 $h_d(n)$,对应频率上 $H(e^{j\omega})$ 逼近于所要求的理想的频率响应 $H_d(e^{j\omega})$。

频率采样法则是从频域出发,对理想滤波器的频率响应 $H_d(e^{j\omega})$ 进行采样,然后利用采

样值 $H_d(k)$ 来实现 FIR 数字滤波器的设计。

5.4.1 设计思路

频率采样法是从频域出发,将给定的理想频率响应 $H_d(e^{j\omega})$ 加以等间隔采样,将采样值作为实际 FIR 数字滤波器的频率特性的采样值 $H(k)$,即

$$H(k) = H_d(e^{j\omega})\big|_{\omega=\frac{2\pi}{N}k} \quad (k = 0,1,\cdots,N-1)$$

得到 $H(k)$ 后,由 DFT 定义,可以用频域的这 N 个采样值 $H(k)$ 来唯一确定有限长序列 $h(n)$,而由 $X(z)$ 的内插公式知道,利用这 N 个采样值 $H(k)$ 同样可求得 FIR 滤波器的系统函数 $H(z)$ 及频率响应 $H(e^{j\omega})$。

$$H(z) = \frac{1}{N}(1-z^{-N})\sum_{k=0}^{N-1}\frac{H(k)}{1-W_N^{-k}z^{-1}}$$

$$H(e^{j\omega}) = \sum_{k=0}^{N-1} H(k)\phi\left(\omega-\frac{2\pi}{N}k\right) \quad (5\text{-}13)$$

式中:$\phi(\omega)$ 是内插函数。其表达式如下。

$$\phi(\omega) = \frac{1}{N}\cdot\frac{\sin\left(\frac{\omega N}{2}\right)}{\sin\left(\frac{\omega}{2}\right)}e^{-j\omega\left(\frac{N-1}{2}\right)}$$

然后利用式(5-14)求得单位冲激响应 $h(n)$。

$$h(n) = \text{IDFT}[H(k)] = \frac{1}{N}\sum_{k=0}^{N-1} H(k)W_N^{-nk} \quad (k = 0,1,\cdots,N-1) \quad (5\text{-}14)$$

5.4.2 滤波器性能的改善

从式(5-13)可以看出,在各频率采样点上,滤波器的实际频率响应严格地和理想频率响应数值相等,即 $H(e^{\frac{j2\pi k}{N}}) = H(k) = H_d(e^{\frac{j2\pi k}{N}})$。但是在采样点之间的频率响应则是各采样点的加权内插函数的延伸叠加而形成的,因而有一定的逼近误差,误差大小取决于理想频率响应曲线形状,理想频率响应特性变化越平缓,则内插值越接近理想值,逼近误差越小。反之,如果采样点之间的理想频率特性变换越迅速,则内插值与理想值的误差越大。因此,在理想频率特性的不连续点附近会形成振荡特性。如图 5-26 中给出了所要求的频率响应 $H_d(e^{j\omega})$(图中实线表示)和由频率采样法设计所得的频率响应 $H(e^{j\omega})$(图中虚线表示),图 5-26(a) 为一理想矩形频率响应,图 5-26(b) 为理想的梯形频率响应。从图中可以得出以下结论。

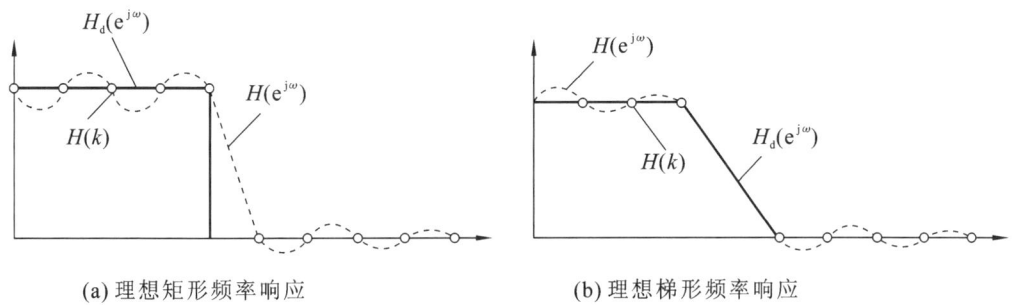

(a) 理想矩形频率响应   (b) 理想梯形频率响应

图 5-26 频率采样的逼近效果

(1)由频率采样法设计所得的频率响应 $H(e^{j\omega})$ 在采样点之间出现了起伏振荡。

(2)在通带和阻带之间的不连续处,变化较剧烈,出现肩峰。但在通带和阻带之间有过

渡带时,变化比较缓慢,$H(e^{j\omega})$ 对 $H_d(e^{j\omega})$ 的逼近较好。

在实际设计过程中,为了使设计出的滤波器具有较好的性能,可以采用以下两种方法对滤波器的性能进行改进。

1. 增加过渡带采样点

在设计过程中,通常在不连续点的边缘增加过渡采样点来减小频带边缘的突变,一般增加 $1\sim3$ 个过渡点,如图 5-27 所示,即可得到满意的效果。这些过渡点取值不同,逼近的效果也不同。具体应用见【例 5-6】。

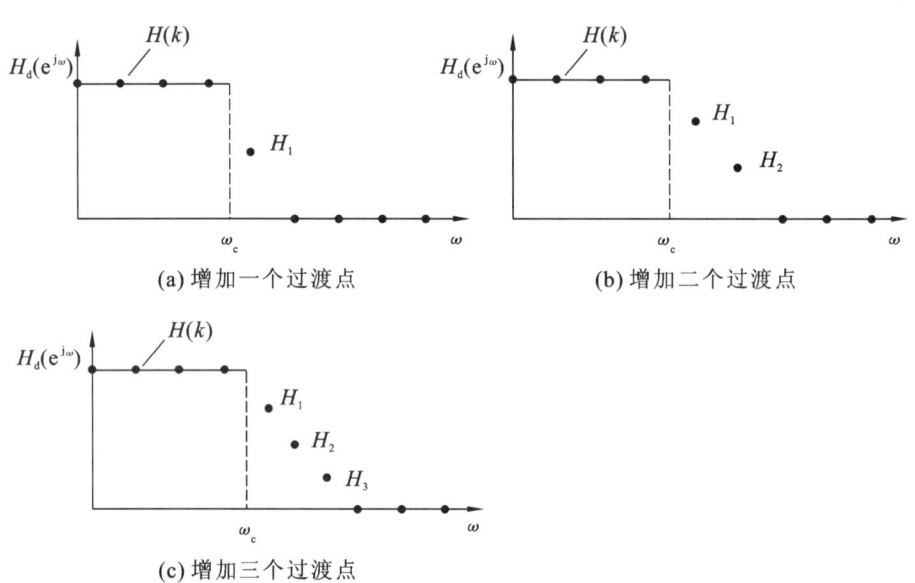

图 5-27 理想低通滤波器增加过渡点

2. 增加采样点密度

过渡带的宽度与采样点数 N 成反比。如果希望在加大阻带衰减的同时,不使过渡带加宽,可以加大 N。但 N 值的增加意味着 $h(n)$ 和 $H(k)$ 长度的增加,滤波运算量必然增大,这就是为改善过渡带特性而付出的代价。

5.4.3 线性相位约束与采样的方法

1. 线性相位的约束

如果要求设计的是线性相位型 FIR 滤波器,则其采样值 $H(k)$ 的幅度和相位一定要满足前面所讨论的四类线性相位滤波器的约束条件。

(1) $h(n)$ 偶对称,N 为奇数(简称第一类)。

$$H(e^{j\omega}) = H(\omega)e^{j\theta(\omega)}$$

其中幅度函数 $H(\omega)$ 应为偶对称的,即

$$H(\omega) = H(2\pi - \omega) \tag{5-15}$$

相位函数为

$$\theta(\omega) = -\frac{N-1}{2}\omega \tag{5-16}$$

在 $\omega = 0$ 到 $\omega = 2\pi$ 之间等间隔进行 N 点采样,即 $\omega_k = \dfrac{2\pi}{N}k(k = 0,1,2,\cdots,N-1)$,将 $\omega = \omega_k$ 代入式(5-15)和式(5-16)得各采样点的幅度值和相位值如下。

$$H(k) = H(e^{j2\pi k/N}) = H_k e^{j\theta_k} \quad (k = 0, 1, 2, \cdots, N-1)$$

$$H_k = H_{N-k} \quad (k = 0, 1, 2, \cdots, N-1)$$

$$\theta(k) = -\frac{N-1}{2} \cdot \frac{2\pi}{N}k = -\frac{N-1}{N}\pi k \quad (k = 0, 1, 2, \cdots, N-1)$$

（2）$h(n)$ 偶对称，N 为偶数（简称第二类）。

$$H(e^{j\omega}) = H(\omega)e^{j\theta(\omega)}, \quad \theta(\omega) = -\frac{N-1}{2}\omega$$

其幅度函数是奇对称的，即

$$H(\omega) = -H(2\pi - \omega)$$

所以，这时的 H_k 也满足奇对称的要求，即

$$H_k = -H_{N-k} \quad (k = 0, 1, 2, \cdots, N-1)$$

相位值为

$$\theta(k) = -\frac{N-1}{2} \cdot \frac{2\pi}{N}k = -\frac{N-1}{N}\pi k \quad (k = 0, 1, 2, \cdots, N-1)$$

（3）$h(n)$ 奇对称，N 为奇数（简称第三类）。

$$H(e^{j\omega}) = H(\omega)e^{j\theta(\omega)}, \quad \theta(\omega) = -\frac{N-1}{2}\omega + \frac{\pi}{2}$$

其幅度函数是奇对称的，即

$$H(\omega) = -H(2\pi - \omega)$$

所以，这时的 H_k 也满足奇对称的要求，即

$$H_k = -H_{N-k} \quad (k = 0, 1, 2, \cdots, N-1)$$

相位值为

$$\theta(k) = -\frac{N-1}{2} \cdot \frac{2\pi}{N}k + \frac{\pi}{2} = -\frac{N-1}{N}\pi k + \frac{\pi}{2} \quad (k = 0, 1, 2, \cdots, N-1) \quad (5\text{-}17)$$

（4）$h(n)$ 奇对称，N 为偶数（简称第四类）。

$$H(e^{j\omega}) = H(\omega)e^{j\theta(\omega)}, \quad \theta(\omega) = -\frac{N-1}{2}\omega + \frac{\pi}{2}$$

其幅度函数是偶对称的，即

$$H(\omega) = H(2\pi - \omega)$$

所以，这时的 H_k 也满足偶对称的要求，即

$$H_k = H_{N-k} \quad (k = 0, 1, 2, \cdots, N-1)$$

相位值与式（5-17）相同。

2. 频率采样的两种方法

对理想滤波器 $H_d(e^{j\omega})$ 进行频率采样，就是在 z 平面单位圆上的 N 个等间隔点上取出频率响应的值。通常，在单位圆上可以有两种采样方式。第一种是第一个采样点在 $\omega = 0$ 处；第二种是第一个采样点在 $\omega = \pi/N$ 处，如图 5-28 所示，本书中无特殊说明，都是采用第一种采样方法。

5.4.4　频率采样法的设计步骤

通常，频率采样法设计线性相位型 FIR 数字滤波器的具体步骤如下。

（1）首先根据理想滤波器的性能指标，计算在通带、阻带中的采样点数，确定所设计滤波器的单位冲激响应 $h(n)$ 的对称性（奇、偶）。

（2）根据单位冲激响应 $h(n)$ 的对称性，计算各采样的幅度值 H_k 和相位值 $\theta(k)$。

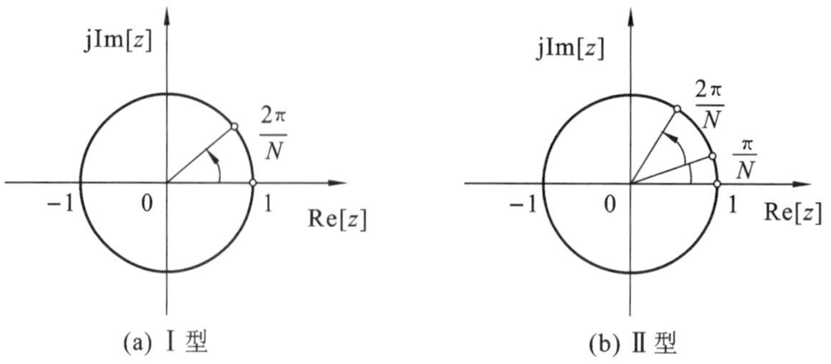

(a) Ⅰ型　　　　　　　　(b) Ⅱ型

图 5-28　频率采样方式

（3）利用理想滤波器的频率采样 $H(k) = H_k \mathrm{e}^{\mathrm{j}\theta_k}$，通过傅里叶逆变换 IDFT，求所设滤波器的单位冲激响应 $h(n)$，即 $h(n) = \mathrm{IDFT}[H(k)]$。

（4）利用 DFT 变换，求所设滤波器的频率特性 $H(\mathrm{e}^{\mathrm{j}\omega}) = \mathrm{DFT}[h(n)]$，检验是否满足设计要求，可以在通带和阻带交界处安排一个或几个不等于零的采样过渡点，重复步骤（1）、（2）、（3）计算处理，直到满足设计要求为止。

【例 5-6】　用频率采样法设计一个 FIR 数字低通滤波器，截止频率 $\omega_\mathrm{c} = 0.2\pi$，取 $N = 20$。

【解】　（1）首先确定截止频率所处的位置。因为采样点数 $N = 20$，采样间隔 $\Delta\omega = 0.1\pi$，所以 $\omega_\mathrm{c}/\Delta\omega = 2$，即 $k_\mathrm{c} = 2$。

（2）确定各采样点的幅度和相位大小如下。

由于属于第二类线性相位型 FIR 数字滤波器设计，$H_k = - H_{N-k}$，并且在通带内对 $H_\mathrm{d}(\mathrm{e}^{\mathrm{j}\omega})$ 采样时仅得两个点，即

$$H_0 = 1$$
$$H_1 = 1$$
$$H_{19} = - H_1 = -1$$
$$\theta(k) = -\frac{19}{20}\pi k \quad (k = 0,1,2,\cdots,19)$$

（3）利用 IDFT 求 FIR 数字滤波器的单位冲激响应。

由采样值的幅度和相位值求理想滤波器频率响应 $H_\mathrm{d}(\mathrm{e}^{\mathrm{j}\omega})$ 的采样点如下。

$$H_\mathrm{d}(k) = H(k)\mathrm{e}^{\mathrm{j}\theta(k)} \quad (k = 0,1,2,\cdots,19)$$

然后求所设计滤波器的单位冲激响应

$$h(n) = \mathrm{IDFT}[H_\mathrm{d}(k)]$$

（4）最后，计算所设计的 FIR 数字滤波器频率响应 $H(\mathrm{e}^{\mathrm{j}\omega})$，并画出频率响应曲线，如图 5-29 所示。

由图 5-29 的幅度响应曲线可以看出，这样设计的滤波器在通带内有较大的上冲，在阻带内有较大的波纹。这是由于 $H_\mathrm{d}(\mathrm{e}^{\mathrm{j}\omega})$ 在 ω_c 处的跳变造成的。解决的办法是使 $H_\mathrm{d}(\mathrm{e}^{\mathrm{j}\omega})$ 在由 1 变 0 时不要突变，在中间人为地加入一过渡带，过渡带的 $H_k = 0.5$，例如，可令 $H_2 = 0.5$，$H_{18} = - 0.5$，修正后的结果如图 5-30 所示。

从图 5-30 可以看出，增加了过渡点后，通带内上冲减小，阻带内的波纹也基本消失，滤波器性能有所改善。

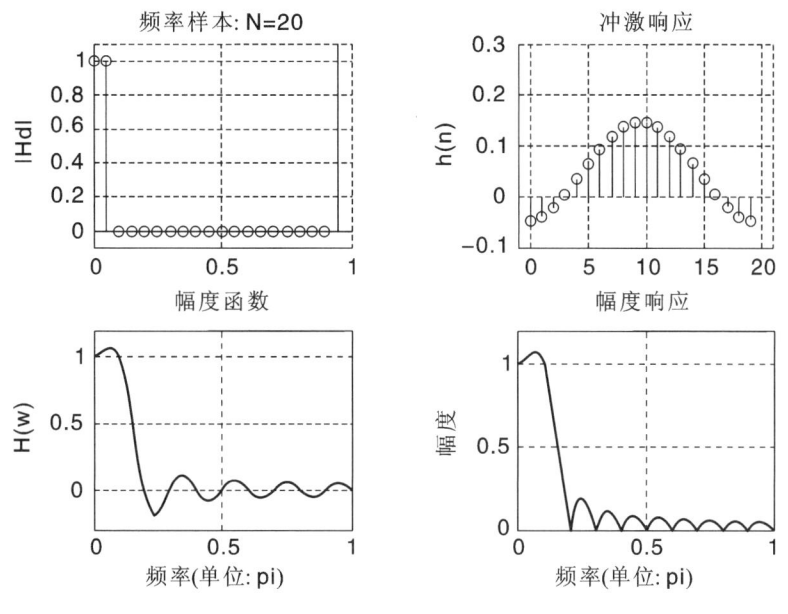

图 5-29 例 5-6 设计的 FIR 滤波器频率响应

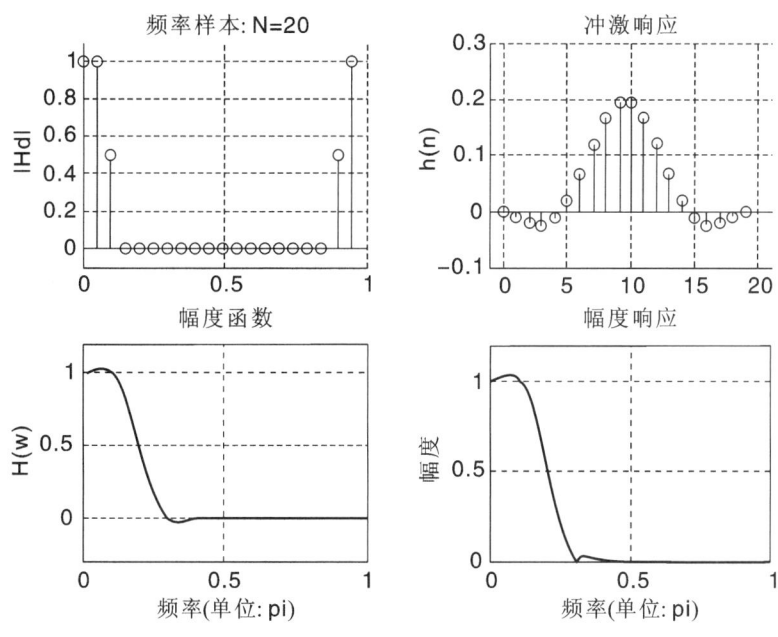

图 5-30 例 5-6 修正后的 FIR 滤波器频率响应

5.5 IIR 和 FIR 数字滤波器的比较

首先,从性能上说,IIR 滤波器可以用较少的阶数获得很高的选择特性,所用存储单元少,运算次数少,所以经济而且效率高。但这个高效率的代价是相位的非线性,选择性越好相位的非线性越严重。相反,FIR 滤波器可以得到严格的线性相位。但是如果需要获得一定的选择性,则要用较多的存储器和较长时间的运算,成本比较高,信号延时也比较大。FIR 滤波器的这些缺点是相对于非线性相位的 FIR 滤波器比较而言的。如果按相同的选择性和相同的相位线性要求,FIR 滤波器必须加全通网络来进行相位校正,因此不仅在性能上而且在经济上都将优于 IIR 滤波器。

从结构上看,IIR 滤波器必须采用递归结构,极点位置必须位于单位圆内,否则系统会不稳定。在这种结构下,运算过程中对序列的四舍五入处理,有时会引起微弱的寄生振荡。相反,FIR 滤波器主要采用非递归结构,不论在理论上还是在实际的有限精度计算中都不存在稳定性问题,运算误差比较小。此外,FIR 滤波器可以采用 FFT 技术,在相同阶数条件下,运算速度可以快很多。

从设计工作量上看,IIR 滤波器可以借助模拟滤波器的成果,一般都有有效的封闭函数的设计公式可供准确的计算。又有许多数据和表格可查,设计计算的工作量比较小,对计算工具的要求不高。FIR 滤波器设计则一般没有封闭函数的设计公式。窗函数法虽然仅仅对窗口函数可以给出计算公式,但计算通带、阻带衰减等仍无显式表达式。一般情况下,FIR 滤波器设计只有计算程序可循,因此对计算工具要求较高。然而这个特点又有相反的一面,即 IIR 滤波器虽然设计简单,但主要是用于分段常数特性滤波器,如低通、高通、带通及带阻滤波器的设计中,往往脱离不开模拟滤波器的格局。而 FIR 滤波器则要灵活得多,尤其是频率采样设计法更容易使所设计的滤波器适应各种幅度特性和相位特性的要求,如可以设计出理想的正交变换、理想微分、线性调频等各种重要网络。因而有更大的适应性和更广阔的天地。

从以上的简单比较可以看出,IIR 滤波器与 FIR 滤波器各有所长,在实际应用时要从多方面考虑来加以选择。从使用要求看,对相位要求不敏感的语言通信等,选用 IIR 较为合适;而对图像信号处理、数据传输等以波形携带信息的系统,一般对线性相位要求较高,这时采用 FIR 滤波器好。当然,在实际设计中,还应综合考虑经济上的要求以及计算工具的条件等多方面的因素。

5.6   本章内容相关的 MATLAB 应用示例

5.6.1   线性相位条件

【例 5-7】   试根据 5.2 小节中的理论分析,利用 MATLAB 分别讨论四种情况下的线性相位 FIR 滤波器的单位冲激响应、幅度响应和零极点分布。

【解】 (1) N 为奇数、$h(n)$ 偶对称情况,设 $h(n) = \{-4, 2, -1, -2, 3, 5, 3, -2, -1, 2, -4\}$。
MATLAB 程序如下。

```
h = [-4,2,-1,-2,3,5,3,-2,-1,2,-4];
M = length(h);
n = 0:M-1;
[Hr,w,a,L] = hr_type1(h);
subplot(221);stem(n,h,'.');grid on;title('I 型单位冲激响应 h(n)');
subplot(222);plot(w/pi,Hr);grid on;title('I 型振幅响应 H(w)');
subplot(223);stem(0:L,a,'.');grid on;title('a(n) 系数 ');
subplot(224);zplane(h,1,'.');grid on;title(' 零极点分布 ');
```

运行上述程序得到如图 5-31 所示的结果。由于 $N = 11, h(n)$ 偶对称,故幅度函数 $H(\omega)$ 对 $\omega = 0, \pi, 2\pi$ 呈偶对称。在 z 平面上有 10 个零点,这些零点有一定的对称性;在零点有一个 10 重极点。

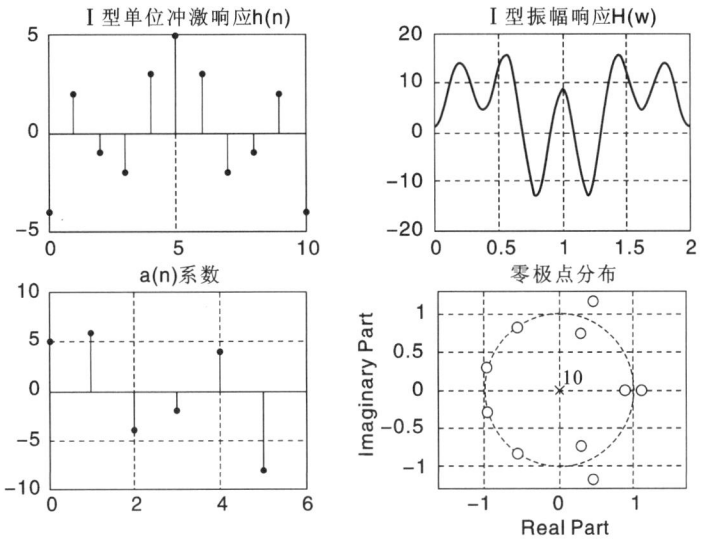

图 5-31 例 5-7 图一

（2）N 为偶数、$h(n)$ 偶对称情况。设 $h(n) = \{-4,2,-1,-2,3,5,5,3,-2,-1,2,-4\}$。MATLAB 程序如下。

```
h = [- 4,2, - 1, - 2,3,5,5,3, - 2, - 1,2, - 4];
M = length(h);
n = 0:M - 1;
[Hr,w,b,L] = hr_type2(h);
subplot(221);stem(n,h,'.');grid on;title('II 型单位冲激响应 h(n)');
subplot(222);plot(w/pi,Hr);grid on;title('II 型振幅响应 H(w)');
subplot(223);stem(1:L,b,'.');grid on;title('b(n) 系数 ');
subplot(224);zplane(h,1,'.');grid on;title(' 零极点分布 ');
```

运行上述程序得到如图 5-32 所示的结果。由于 $N = 12$，$h(n)$ 偶对称，故幅度函数 $H(\omega)$ 对 $\omega = \pi$ 呈奇对称。在 z 平面上有 11 个零点，这些零点有一定的对称性；在原点有一个 11 重极点。

（3）N 为奇数、$h(n)$ 奇对称情况，设 $h(n) = \{-4,2,-1,-2,3,0,-3,2,1,-2,4\}$。MATLAB 程序如下。

```
h = [- 4,2, - 1, - 2,3,0, - 3,2,1, - 2,4];
M = length(h);
n = 0:M - 1;
[Hr,w,c,L] = hr_type3(h);
subplot(221);stem(n,h,'.');grid on;title('III 型单位冲激响应 h(n)');
subplot(222);plot(w/pi,Hr);gridon;title('III 型振幅响应 H(w)');
subplot(223);stem(0:L,c,'.');grid on;title('c(n) 系数 ');
subplot(224);zplane(h,1,'.');grid on;title(' 零极点分布 ');
```

运行上述程序得到如图 5-33 所示的结果。由于 $N = 11$，$h(n)$ 奇对称，故幅度函数 $H(\omega)$ 对 $\omega = 0,\pi,2\pi$ 呈奇对称。在 z 平面上有 10 个零点，这些零点有一定的对称性；在原点有一个 10 重极点。

（4）N 为偶数、$h(n)$ 奇对称情况，设 $h(n) = \{-4,2,-1,-2,3,-5,5,-3,2,1,-2,4\}$。

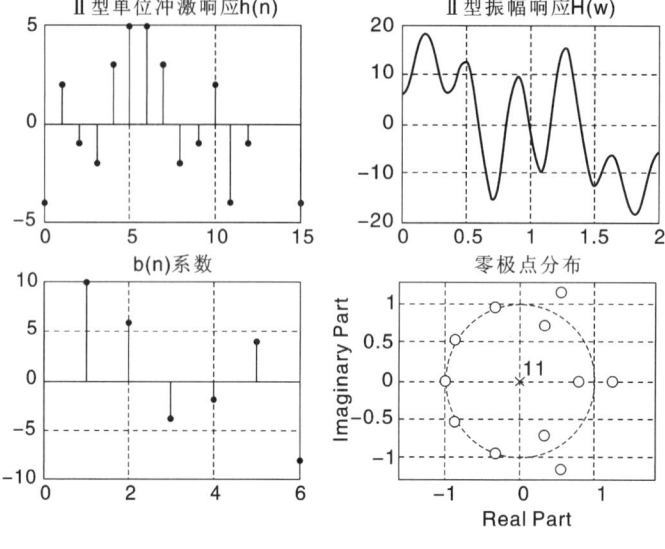

图 5-32 例 5-7 图二

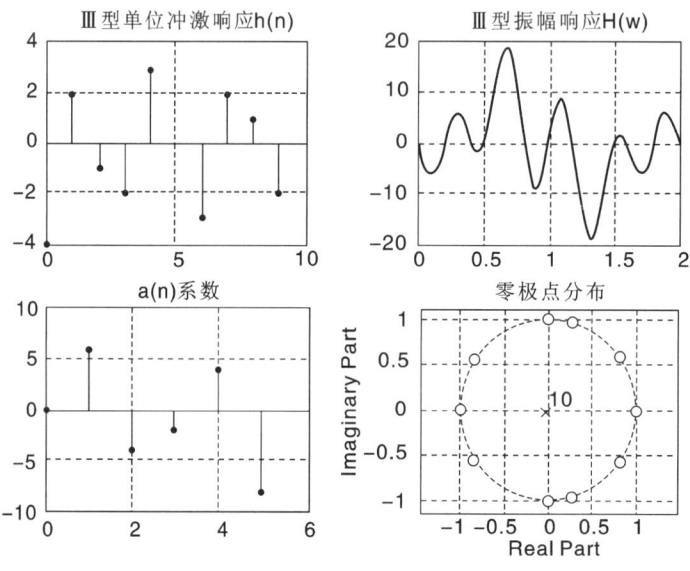

图 5-33 例 5-7 图三

MATLAB 程序如下。

```
h = [- 4,2, - 1,2,3, - 5,5, - 3, - 2,1, - 2,4];
M = length(h);
n = 0:M - 1;
[Hr,w,d,L] = hr_type4(h);
subplot(221);stem(n,h,'.');grid on;title('IV 型单位冲激响应 h(n)');
subplot(222);plot(w/pi,Hr);gridon;title('IV 型振幅响应 H(w)');
subplot(223);stem(1:L,d,'.');grid on;title('d(n) 系数 ');
subplot(224);zplane(h,1,'.');grid on;title(' 零极点分布 ');
```

运行上述程序得到如图 5-34 所示的结果。由于 $N = 12, h(n)$ 奇对称,故幅度函数 $H(\omega)$ 对 $\omega = 0, 2\pi$ 呈奇对称,对 $\omega = \pi$ 呈偶对称。在 z 平面上有 11 个零点,这些零点有一定的对称

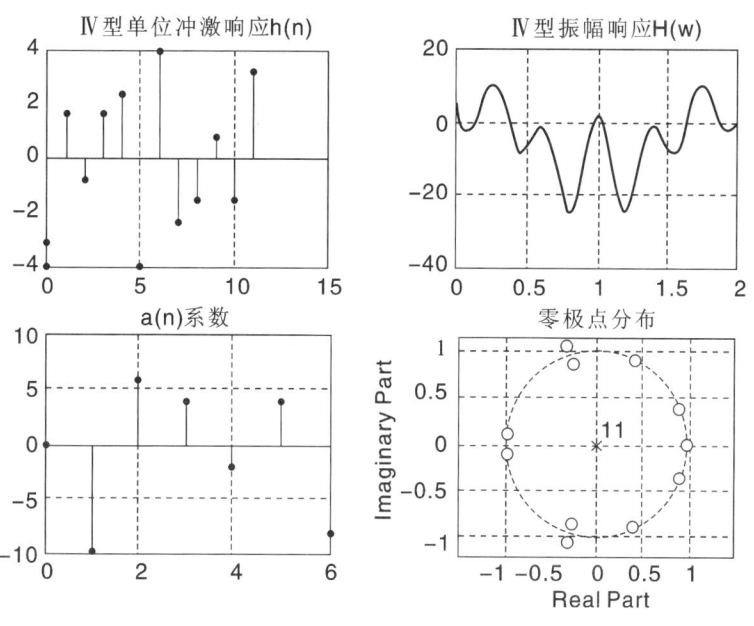

图 5-34　例 5-7 图四

性；在原点有一个 11 重极点。

5.6.2　窗函数设计法的相关函数

1. 窗函数命令

在 MATLAB 信号处理工具箱中为用户提供了 rectwin(boxcar、矩形)、bartlett(巴特利特)、hamming(汉明)、hanning(汉宁)等窗函数，如表 5-3 所示。这些窗函数可以通过 help signal 获取。

表 5-3　窗函数

函数名	功能	函数名	功能
bartlett	巴特利特窗	hanning	汉宁窗
blackman	布莱克曼窗	kaiser	凯泽窗
chebwin	切比雪夫窗	rectwin(boxcar)	矩形窗
hamming	汉明窗	triang	三角窗

由于这些窗函数的调用格式相同，下面仅以 rectwin(矩形)窗函数为例说明其调用的格式。

格式：　　　　w = rectwin(N) 或 w = boxcar(N)

功能：返回 N 点矩形窗序列。窗的长度 N 又称为窗函数设计(FIR)数字滤波器的阶数。如果要查看矩形窗的使用，也可以通过在命令窗口输入 help rectwin 获得。

【例 5-8】　计算出 64 点的 rectwin 窗函数，并利用 wvtool 函数绘制出其时频特性。

MATLAB 程序如下。

```
N = 64;
wvtool(rectwin(N));
```

执行结果如图 5-17 所示。其他窗函数的时频特性可以参照上述程序实现。

【例 5-9】　设计一个线性相位型 FIR 数字低通滤波器，通带截止频率 $\Omega_p = 2\pi \times 1.5 \times 10^3$

rad/s,阻带起始频率 $\Omega_s = 2\pi \times 3 \times 10^3$ rad/s,阻带衰减不小于 50dB,采样频率 $f_c = 15$kHz。

MATLAB 程序如下。

```
wp = 0.2* pi;
ws = 0.4* pi;
wc = (wp+ws)/2;
N = ceil(6.6* pi/(ws-wp));
n = 0:N-1;
a = (N-1)/2;
na = n-a+eps* ((n- a) == 0);
hdn = sin(wc* na)/pi./na;
if rem(N,2) ~ = 0;
    hdn(a+1) = wc/pi;
end;
wn1 = hamming(N);
hn1 = hdn.* wn1';
subplot(2,2,1);stem(n,hn1,'.');line([0,35],[0,0]);
xlabel('n');ylabel('h(n)');grid on;title(' 汉明窗设计的 h(n)');
hw1 = fft(hn1,512);w1 = 2* [0:511]/512;
subplot(2,2,3);plot(w1,20* log10(abs(hw1)));
xlabel('\omega/pi');ylabel(' 幅度(dB)');grid on;title(' 幅度特性 ');
subplot(2,2,4);plot(w1,unwrap(angle(hw1)));
xlabel('\omega/pi');ylabel(' 相位(度)');grid on;title(' 相位特性 ');
subplot(2,2,2);plot(w1,abs(hw1));
xlabel('rad/s');ylabel(' 幅度 ');grid on;title(' 频率特性 ');
```

运行结果如图 5-24 所示。

2. 窗函数法设计函数

在 MATLAB 信号处理工具箱中,除提供了窗函数命令外,还提供了用窗函数法设计 FIR 数字滤波器的专用命令 FIR1。利用该函数可以设计出具有标准频率响应的 FIR 数字滤波器,所得滤波器的单位冲激响应为实数。其基本调用格式如下。

(1) B = FIR1(N,Wn)

功能:设计一个具有线性相位的 N 阶低通 FIR 数字滤波器,返回的向量 B 为滤波器的系数(单位冲激响应序列),其长度为 N+1。截止频率 Wn 必须在 0 到 1.0 之间,1.0 对应于采样频率的一半($F_s/2$)。滤波器的归一化增益在 Wn 处为 -6dB。

(2) B = FIR1(N,Wn,'high') 或 B = FIR1(N,Wn,'low')

功能:设计一个高通数字滤波器或低通数字滤波器。如果 Wn = [W1 W2],则 B = FIR1(N,Wn) 或 B = FIR1(N,Wn,'bandpass')。返回一个 N 阶的带通数字滤波器,其通带为 $\omega_1 < \omega < \omega_2$。

(3) B = FIR1(N,Wn,'stop')

功能:设计一个带阻滤波器。

(4) B = FIR1(N,Wn,WIN)

功能:用指定窗函数 WIN 设计 FIR 数字滤波器。默认情况下使用 hamming 窗。

(5) B = FIR1(N,Wn,'high','noscale') 或 B = FIR1(N,Wn,wind,'noscale')。

功能:所设计滤波器不进行归一化。

【例 5-10】 用窗函数法设计一个线性相位 FIR 低通滤波器,通带截止频率 $\omega_p = 0.5\pi$,

$\omega_s = 0.6\pi$,通带衰减不大于 $3dB$,阻带衰减不低于 $40dB$。

MATLAB 程序如下。

```
wp = 0.5* pi;
ws = 0.6* pi;
wde1 = ws - wp;
wn = (wp + ws)/2;
N1 = ceil(8* pi/wde1);%汉宁窗函数长度
N2 = ceil(12* pi/wde1);%布莱克曼窗函数长度
window1 = hann(N1 + 1);%汉宁窗
window2 = blackman(N2 + 1);%布莱克曼窗
window3 = hann(2* N1 + 1);
b1 = fir1(N1,wn/pi,window1);
b2 = fir1(N2,wn/pi,window2);
[H1,W1] = freqz(b1);%计算数字滤波器的频率特性
subplot(221),plot(W1/pi,20* log10(abs(H1)));grid on;
xlabel('\omega/pi');ylabel('幅度(dB)');title('汉宁窗设计幅度特性');
subplot(222),plot(W1/pi,unwrap(angle(H1)));grid on;
xlabel('\omega/pi');ylabel('相位(度)');title('汉宁窗设计相位特性');
[H2,W2] = freqz(b2);
subplot(223),plot(W2/pi,20* log10(abs(H2)));grid on;
xlabel('\omega/pi');ylabel('幅度(dB)');title('布莱克曼窗设计幅度特性');
subplot(224),plot(W2/pi,unwrap(angle(H2)));grid on;
xlabel('\omega/pi');ylabel('相位(度)');title('布莱克曼窗设计相位特性');
```

运行结果如图 5-35 所示。

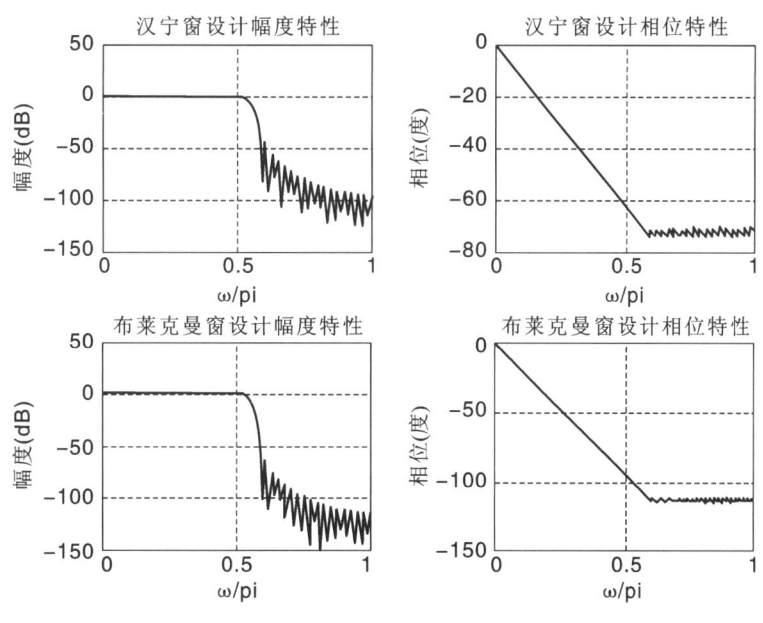

图 5-35　例 5-10 图

【例 5-11】　设计一个 30 阶 FIR 数字带通滤波器,通带为 $0.3 < \omega < 0.7$。

MATLAB 程序如下。

```
wn = [0.3,0.7];
b = fir1(30,wn);%调用 fir1 函数
subplot(121),stem(b,'.');grid on;
line([0,31],[0,0]);xlabel('n');ylabel('h(n)');title('冲激响应');
[H,W] = freqz(b);% 计算数字滤波器的频率特性
subplot(222),plot(W/pi,20* log10(abs(H)));grid on;
xlabel('\omega/pi');ylabel('幅度(dB)');title('幅度特性');
subplot(224),plot(W/pi,unwrap(angle(H)));grid on;
xlabel('\omega/pi');ylabel('相位(度)');title('相位特性');
```

运行结果如图 5-36 所示。

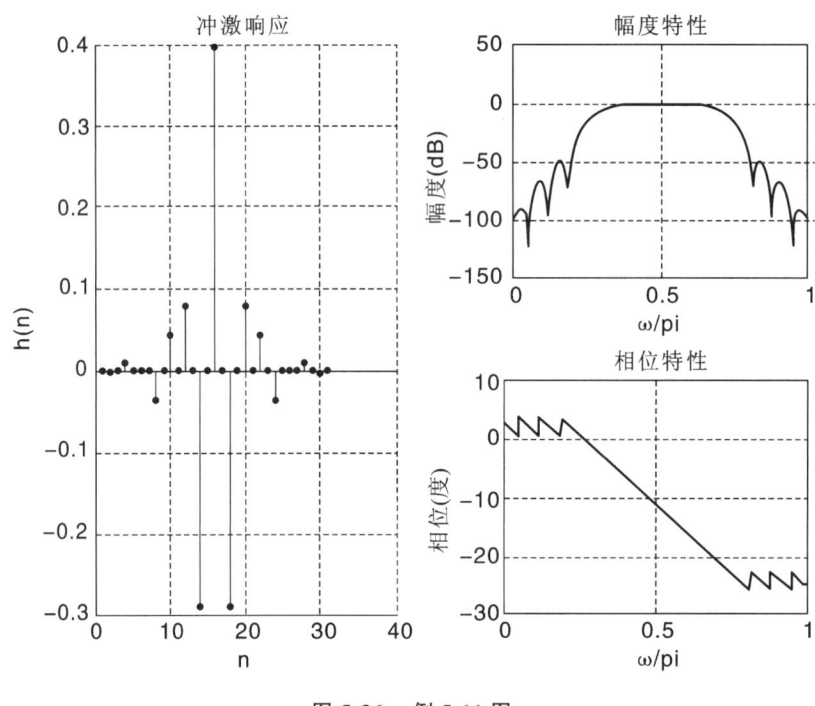

图 5-36　例 5-11 图

5.6.3　频率采样法的相关函数

1. 频率采样法设计的 MATLAB 实现

【例 5-12】　用频率采样法设计一个 FIR 数字低通滤波器,截止频率 $\omega_c = 0.2\pi$,取 $N = 20$。
MATLAB 程序如下。

```
N = 20;
alpha = (N - 1)/2;
k = 0:N - 1;
wl = (2* pi/N)* k;
Hrs = [1,1,zeros(1,17),1];
hdr = [1,1,0,0];
```

```
wdl = [0,0.2,0.2,1];
k1 = 0:floor((N-1)/2);
k2 = floor((N-1)/2)+1:N-1;
angH = [-alpha* (2* pi)/N* k1,alpha* (2* pi)/N* (N-k2)];%确定抽样点的相位大小
HH = Hrs.* exp(j* angH);%求抽样点的H(k)
h = real(ifft(HH,N));% 求单位冲激响应h(n)的实部[H,w] = freqz(h,1,1000,'whole');
H = (H(1:501))';
w = (w(1:501))';
mag = abs(H);
db = 20* log10((mag+eps)/max(mag));
pha = angle(H);
L = N/2;
b = 2* [h(L:-1:1)];
n = [1:1:L];
n = n-0.5;
w = [0:1:500]'* pi/500;
Hr = cos(w* n)* b';
```

运行结果如图5-29所示。

可增加过渡带的值,对上述程序进行修正如下。

```
Hrs(1,3) = 0.5;
Hrs(1,19) = 0.5;
```

运行结果如图5-30所示。

2. 频率采样法设计专用函数

在MATLAB信号处理工具箱中,也为频率采样法设计FIR数字滤波器提供了专用函数命令FIR2。该函数的功能是利用频率采样法,设计任意响应的FIR数字滤波器,所得滤波器系数为实数,并且具有线性相位,同时还满足对称性$B(k) = B(N+2-k)(k=1,2,\cdots,N+1)$。其基本调用格式如下。

```
B = FIR2(N,F,A)
```

功能:设计一个N阶的FIR数字滤波器,其频率响应由向量F和A指定,滤波器的系数(单位冲激响应)返回到向量B中,长度为N+1。向量F和A分别指定滤波器的抽样点的频率及其幅度值,所期望的滤波器的频率响应可用plot(F,A)绘出。F中的频率必须在0.0到1.0之间,1.0对应于采样频率的一半。它们必须按递增的顺序从0.0开始到1.0结束。

【例5-13】 用频率采样法设计一个FIR数字低通滤波器,截止频率$\omega_c = 0.5\pi$,取$N = 33$。MATLAB程序如下。

```
N = 32;
F = [0:1/32:1];
A = [ones(1,16),zeros(1,N-15)];
B = fir2(N,F,A);
freqz(B);
figure(2);stem(B,'.');grid on;
line([0,35],[0,0]);xlabel('n');ylabel('h(n)');
```

运行结果如图5-37所示。

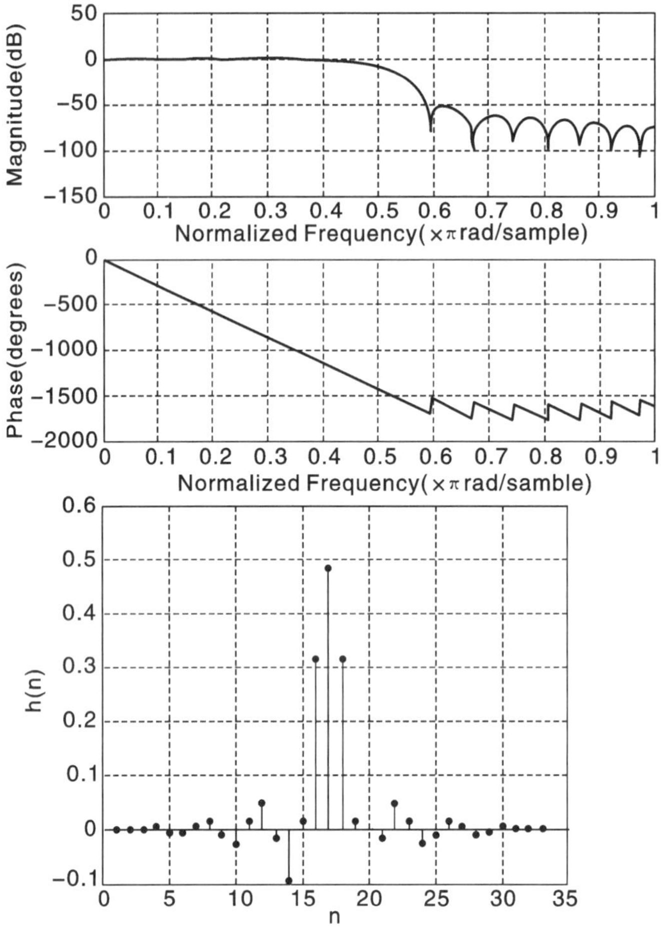

图 5-37   例 5-13 图

本 章 小 结

本章主要介绍 FIR 数字滤波器的实现结构、线性相位特性、窗函数设计法、频率采样设计法和 IIR 数字滤波器与 FIR 数字滤波器的比较。重点是窗函数设计法。应主要掌握以下内容。

（1）FIR 数字滤波器具有线性相位应满足的条件是

$$h(n) = \pm h(N-1-n) \quad (0 \leqslant n \leqslant N-1)$$

（2）FIR 滤波器设计的窗函数设计法。包括其理论设计过程和加窗对滤波器性能的影响。

（3）FIR 滤波器设计的频率采样方法。

（4）运行与 FIR 滤波器设计相关的 MATLAB 程序。

习题与上机练习 5

1. 已知滤波器的传递函数为 $H(z) = \left(1 - \dfrac{1}{2}z^{-1}\right)(1 - 6z^{-1})(1 - z^{-1})$。

(1) 写出传递函数对应的差分方程。

(2) 试画出此 FIR 系统的直接型结构。

(3) 试画出此 FIR 系统的级联型结构。

2. 一个 FIR 滤波器的单位冲激响应为 $h(n) = \{1,3,5,3, n = 0,1,2,3\}$，画出该滤波器的直接型结构和级联型结构。

3. 已知 FIR 系统的传递函数 $H(z) = (1 - z^{-2})(0.5 + z^{-1} + 0.5z^{-2})$，画出其线性相位型结构。

4. 用矩形窗设计一个 FIR 线性相位数字低通滤波器，已知 $\omega_c = 0.5\pi, N = 21$。试求出 $h(n)$ 并画出 $20\lg|H(e^{j\omega})|$ 曲线。

5. 用三角窗设计一个 FIR 线性相位数字低通滤波器，已知 $\omega_c = 0.5\pi, N = 51$。试求出 $h(n)$ 并画出 $20\lg|H(e^{j\omega})|$ 曲线。

6. 用汉宁窗设计一个 FIR 线性相位数字高通滤波器。

$$H_d(e^{j\omega}) = \begin{cases} e^{-j(\omega - \pi)\alpha} & \pi - \omega_c \leqslant \omega \leqslant \pi \\ 0 & 0 \leqslant \omega \leqslant \pi - \omega_c \end{cases}$$

设 $\omega_c = 0.5\pi, N = 51$。试求出 $h(n)$ 的表达式，确定 α 与 N 的关系，并画出 $20\lg|H(e^{j\omega})|$ 曲线。

7. 用汉明窗设计一个 FIR 线性相位数字带通滤波器。

$$H_d(e^{j\omega}) = \begin{cases} e^{-j\omega\alpha}, & -\omega_c \leqslant \omega - \omega_0 \leqslant \omega_c \\ 0, & 0 \leqslant \omega \leqslant \omega_0 - \omega_c, \omega_0 + \omega_c \leqslant \omega \leqslant \pi \end{cases}$$

试求出 $h(n)$ 并画出 $20\lg|H(e^{j\omega})|$ 曲线 (设 $\omega_c = 0.2\pi, \omega_0 = 0.5\pi, N = 51$)。

8. 请选择合适的窗函数及 N 来设计一个线性相位低通滤波器。

$$H_d(e^{j\omega}) = \begin{cases} e^{-j\omega\alpha} & 0 \leqslant \omega \leqslant \omega_c \\ 0 & \omega_c \leqslant \omega \leqslant \pi \end{cases}$$

要求其最小阻带衰减为 -45dB，过渡带宽为 $8\pi/51$。

(1) 试求出 $h(n)$ 并画出 $20\lg|H(e^{j\omega})|$ 曲线 (设 $\omega_c = 0.5\pi$)。

(2) 保留原有轨迹，画出用另几个窗函数设计时的 $20\lg|H(e^{j\omega})|$ 曲线。

9. 试用频率采样法设计一个 FIR 线性相位数字低通滤波器。已知 $\omega_c = 0.5\pi, N = 51$。

10. 试用频率采样法设计一线性相位滤波器，$N = 15$，幅度采样值为

$$H_k = \begin{cases} 1, & k = 0 \\ 0.5, & k = 1,14 \\ 0, & k = 2,3,\cdots,13 \end{cases}$$

试设计采样值的相位 θ_k，并求出 $h(n)$ 和 $H(e^{j\omega})$ 的表达式。

11. 用频率采样法设计一个 FIR 数字低通滤波器，截止频率 $\omega_c = 0.5\pi$，取 $N = 33$，试求各采样点的幅值 H_k 及相位 θ_k。

12. 一个 FIR 线性相位滤波器的单位冲激响应是实数，并且 $n < 0$ 和 $n > 6$ 时 $h(n) = 0$。如果 $h(0) = 1$ 且传递函数在 $z = 0.5e^{j\frac{\pi}{3}}$ 和 $z = 3$ 各有一个零点，则 $H(z)$ 的表达式是什么？

第6章 MATLAB 简介

6.1 MATLAB 界面的介绍

MATLAB 名称是由 matrix 和 laboratory 两个英文单词的前三个字母组合而成,顾名思义其主要功能是矩阵运算,其首创者是 Cleve Moler 教授。1980 年前后,当时的新墨西哥大学计算机系主任 Moler 教授在讲授线性代数课程时,发现了用其他高级语言编程极为不便,便构思并开发了 MATLAB,这一软件利用了当时数值线性代数领域最高水平的 EISPACK 和 LINPACK 两大软件包中可靠的子程序,用 Fortran 语言编写了一套集命令翻译、科学计算于一身的交互式软件系统。该语言无须像 C 和 Fortran 语言那样编写源程序、编译、连接,最终形成可执行文件。早期的 MATLAB 是用 Fortran 语言编写的,只能作矩阵运算,绘图也只能用极其原始的方法,内部函数也只提供了几十个。

1984 年,Cleve Moler 和 John Little 等人成立了 MathWorks 公司,正式将 MATLAB 推向市场。从此 MATLAB 的内核采用 C 语言编写,除了原有的数值计算能力外,还增加了丰富多彩的图形图像处理、多媒体功能、符号运算和与其他流行软件的接口功能,使得 MATLAB 的功能越来越强大。MATLAB 以其良好的开放性和运行的可靠性,使很多领域的封闭式的数值计算软件包纷纷被淘汰,而改在 MATLAB 平台上重建。20 世纪 90 年代,MATLAB 已经成为国际控制界公认的标准计算软件,在国际上 30 多个数学类科技应用软件中,MATLAB 在数值计算方面独占鳌头。

- MathWorks 公司于 1993 年推出了具有划时代意义的基于 Windows 平台的 MATLAB 4.0 版本,使之应用范围越来越广。
- 1994 年推出的 4.2 版本扩充了 4.0 版本的功能,尤其在图形界面设计方面更提供了新的方法。
- 1997 年推出了 MATLAB 5.0 版,定义了更多的数据结构,如单元数据、数据结构体、多维矩阵、对象与类等,使其成为一种更方便编程的语言。1999 年初推出的 MATLAB 5.3 版在很多方面又进一步改进了 MATLAB 语言的功能。
- 2000 年 10 月底推出了其全新的 MATLAB 6.0 正式版,在核心数值算法、界面设计、外部接口、应用桌面等诸多方面有了极大的改进。2002 年夏推出的 MATLAB 6.5 版,其最大特点是采用了 JIT 加速器,使 MATLAB 的运算速度进一步加快。
- 2005 年 9 月发布的 MATLAB 7.1 完整版,提供了 MATLAB、Simulink 的升级以及其他最新的 75 个模块的升级,并具有用于数据分析、大规模建模、固定点开发和编码等的新特征。2007 年秋发布了 MATLAB 7.4 版本,该版本对以前版本的很多模块做了升级改进,同时增加了 MATLAB Builder for .net,扩展了 MATLAB Compiler 的功能,使网络程序员可以通过 C#,VB.net 等语言使用 MATLAB。

虽然 MATLAB 是计算数学专家倡导并开发的,但其普及和发展离不开自动控制领域学者的贡献,因为在 MATLAB 的发展进程中,许多有代表性的成就与控制领域的要求是分不开的,其大多数工具箱也都是有关控制方面的。MATLAB 具有强大的数学运算能力、方便实用的绘图功能及语言的高度集成性,它在其他科学与工程领域的应用也是越来越广,并且有着更广阔的应用前景和无穷无尽的潜能。MATLAB 是一个十分有效的工具,能解决在教学与研究中遇到的问题,可以将使用者从烦琐、无谓的底层编程中解放出来,把有限的宝贵时间更多地花在解决问题中,大大提高工作效率。目前,MATLAB 已经成为国际上最流行的科学与工程计算的软件工具,它不仅是一个"矩阵实验室"和一张"手写式计算纸",而且已经成为一种具有广泛应用前景的全新的计算机高级编程语言,有人称它为"第四代"计算机语言,它在国内外高校和研究部门正扮演着重要的角色。

6.1.1　MATLAB 的集成软件平台

MATLAB 不仅仅是一门编程语言,还是一个集成的软件平台,包含以下几个主要部分,如表 6-1 所示。

表 6-1　MATLAB 的集成软件平台的主要部分

序号	名　称	描　述
1	MATLAB 语言	MATLAB 是一种高级编程语言,它提供了多种数据类型、丰富的运算符和程序控制语句供用户使用。用户可以根据需求,按照 MATLAB 语言的约定,编程完成特定的工作
2	MATLAB 集成工作环境	MATLAB 集成工作环境包括程序编辑器、变量查看器、系统仿真器和帮助系统等。用户在集成工作环境中可以完成程序的编辑、运行和调试,输出和打印程序的运行结果
3	MATLAB 图形系统	用 MATLAB 的句柄图形,可以实现二维、三维数据的可视化、图像处理,也可以完全或局部修改图形窗口,还可以方便地设计图形界面
4	MATLAB 数学函数库	MATLAB 提供了丰富的数值计算函数库,既包括常用的数学函数,又包含了各个专业领域独有的数值计算实现,用户通过简单的函数调用就可以完成复杂的数学计算任务
5	Simulink 交互式仿真环境	通过交互式的仿真环境 Simulink,用户可以采用图形化的数学模型,完成对各类系统的模型建立和系统仿真,仿真结果也能够以直观的图形方式显示。Simulink 可以接受用户的键盘鼠标输入,也可以通过程序语句来实现数据交换,应用方便灵活
6	MATLAB 编译器	可以将用 MATLAB 语言编写的程序编译成脱离 MATLAB 环境的 C 源代码、动态链接库或者可以独立运行的可执行文件
7	应用程序接口 API	API 是 MATLAB 的应用程序接口,它提供了 MATLAB 与 C、Fortran、VB、VC 等多种语言之间的接口程序库,使用户可以在这些语言的程序里调用 MATLAB 程序
8	MATLAB 工具箱	MATLAB 包含了各种可选的工具箱。工具箱则是由各个领域的高水平专家编写的,所以用户不必编写该领域的基础程序就可以直接进行更高层次的研究
9	Notebook	Notebook 能够让用户在 Word 环境中使用 MATLAB 的各种资源,为用户营造融文字处理、科学计算、工程设计于一体的完美的工作环境。用 Notebook 制作的 M-Book 文档不仅拥有 Word 的全部文字处理功能,而且具备 MATLAB 的数学运算功能和计算结果可视化的功能

MATLAB被称为第四代计算机语言,利用其丰富的函数资源,可使编程人员从烦琐的代码中解脱出来。MATLAB用更直观、更符合人们思维习惯的代码,代替了C语言的冗长代码,给用户带来的是最直观、最简洁的程序开发环境。MATLAB语言的主要特点如下。

- 语言简洁紧凑,语法限制不严格,程序设计自由度大,使用方便灵活。
- 数值算法稳定可靠,库函数十分丰富。
- 运算符丰富。
- MATLAB既具有结构化的控制语句(if、for),又支持面向对象的程序设计。
- 程序的可移植性好,程序几乎不用修改就可以移植到其他机型和操作系统中运行。
- MATLAB的图形功能强大,支持数据的可视化操作,能方便地显示程序的运行结果。
- 源程序的开发性,以及系统的可扩充能力强。
- MATLAB是解释执行语言。

MATLAB程序因为是解释执行,所以速度较慢,效率比C语言等高级语言要低,而且无法脱离MATLAB环境运行,这是MATLAB的缺点。但是MATLAB的编程效率远远高于一般的高级语言,这使得我们可以把大量的时间花费在对控制系统的算法研究上,而不是浪费在大量的基础代码上,这是MATLAB能够被广泛应用于科学计算和系统仿真的主要原因。

6.1.2 MATLAB优势

1）友好的工作平台和编程环境

MATLAB由一系列工具组成。这些工具能够方便用户使用MATLAB的函数和文件,其中许多工具采用的是图形用户界面。包括MATLAB桌面和命令窗口、历史命令窗口、编辑器和调试器、路径搜索和用于协助用户浏览帮助、工作空间和文件的浏览器。随着MATLAB的商业化以及软件本身的不断升级,MATLAB的用户界面也越来越精致,更加接近Windows的标准界面,人机交互性更强,操作更简单。而且新版本的MATLAB提供了完整的联机查询、帮助系统,方便了用户的使用。简单的编程环境提供了比较完备的调试系统,程序不必经过编译就可以直接运行,而且能够及时地报告出现的错误及进行出错的原因分析。

2）简单易用的程序语言

MATLAB是一个高级的矩阵/阵列语言,它包含控制语句、函数、数据结构、输入/输出和面向对象编程特点。用户可以在命令窗口中将输入语句与执行命令同步,也可以先编写好一个较大的复杂的应用程序(M文件)后再一起运行。新版本的MATLAB语言是基于最为流行的C++语言基础的,因此语法特征与C++语言极为相似,而且更加简单,更加符合科技人员对数学表达式的书写格式。使之更有利于非计算机专业的科技人员使用。而且这种语言可移植性好、可拓展性极强,这也是MATLAB能够深入到科学研究及工程计算各个领域的重要原因。

3）强大的科学计算机数据处理能力

164

MATLAB是一个包含大量计算算法的集合。其拥有600多个工程中要用到的数学运算函数,便于实现用户所需的各种计算功能。函数中所使用的算法都是科研和工程计算中的最新研究成果,而前经过了各种优化和容错处理。在通常情况下,可以用它来代替底层编程语言,如C和C++。在计算要求相同的情况下,使用MATLAB的编程工作量会大大减少。MATLAB的这些函数集包括从最简单最基本的函数到诸如矩阵,特征向量、快速傅里叶变换等的复杂函数。函数所能解决的问题其大致包括矩阵运算和线性方程组的求解、微分方程及偏微分方程组的求解、符号运算、傅里叶变换和数据的统计分析、工程中的优化问题、稀疏矩阵运算、复数的各种运算、三角函数和其他初等数学运算、多维数组操作以及建模动态仿真等。

4）出色的图形处理功能

MATLAB 自产生之日起就具有方便的数据可视化功能,可以将向量和矩阵用图形的形式表现出来,并且可以对图形进行标注和打印。高层次的作图包括二维和三维的可视化、图像处理、动画和表达式作图,可用于科学计算和工程绘图。新版本的 MATLAB 对整个图形处理功能作了很大的改进和完善,使它不仅在一般数据可视化软件都具有的功能(如二维曲线和三维曲面的绘制和处理等)方面更加完善,而且对于一些其他软件所没有的功能(如图形的光照处理、色度处理及四维数据的表现等),MATLAB 也同样表现了出色的处理能力。同时对一些特殊的可视化要求,如图形对话等,MATLAB 也有相应的功能函数,保证了用户不同层次的要求。另外新版本的 MATLAB 还着重在图形用户界面(GUI)的制作上作了很大的改善,对这方面有特殊要求的用户也可以得到满足。

5）应用广泛的模块集合工具箱

MATLAB 对许多专门的领域都开发了功能强大的模块集和工具箱。一般来说,它们都是由特定领域的专家开发的,用户可以直接使用工具箱学习、应用和评估不同的方法而不需要自己编写代码。目前,MATLAB 已经把工具箱延伸到了科学研究和工程应用的诸多领域,诸如数据采集、数据库接口、概率统计、样条拟合、优化算法、偏微分方程求解、神经网络、小波分析、信号处理、图像处理、系统辨识、控制系统设计、LMI 控制、鲁棒控制、模型预测、模糊逻辑、金融分析、地图工具、非线性控制设计、实时快速原型及半物理仿真、嵌入式系统开发、定点仿真、DSP 与通信、电力系统仿真等,都在工具箱(Toolbox)家族中有了自己的一席之地。

6）实用的程序接口和发布平台

新版本的 MATLAB 可以利用 MATLAB 编译器和 C/C++ 数学库和图形库,将自己的 MATLAB 程序自动转换为独立于 MATLAB 运行的 C 和 C++ 代码。允许用户编写可以与 MATLAB 进行交互的 C 或 C++ 语言程序。另外,MATLAB 网页服务程序还允许在 Web 应用中使用自己的 MATLAB 数学和图形程序。MATLAB 的一个重要特色就是具有一套程序扩展系统和一组称之为工具箱的特殊应用子程序。工具箱是 MATLAB 函数的子程序库,每一个工具箱都是为某一类学科专业和应用而定制的,主要包括信号处理、控制系统、神经网络、模糊逻辑、小波分析和系统仿真等方面的应用。

7）应用软件开发(包括用户界面)

在开发环境中,使用户更方便地控制多个文件和图形窗口;在编程方面支持了函数嵌套,有条件中断等;在图形化方面,有了更强大的图形标注和处理功能,包括对象对齐、连接注释等;在输入输出方面,可以直接与 Excel 和 HDF5 进行连接。

6.2　MATLAB 的基本操作命令

6.2.1　MATLAB 矩阵及其运算

1. 变量和数据操作

1）变量与赋值

(1)变量命名　在 MATLAB 中,变量名是以字母开头,后接字母、数字或下画线的字符序列,最多 63 个字符。在 MATLAB 中,变量名区分字母的大小写。

（2）赋值语句 **变量＝表达式**。其中，表达式是用运算符将有关运算量连接起来的式子，其结果是一个矩阵。

【例 6-1】 计算表达式的值，并显示计算结果。

在 MATLAB 命令窗口输入如下语句。

```
x = 1 + 2i;
y = 3 - sqrt(17);
z = (cos(abs(x + y)) - sin(78* pi/180))/(x + abs(y))
```

其中，pi 和 i 都是 MATLAB 预先定义的变量，分别代表代表圆周率 π 和虚数单位。

运行结果如下。

```
z =
   - 0.3488 + 0.3286i
```

2）预定义变量

在 MATLAB 工作空间中，还驻留几个由系统本身定义的变量。例如，用 pi 表示圆周率 π 的近似值，用 i,j 表示虚数单位。预定义变量有特定的含义，在使用时，应尽量避免对这些变量重新赋值。

3）内存变量的管理

（1）内存变量的删除与修改。

MATLAB 工作空间窗口专门用于内存变量的管理。在工作空间窗口中可以显示所有内存变量的属性。当选中某些变量后，再单击 Delete 按钮，就能删除这些变量。当选中某些变量后，再单击 Open 按钮，将进入变量编辑器。通过变量编辑器可以直接观察变量中的具体元素，也可修改变量中的具体元素。

clear 命令用于删除 MATLAB 工作空间中的变量。who 和 whos 这两个命令用于显示在 MATLAB 工作空间中已经驻留的变量名清单。who 命令只显示出驻留变量的名称，whos 命令在给出变量名的同时，还给出它们的大小（所占字节数）及数据类型等信息。

（2）内存变量文件。

MATLAB 中可以把当前 MATLAB 工作空间中的一些有用变量长久地保留下来，扩展名是.mat。mat 文件的生成和加载由 save 和 load 命令来完成。常用格式如下。

save 文件名［变量名表］ ［-append］［-ascii］

load 文件名 ［变量名表］ ［-ascii］

其中，文件名可以带路径，但不需要带扩展名.mat，命令隐含一定是对.mat 文件进行操作。变量名表中的变量个数不限，只要是内存或文件中存在的变量即可，变量名之间以空格分隔。当变量名表省略时，保存或加载全部变量。-ascii 选项使文件以 ASCII 格式处理，省略该选项时文件将以二进制格式处理。save 命令中的 -append 选项控制将变量追加到 mat 文件中。

4）MATLAB 常用数学函数

MATLAB 提供了许多数学函数，函数的自变量规定为矩阵变量，运算法则是将函数逐项作用于矩阵的元素上，因而运算的结果是一个与自变量同维数的矩阵。

函数使用说明如下。

（1）三角函数以弧度为单位计算。

（2）abs 函数可以求实数的绝对值、复数的模、字符串的 ASCII 码值。

（3）用于取整的函数有 fix、floor、ceil、round，要注意它们的区别。

（4）注意 rem 与 mod 函数的区别。rem(x,y) 和 mod(x,y) 要求 x,y 必须为相同大小的实矩阵或为标量。

5）数据的输出格式

MATLAB 用十进制数表示一个常数，具体可采用日常记数法和科学记数法两种表示方法。在一般情况下，MATLAB 内部每一个数据元素都是用双精度数来表示和存储的。数据输出时用户可以用 format 命令设置或改变数据输出格式。format 命令的格式如下。

format 格式符

其中，格式符决定数据的输出格式。

2. MATLAB 矩阵

1）矩阵的建立

（1）直接输入法。

最简单的建立矩阵的方法是从键盘直接输入矩阵的元素。具体方法为：将矩阵的元素用方括号括起来，按矩阵行的顺序输入各元素，同一行的各元素之间用空格或逗号分隔，不同行的元素之间用分号分隔。

（2）利用 M 文件建立矩阵。

对于比较大且比较复杂的矩阵，可以为它专门建立一个 M 文件。下面通过一个简单例子来说明如何利用 M 文件创建矩阵。

【例 6-2】 利用 M 文件建立 MYMAT 矩阵。

① 启动有关编辑程序或 MATLAB 文本编辑器，并输入待建矩阵。

② 把输入的内容以纯文本方式保存（设文件名为 mymatrix.m）。

③ 在 MATLAB 命令窗口中输入 mymatrix，即运行该 M 文件，就会自动建立一个名为 MYMAT 的矩阵，可供以后使用。

（3）利用冒号表达式建立一个向量。

冒号表达式可以产生一个行向量，一般格式如下。

e1:e2:e3

其中，e1 为初始值，e2 为步长，e3 为终止值。在 MATLAB 中，还可以用 linspace 函数产生行向量。其调用格式如下。

linspace(a,b,n)

其中，a 和 b 是生成向量的第一个和最后一个元素，n 是元素总数。显然，linspace(a,b,n) 与 a:(b−a)/(n−1):b 等价。

（4）建立大矩阵。

大矩阵可由方括号中的小矩阵或向量建立起来。

2）矩阵的拆分

（1）矩阵元素。

通过下标引用矩阵的元素，如 A(3,2) = 200，采用矩阵元素的序号来引用矩阵元素。矩阵元素的序号就是相应元素在内存中的排列顺序。在 MATLAB 中，矩阵元素按列存储，先第一列，再第二列，依次类推。例如：

```
A = [1,2,3;4,5,6];
A(3)
ans =
2
```

显然,序号(index)与下标(subscript)是一一对应的,以 $m \times n$ 矩阵 A 为例,矩阵元素 A(i,j) 的序号为 $(j-1) \cdot m + i$。其相互转换关系也可利用 sub2ind 和 ind2sub 函数求得。

(2) 矩阵拆分。

① 利用冒号表达式获得子矩阵。

A(:,j) 表示取 A 矩阵的第 j 列全部元素;A(i,:) 表示 A 矩阵第 i 行的全部元素;A(i,j) 表示取 A 矩阵第 i 行、第 j 列的元素。

A(i:i+m,:) 表示取 A 矩阵第 $i \sim i+m$ 行的全部元素;A(:,k:k+m) 表示取 A 矩阵第 $k \sim k+m$ 列的全部元素;A(i:i+m,k:k+m) 表示取 A 矩阵第 $i \sim i+m$ 行内,并在第 $k \sim k+m$ 列中的所有元素。此外,还可利用一般向量和 end 运算符来表示矩阵下标,从而获得子矩阵。end 表示某一维的末尾元素下标。

② 利用空矩阵删除矩阵的元素。

在 MATLAB 中,定义[]为空矩阵。给变量 X 赋空矩阵的语句为 X = []。

注意:X = []与 clearX 不同,clear 是将 X 从工作空间中删除,而空矩阵则存在于工作空间中,只是维数为 0。

(3) 特殊矩阵。

常用的产生通用特殊矩阵的函数如下。

① zeros:产生全 0 矩阵(零矩阵)。

② ones:产生全 1 矩阵(幺矩阵)。

③ eye:产生单位矩阵。

④ rand:产生 0 ~ 1 间均匀分布的随机矩阵。

⑤ randn:产生均值为 0,方差为 1 的标准正态分布随机矩阵。

【例 6-3】 分别建立 3×3、3×2 和与矩阵 A 同样大小的零矩阵。

① 建立一个 3×3 零矩阵。

```
zeros(3)
```

运行结果如下。

```
ans =
    0    0    0
    0    0    0
    0    0    0
```

② 建立一个 3×2 零矩阵。

```
zeros(3,2)
```

运行结果如下。

```
ans =
    0    0
    0    0
    0    0
```

③ 设 A 为 2×3 矩阵,则可以用 zeros(size(A)) 建立一个与矩阵 A 同样大小的零矩阵。

```
A = [123;456];        %产生一个 2×3 阶矩阵 A
zeros(size(A))        %产生一个与矩阵 A 同样大小的零矩阵
```

运行结果如下。

```
A =
    1    2    3
    4    5    6
ans =
    0    0    0
    0    0    0
```

【例 6-4】　建立如下的随机矩阵。

① 在区间[20,50]内均匀分布的 5 阶随机矩阵。

② 均值为 0.6、方差为 0.1 的 5 阶正态分布随机矩阵。

MATLAB 程序如下。

```
x = 20 + (50 - 20) * rand(5)
y = 0.6 + sqrt(0.1) * randn(5)
```

运行结果如下。

```
x =
   44.4417   22.9262   24.7284   24.2566   39.6722
   47.1738   28.3549   49.1178   32.6528   21.0714
   23.8096   36.4064   48.7150   47.4721   45.4739
   47.4013   48.7252   34.5613   43.7662   48.0198
   38.9708   48.9467   44.0084   48.7848   40.3621
y =
    0.9272    0.8809    1.0549    0.5677    0.5905
    0.8299    0.2373    0.7028    0.5236    0.5479
    0.5040    0.2620    0.3613    0.7009    0.7985
    0.6929    0.3440    1.0333    0.6989    0.9457
    0.3510   -0.3311    0.0588    0.3265    0.95
```

此外,常用的函数还有 reshape(A,m,n),它在矩阵总元素保持不变的前提下,将矩阵 **A** 重新排成 $m \times n$ 的二维矩阵。

3. MATLAB 运算

1) 算术运算

(1) 基本算术运算。

MATLAB 的基本算术运算有:+(加)、-(减)、*(乘)、/(右除)、\(左除)、^(乘方)。

注意:运算是在矩阵意义下进行的,单个数据的算术运算只是一种特例。

(2) 矩阵加减运算。

假定有两个矩阵 **A** 和 **B**,则可以由 **A** + **B** 和 **A** - **B** 实现矩阵的加减运算。运算规则是:若 **A** 和 **B** 矩阵的维数相同,则可以执行矩阵的加减运算,**A** 和 **B** 矩阵的相应元素相加减。如果 **A** 与 **B** 的维数不相同,则 MATLAB 将给出错误信息,提示用户两个矩阵的维数不匹配。

(3) 矩阵乘法。

假定有两个矩阵 **A** 和 **B**,若 **A** 为 $m \times n$ 矩阵,**B** 为 $n \times p$ 矩阵,则 **C** = **AB** 为 $m \times p$ 矩阵。

(4) 矩阵除法。

在 MATLAB 中,有两种矩阵除法运算:"\" 和 "/",分别表示左除和右除。如果 **A** 矩阵是非奇异方阵，则 $A\backslash B$ 和 B/A 运算可以实现。$A\backslash B$ 等效于 A 的逆左乘 B 矩阵，也就是 inv(A)*B，而 B/A 等效于 A 矩阵的逆右乘 B 矩阵，也就是 B*inv(A)。

对于含有标量的运算，两种除法运算的结果相同，如 3/4 和 4\3 有相同的值，都等于 0.75。又如，设 a=[10.5,25]，则 a/5=5\a=[2.1000,5.0000]。对于矩阵来说，左除和右除表示两种不同的除数矩阵和被除数矩阵的关系。对于矩阵运算，一般 $A\backslash B \neq B/A$。

（5）矩阵的乘方。

一个矩阵的乘方运算可以表示成 A^x，要求 A 为方阵，x 为标量。

（6）点运算。

在 MATLAB 中，有一种特殊的运算，因为其运算符是在有关算术运算符前面加点，所以称为点运算。点运算符有 .* 、./、.\ 和 .^。两矩阵进行点运算是指它们的对应元素进行相关运算，要求两矩阵的维参数相同。

2）关系运算

MATLAB 提供了 6 种关系运算符：<（小于）、<=（小于或等于）、>（大于）、>=（大于或等于）、==（等于）、~=（不等于）。它们的含义不难理解，但要注意其书写方法与数学中的不等式符号不尽相同。关系运算符的运算法则如下。

（1）当两个比较量是标量时，直接比较两数的大小。若关系成立，关系表达式结果为 1，否则为 0。

（2）当参与比较的量是两个维数相同的矩阵时，比较是对两矩阵相同位置的元素按标量关系运算规则逐个进行，并给出元素比较结果。最终的关系运算的结果是一个维数与原矩阵相同的矩阵，它的元素由 0 或 1 组成。

（3）当参与比较的一个是标量，而另一个是矩阵时，则把标量与矩阵的每一个元素按标量关系运算规则逐个比较，并给出元素比较结果。最终的关系运算的结果是一个维数与原矩阵相同的矩阵，它的元素由 0 或 1 组成。

【例 6-5】 产生 5 阶随机方阵 A，其元素为[10,90]区间的随机整数，然后判断 A 的元素是否能被 3 整除。

① 生成 5 阶随机方阵 A。

```
A = fix((90 - 10 + 1) * rand(5) + 10)
```

② 判断 A 的元素是否可以被 3 整除。

```
P = rem(A,3) = = 0
```

运行结果如下。

```
A =
    23    58    46    76    18
    74    31    16    53    87
    35    62    28    90    10
    52    65    83    16    72
    23    70    22    45    76
P =
     0     0     0     0     1
     0     0     0     0     1
     0     0     0     1     0
     0     0     0     0     1
     0     0     0     1     0
```

其中,rem(A,3)是矩阵 **A** 的每个元素除以 3 的余数矩阵。此时,0 被扩展为与 **A** 同维数的零矩阵,P 是进行等于(==)比较的结果矩阵。

3) 逻辑运算

MATLAB 提供了 3 种逻辑运算符:&(与)、|(或)和 ~(非)。逻辑运算的运算法则如下。

(1) 在逻辑运算中,确认非零元素为真,用 1 表示;零元素为假,用 0 表示。

(2) 设参与逻辑运算的是两个标量 a 和 b,那么,$a\&b$ 与 a,b 全为非零时,运算结果为 1,否则为 0。$a \mid b$ 与 a,b 中只要有一个非零,运算结果为 1。$\sim a$ 中,当 a 是零时,运算结果为 1;当 a 非零时,运算结果为 0。

(3) 若参与逻辑运算的是两个同维矩阵,那么运算将对矩阵相同位置上的元素按标量规则逐个进行。最终运算结果是一个与原矩阵同维的矩阵,其元素由 1 或 0 组成。

(4) 若参与逻辑运算的一个是标量,一个是矩阵,那么运算将在标量与矩阵中的每个元素之间按标量规则逐个进行。最终运算结果是一个与矩阵同维的矩阵,其元素由 1 或 0 组成。

(5) 逻辑非是单目运算符,也服从矩阵运算规则。

(6) 在算术、关系、逻辑运算中,算术运算优先级最高,逻辑运算优先级最低。

【例 6-6】 建立矩阵 **A**,然后找出大于 4 的元素的位置。

① 建立矩阵 **A**。

```
A = [4, - 65, - 54,0,6;56,0,67, - 45,0]
```

② 找出大于 4 的元素的位置。

```
find(A > 4)
```

运行结果如下。

```
A =
    4   - 65   - 54    0    6
   56     0     67  - 45    0
ans =
    2
    6
    9
```

4) 矩阵分析

(1) 对角阵。

只有对角线上有非 0 元素的矩阵称为对角矩阵,对角线上的元素相等的对角矩阵称为数量矩阵,对角线上的元素都为 1 的对角矩阵称为单位矩阵。

① 提取矩阵的对角线元素。

设 **A** 为 $m \times n$ 矩阵,diag(A) 函数用于提取矩阵 **A** 主对角线的元素,产生一个具有 $\min\{m,n\}$ 个元素的列向量。diag(A) 函数还有一种形式 diag(A,k),其功能是提取第 k 条对角线的元素。

② 构造对角矩阵。

设 **V** 为具有 m 个元素的向量,diag(V) 函数将产生一个 $m \times m$ 对角矩阵,其主对角线元素即为向量 **V** 的元素。diag(V) 函数也有另一种形式 diag(V,k),其功能是产生一个 $n \times n (n = m + k)$ 对角阵,其第 k 条对角线的元素即为向量 **V** 的元素。

【例 6-7】 先建立 5×5 矩阵 **A**,然后将 **A** 的第一行元素乘以 1,第二行乘以 2,…,第五行乘以 5。

```
A = [17,0,1,0,15;23,5,7,14,16;4,0,13,0,22;10,12,19,21,3;...
11,18,25,2,19];
D = diag(1:5);
D* A                    %用 D 左乘 A,对 A 的每行乘以一个指定常数
```

运行结果如下。

```
ans =
     17      0      1      0     15
     46     10     14     28     32
     12      0     39      0     66
     40     48     76     84     12
     55     90    125     10     95
```

（2）三角阵。

三角阵又进一步分为上三角阵和下三角阵,所谓上三角阵,即矩阵的对角线以下的元素全为 0 的一种矩阵,而下三角阵则是对角线以上的元素全为 0 的一种矩阵。

① 上三角矩阵。

求矩阵 A 的上三角阵的 MATLAB 函数是 triu(A)。triu(A) 函数也有另一种形式 triu(A,k),其功能是求矩阵 **A** 的第 k 条对角线以上的元素。例如,提取矩阵 **A** 的第 2 条对角线以上的元素,形成新的矩阵 **B**。

② 下三角矩阵。

在 MATLAB 中,提取矩阵 **A** 的下三角矩阵的函数是 tril(A) 和 tril(A,k),其用法与提取上三角矩阵的函数 triu(A) 和 triu(A,k) 完全相同。

5）矩阵的转置与旋转

（1）矩阵的转置。

转置运算符是单撇号(')。

（2）矩阵的旋转。

利用函数 rot90(A,k) 将矩阵 **A** 旋转 90° 的 k 倍,当 k 为 1 时可省略。

（3）矩阵的左右翻转。

对矩阵实施左右翻转是将原矩阵的第一列和最后一列调换,第二列和倒数第二列调换 …… 依此类推。MATLAB 对矩阵 **A** 实施左右翻转的函数是 fliplr(A)。

（4）矩阵的上下翻转。

MATLAB 对矩阵 **A** 实施上下翻转的函数是 flipud(A)。

4. 字符串

在 MATLAB 中,字符串是用单撇号括起来的字符序列。MATLAB 将字符串当作一个行向量,每个元素对应一个字符,其标识方法和数值向量相同。也可以建立多行字符串矩阵。

字符串是以 ASCII 码的形式存储的。abs 和 double 函数都可以用于获取字符串矩阵所对应的 ASCII 码数值矩阵。相反,char 函数可以把 ASCII 码矩阵转换为字符串矩阵。

【例 6-8】 建立一个字符串向量,然后对该向量做如下处理。

（1）取第 1 ~ 5 个字符组成的子字符串。

（2）将字符串倒过来重新排列。

（3）将字符串中的小写字母变成相应的大写字母,其余字符不变。

（4）统计字符串中小写字母的个数。

MATLAB 程序如下。

```
ch= 'ABc123d4e56Fg9';
subch = ch(1:5)                      % 取子字符串
revch = ch(end: - 1:1)               % 将字符串倒排
k = find(ch > = 'a'&ch < = 'z');     % 找小写字母的位置
ch(k) = ch(k) - ('a' - 'A');         % 将小写字母变成相应的大写字母
char(ch)
length(k)                            % 统计小写字母的个数
```

运行结果如下。

```
subch = ABc12
revch = 9gF65e4d321cBA
ans = ABC123D4E56FG9
ans = 4
```

与字符串有关的另一个重要函数是 eval,其调用格式如下。

eval(t)

其中,t 为字符串。它的作用是把字符串的内容作为对应的 MATLAB 语句来执行。

5. 结构数据和单元数据

1) 结构数据

(1) 结构矩阵的建立与引用。

结构矩阵的元素可以是不同的数据类型,它能将一组具有不同属性的数据纳入到一个统一的变量名下进行管理。建立一个结构矩阵可以采用给结构成员赋值的办法。具体格式如下。

结构矩阵名. 成员名 = 表达式;

其中,表达式应理解为矩阵表达式。

(2) 结构成员的修改。

可以根据需要增加或删除结构的成员。例如,要给结构矩阵 a 增加一个成员 x4,可给 a 中任意一个元素增加成员 x4,具体如下。

```
a(1).x4 = '410075';
```

但其他成员均为空矩阵,可以使用赋值语句给它赋予确定的值。要删除结构的成员,则可以使用 rmfield 函数来完成。例如,删除成员 x4 的命令如下。

```
a = rmfield(a,'x4');
```

(3) 关于结构的函数。

除了一般的结构数据的操作外,MATLAB 还提供了部分函数来进行结构矩阵的操作。

2) 单元数据

(1) 单元矩阵的建立与引用。

建立单元矩阵和一般矩阵相似,只是矩阵元素用大括号括起来。可以用带有大括号下标的形式引用单元矩阵元素。例如,b{3,3}。单元矩阵的元素可以是结构或单元数据。

可以使用 celldisp 函数来显示整个单元矩阵,如 celldisp(b)。还可以删除单元矩阵中的某个元素。

(2) 关于单元的函数。

MATLAB 还提供了部分函数用于单元的操作。

6. 稀疏矩阵

1）矩阵存储方式

MATLAB 的矩阵有两种存储方式：完全存储方式和稀疏存储方式。

（1）完全存储方式。

完全存储方式是将矩阵的全部元素按列存储。以前讲到的矩阵的存储方式都是按这个方式存储的，此存储方式对稀疏矩阵也适用。

（2）稀疏存储方式。

稀疏存储方式为仅存储矩阵所有的非零元素的值及其位置，即行号和列号。在 MATLAB 中，稀疏存储方式也是按列存储的。

> 注意：在讲稀疏矩阵时，有两个不同的概念，一是指矩阵的 0 元素较多，该矩阵是一个具有稀疏特征的矩阵，二是指采用稀疏方式存储的矩阵。

2）稀疏存储方式的产生

（1）将完全存储方式转化为稀疏存储方式。

函数 A = sparse(S) 将矩阵 S 转化为稀疏存储方式的矩阵 A。当矩阵 S 是稀疏存储方式时，则函数调用相当于 $A = S$。sparse 函数还有其他一些调用格式，具体如下。

① **sparse(m,n)**：生成一个 $m \times n$ 的所有元素都是 0 的稀疏矩阵。

② **sparse(u,v,S)**：u, v, S 是 3 个等长的向量。S 是要建立的稀疏矩阵的非 0 元素，$u(i)$、$v(i)$ 分别是 $S(i)$ 的行和列下标，该函数建立一个 $\max(u)$ 行、$\max(v)$ 列并以 S 为稀疏元素的稀疏矩阵。

此外，还有一些与稀疏矩阵操作有关的函数。例如：

① **[u,v,S] = find(A)**：返回矩阵 A 中非 0 元素的下标和元素。这里产生的 u, v, S 可作为 sparse(u,v,S) 的参数。

② **full(A)**：返回与稀疏存储矩阵 A 对应的完全存储方式矩阵。

（2）产生稀疏存储矩阵。

只把要建立的稀疏矩阵的非 0 元素及其所在行和列的位置表示出来后由 MATLAB 自己产生其稀疏存储，这需要使用 spconvert 函数。其调用格式为如下。

$$B = spconvert(A)$$

其中，A 为一个 $m \times 3$ 或 $m \times 4$ 的矩阵，其每行表示一个非 0 元素，m 是非 0 元素的个数，A 中每个元素的意义如下。

① (i,1)　　表示第 i 个非 0 元素所在的行。

② (i,2)　　表示第 i 个非 0 元素所在的列。

③ (i,3)　　表示第 i 个非 0 元素值的实部。

④ (i,4)　　表示第 i 个非 0 元素值的虚部，若矩阵的全部元素都是实数，则无须第四列。

该函数将 A 所描述的一个稀疏矩阵转化为一个稀疏存储矩阵。

（3）带状稀疏存储矩阵。

可用 spdiags 函数产生带状稀疏矩阵的稀疏存储，其调用格式如下。

$$A = spdiags(B,d,m,n)$$

其中，参数 m, n 为原带状矩阵的行数与列数。B 为 $r \times p$ 阶矩阵，这里 $r = \min\{m,n\}$，p 为原带状矩阵所有非零对角线的条数，矩阵 B 的第 i 列即为原带状矩阵的第 i 条非零对角线。

（4）单位矩阵的稀疏存储。

单位矩阵只有对角线元素为 1，其他元素都为 0，是一种具有稀疏特征的矩阵。函数 eye 产生一个完全存储方式的单位矩阵。MATLAB 还有一个产生稀疏存储方式的单位矩阵的函数，这就是 speye。函数 speye(m,n) 返回一个 $m \times n$ 的稀疏存储单位矩阵。

6.2.2　MATLAB 数据分析与多项式计算

1. 数据统计处理

1）最大值和最小值

MATLAB 提供的求数据序列的最大值和最小值的函数分别为 max 和 min，两个函数的调用格式和操作过程类似。

（1）求向量的最大值和最小值。

求一个向量 X 的最大值的函数有两种调用格式，分别如下。

- $y = \max(X)$：返回向量 X 的最大值存入 y，如果 X 中包含复数元素，则按模取最大值。
- $[y, I] = \max(X)$：返回向量 X 的最大值存入 y，最大值的序号存入 I，如果 X 中包含复数元素，则按模取最大值。

求向量 X 的最小值的函数是 min(X)，用法与 max(X) 完全相同。

【例 6-9】　求向量 x 的最大值。

MATLAB 程序如下。

```
x = [- 43,72,9,16,23,47];
y = max(x)              % 求向量 x 中的最大值
[y,1] = max(x)   % 求向量 x 中的最大值及其该元素的位置
```

运行结果如下。

```
y = 72
y = 72
1 = 2
```

（2）求矩阵的最大值和最小值。

求矩阵 A 的最大值的函数有三种调用格式，分别如下。

- $\max(A)$：返回一个行向量，向量的第 i 个元素是矩阵 A 的第 i 列上的最大值。
- $[Y, U] = \max(A)$：返回行向量 Y 和 U。Y 向量记录 A 的每列的最大值，U 向量记录每列最大值的行号。
- $\max(A, [], \text{dim})$：dim 取 1 或 2。dim 取 1 时，该函数和 max(A) 完全相同；dim 取 2 时，该函数返回一个列向量，其第 i 个元素是 A 矩阵的第 i 行上的最大值。

求最小值的函数是 min，其用法和 max 完全相同。

（3）两个向量或矩阵对应元素的比较。

函数 max 和 min 还能对两个同型的向量或矩阵进行比较，其调用格式如下。

- $U = \max(A, B)$：A，B 是两个同型的向量或矩阵，结果 U 是与 A，B 同型的向量或矩阵，U 的每个元素等于 A，B 对应元素的较大者。
- $U = \max(A, n)$：n 是一个标量，结果 U 是与 A 同型的向量或矩阵，U 的每个元素等于 A 对应元素和 n 中的较大者。

min 函数的用法和 max 完全相同。

2）求和与求积

数据序列求和与求积的函数是 sum 和 prod，其使用方法类似。设 X 是一个向量，A 是一个矩阵，函数的调用格式如下。

- **sum(X)**：返回向量 **X** 各元素的和。
- **prod(X)**：返回向量 **X** 各元素的乘积。
- **sum(A)**：返回一个行向量，其第 i 个元素是 **A** 的第 i 列的元素和。
- **prod(A)**：返回一个行向量，其第 i 个元素是 **A** 的第 i 列的元素乘积。
- **sum(A,dim)**：当 dim 为 1 时，该函数等同于 sum(A)；当 dim 为 2 时，返回一个列向量，其第 i 个元素是 **A** 的第 i 行的各元素之和。
- **prod(A,dim)**：当 dim 为 1 时，该函数等同于 prod(A)；当 dim 为 2 时，返回一个列向量，其第 i 个元素是 **A** 的第 i 行的各元素乘积。

3）平均值和中值

求数据序列平均值的函数是 mean，求数据序列中值的函数是 median。两个函数的调用格式如下。

- **mean(X)**：返回向量 **X** 的算术平均值。
- **median(X)**：返回向量 **X** 的中值。
- **mean(A)**：返回一个行向量，其第 i 个元素是 **A** 的第 i 列的算术平均值。
- **median(A)**：返回一个行向量，其第 i 个元素是 **A** 的第 i 列的中值。
- **mean(A,dim)**：当 dim 为 1 时，该函数等同于 mean(A)；当 dim 为 2 时，返回一个列向量，其第 i 个元素是 **A** 的第 i 行的算术平均值。
- **median(A,dim)**：当 dim 为 1 时，该函数等同于 median(A)；当 dim 为 2 时，返回一个列向量，其第 i 个元素是 **A** 的第 i 行的中值。

4）累加和与累乘积

在 MATLAB 中，使用 cumsum 和 cumprod 函数能方便地求得向量和矩阵元素的累加和与累乘积向量，函数的调用格式为如下。

- **cumsum(X)**：返回向量 **X** 累加和向量。
- **cumprod(X)**：返回向量 **X** 累乘积向量。
- **cumsum(A)**：返回一个矩阵，其第 i 列是 **A** 的第 i 列的累加和向量。
- **cumprod(A)**：返回一个矩阵，其第 i 列是 **A** 的第 i 列的累乘积向量。
- **cumsum(A,dim)**：当 dim 为 1 时，该函数等同于 cumsum(A)；当 dim 为 2 时，返回一个矩阵，其第 i 行是 **A** 的第 i 行的累加和向量。
- **cumprod(A,dim)**：当 dim 为 1 时，该函数等同于 cumprod(A)；当 dim 为 2 时，返回一个向量，其第 i 行是 **A** 的第 i 行的累乘积向量。

5）标准方差与相关系数

（1）求标准方差。

在 MATLAB 中，提供了计算数据序列的标准方差的函数 std。对于向量 **X**，std(X) 返回一个标准方差。对于矩阵 **A**，std(A) 返回一个行向量，它的各个元素便是矩阵 **A** 各列或各行的标准方差。std 函数的一般调用格式如下。

$$Y = std(A, flag, dim)$$

其中，dim 取 1 或 2。当 dim = 1 时，求各列元素的标准方差；当 dim = 2 时，则求各行元素的标准方差。flag 取 0 或 1，当 flag = 0 时，按 σ_1 所列公式计算标准方差，当 flag = 1 时，按 σ_2 所列公式计算标准方差。默认 flag = 0，dim = 1。

（2）相关系数。

MATLAB 提供了 corrcoef 函数，可以求出数据的相关系数矩阵。corrcoef 函数的调用格式如下。

- **corrcoef(X)**：返回从矩阵 **X** 形成的一个相关系数矩阵。此相关系数矩阵的大小与矩阵 **X** 一样。它把矩阵 **X** 的每列作为一个变量，然后求它们的相关系数。
- **corrcoef(X,Y)**：此处，**X**,**Y** 是向量，它们与 corrcoef([X,Y]) 的作用一样。

【例 6-10】 生成满足正态分布的 10 000×5 随机矩阵，然后求各列元素的均值和标准方差，再求这 5 列随机数据的相关系数矩阵。

MATLAB 程序如下。

```
X = randn(10000,5);
M = mean(X)
D = std(X)
R = corrcoef(X)
```

运行结果如下。

```
M =
    - 0.0015    - 0.0003    - 0.0035    - 0.0024    - 0.0097
D =
    0.9885      0.9914      0.9996      0.9848      1.0125
R =
    1.0000      0.0075      - 0.0007    0.0129      - 0.0004
    0.0075      1.0000      - 0.0029    - 0.0135    - 0.0043
    - 0.0007    - 0.0029    1.0000      - 0.0195    - 0.0025
    0.0129      - 0.0135    - 0.0195    1.0000      0.0121
    - 0.0004    - 0.0043    - 0.0025    0.0121      1.0000
```

6）排序

MATLAB 中对向量 **X** 是排序函数是 sort(X)，函数返回一个对 **X** 中的元素按升序排列的新向量。sort 函数也可以对矩阵 **A** 的各列或各行重新排序，其调用格式如下。

$$[Y,I] = sort(A,dim)$$

其中，dim 表示对 **A** 的列还是行进行排序。若 dim = 1，则按列排序；若 dim = 2，则按行排序。**Y** 是排序后的矩阵，而 I 记录 **Y** 中的元素在 **A** 中位置。

2. 数据插值

1）一维数据插值

在 MATLAB 中，实现这些插值的函数是 interp1，其调用格式如下。

$$Y1 = interp1(X,Y,X1,'method')$$

函数根据 X,Y 的值，计算函数在 X1 处的值。X,Y 是两个等长的已知向量，分别描述采样点和样本值，X1 是一个向量或标量，描述欲插值的点，Y1 是一个与 X1 等长的插值结果。method 是插值方法，允许的取值有'linear'、'nearest'、'cubic'、'spline'。

> **注意**：X1 的取值范围不能超出 X 的给定范围，否则，MATLAB 会给出"NaN"错误。

【例 6-11】 某观测站测得某日 6:00 时至 18:00 时之间每隔 2 小时的室内外温度(℃)，用 3 次样条插值分别求得该日室内外 6:30 至 17:30 时之间每隔 2 小时各点的近似温度(℃)。设时间变量 h 为一个行向量，温度变量 t 为一个两列矩阵，其中第一列存放室内温度，第二列储存室外温度。

MATLAB 程序如下。

```
h = 6:2:18;
t = [18,20,22,25,30,28,24;15,19,24,28,34,32,30]';
XI = 6.5:2:17.5
YI = interp1(h,t,XI,'spline')          %用 3 次样条插值计算
```

运行结果如下。

```
XI =
    6.5000   8.5000   10.5000   12.5000   14.5000   16.5000

YI =
    18.5020   15.6553
    20.4986   20.3355
    22.5193   24.9089
    26.3775   29.6383
    30.2051   34.2568
    26.8178   30.9594
```

2）二维数据插值

在 MATLAB 中，提供了解决二维插值问题的函数 interp2，其调用格式如下。

$$Z1 = \text{interp2}(X,Y,Z,X1,Y1,\text{'method'})$$

其中，X，Y 是两个向量，分别描述两个参数的采样点；Z 是与参数采样点对应的函数值；X1，Y1 是两个向量或标量，描述欲插值的点；Z1 是根据相应的插值方法得到的插值结果；method 的取值与一维插值函数相同；X，Y，Z 也可以是矩阵形式。同样，X1，Y1 的取值范围不能超出 X，Y 的给定范围，否则，MATLAB 会给出"NaN"错误。

【例 6-12】 某实验对一根长 10m 的钢轨进行热源的温度传播测试。用 x 表示测量点 0:2.5:10(m)，用 h 表示测量时间 0:30:60(s)，用 T 表示测试所得各点的温度(℃)。试用线性插值求出在一分钟内每隔 20s、钢轨每隔 1m 处的温度 TI。

MATLAB 程序如下。

```
x = 0:2.5:10;
h = [0:30:60]';
T = [95,14,0,0,0;88,48,32,12,6;67,64,54,48,41];
xi = [0:10];
hi = [0:20:60]';
TI = interp2(x,h,T,xi,hi)
```

运行结果如下。

```
TI =
Columns1through7
    95.0000   62.6000   30.2000   11.2000    5.6000       0       0
    90.3333   68.8667   47.4000   33.6000   27.4667   21.3333   16.0000
    81.0000   69.9333   58.8667   50.5333   44.9333   39.3333   33.2000
    67.0000   65.8000   64.6000   62.0000   58.0000   54.0000   51.6000

Columns8through11
       0       0       0       0
    10.6667    7.2000    5.6000    4.0000
    27.0667   22.7333   20.2000   17.6667
    49.2000   46.6000   43.8000   41.0000
```

3. 曲线拟合

在 MATLAB 中,用 polyfit 函数来求得最小二乘拟合多项式的系数,再用 polyval 函数按所得的多项式计算所给出的点上的函数近似值。polyfit 函数的调用格式如下。

$$[\boldsymbol{P}, \boldsymbol{S}] = \mathbf{polyfit}(\boldsymbol{X}, \boldsymbol{Y}, \mathbf{m})$$

函数根据采样点 X 和采样点函数值 Y,产生一个 m 次多项式 $\boldsymbol{P}$ 及其在采样点的误差向量 $\boldsymbol{S}$。其中,$\boldsymbol{X}, \boldsymbol{Y}$ 是两个等长的向量;$\boldsymbol{P}$ 是一个长度为 $m+1$ 的向量,$\boldsymbol{P}$ 的元素为多项式系数。

polyval 函数的功能是按多项式的系数计算 x 点多项式的值,将在 6.5.3 小节中详细介绍。

4. 离散傅里叶变换

一维离散傅里叶变换函数,其调用格式与功能如下。

(1) **fft(X)**:返回向量 X 的离散傅里叶变换。设 X 的长度(即元素个数)为 N,若 N 为 2 的幂次,则为以 2 为基数的快速傅里叶变换,否则为运算速度很慢的非 2 幂次的算法。对于矩阵 X,$\mathrm{fft}(X)$ 应用于矩阵的每一列。

(2) **fft(X,N)**:计算 N 点离散傅里叶变换。它限定向量的长度为 N,若 X 的长度小于 N,则不足部分补上零;若大于 N,则删去超出 N 的那些元素。对于矩阵 X,它同样应用于矩阵的每一列,只是限定了向量的长度为 N。

(3) **fft(X,[ ],dim)** 或 **fft(X,N,dim)**:这是对于矩阵而言的函数调用格式,前者的功能与 FFT(X) 基本相同,而后者则与 FFT(X,N) 基本相同。只是当参数 dim = 1 时,该函数作用于 X 的每一列;当 dim = 2 时,则作用于 X 的每一行。

值得一提的是,当已知给出的样本数 N_0 不是 2 的幂次时,可以取一个 N 使它大于 N_0 且是 2 的幂次,然后利用函数格式 fft(X,N) 或 fft(X,N,dim) 便可进行快速傅里叶变换。这样,计算速度将大大加快。

相应地,一维离散傅里叶逆变换函数是 ifft。其调用格式如下。

● **ifft(F)**:返回 F 的一维离散傅里叶逆变换。
● **ifft(F,N)**:为 N 点逆变换。
● **ifft(F,[ ],dim)** 或 **ifft(F,N,dim)**:由 N 或 dim 确定逆变换的点数或操作方向。

【例 6-13】 给定数学函数

$$x(t) = 12\sin(2\pi \times 10t + \pi/4) + 5\cos(2\pi \times 40t)$$

取 $N = 128$,试对 t 从 0～1s 采样,用 fft 函数进行快速傅里叶变换,绘制相应的振幅—频率图。

【分析】 在 0～1s 时间范围内采样 128 点,从而可以确定采样周期和采样频率。由于离散傅里叶变换时的下标应是从 0 到 $N-1$,故在实际应用时下标应该前移 1。又考虑到对于离散傅里叶变换来说,其振幅 $|F(k)|$ 是关于 $N/2$ 对称的,故只需使 k 从 0 到 $N/2$ 即可。

MATLAB 程序如下。

```
N = 128;                                        % 采样点数
T = 1;                                          % 采样时间终点
t = linspace(0,T,N);                            % 给出 N 个采样时间 ti(i = 1:N)
x = 12* sin(2* pi* 10* t+pi/4)+5* cos(2* pi* 40* t);  % 求各采样点样本值 x
dt = t(2) - t(1);                               % 采样周期
f = 1/dt;                                       % 采样频率(Hz)
X = fft(x);                                      % 计算 x 的快速傅里叶变换 X
F = X(1:N/2+1);                                 % F(k) = X(k)(k = 1:N/2+1)
f = f* (0:N/2)/N;                               % 使频率轴 f 从零开始
plot(f,abs(F),'- * ')                           % 绘制振幅 - 频率图
xlabel('Frequency');
ylabel('| F(k)| ')
```

运行结果如 6-1 所示。

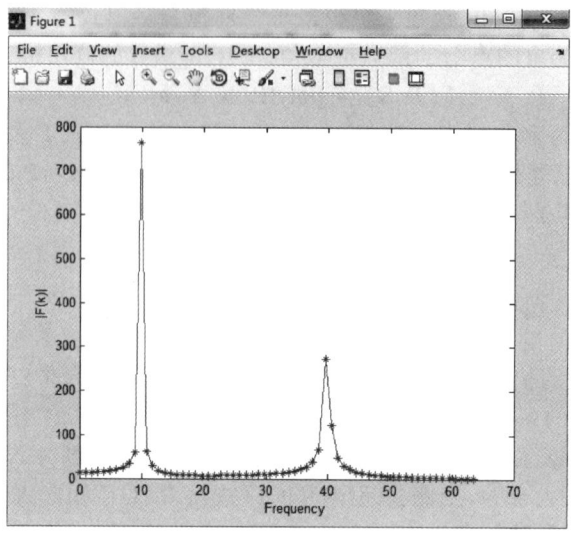

图 6-1   例 6-13 的运行结果

5．多项式计算

1）多项式的四则运算

（1）多项式的加减运算。

（2）多项式乘法运算。

函数 conv(P1,P2) 用于求多项式 P1 和 P2 的乘积。其中，P1、P2 是两个多项式系数向量。

（3）多项式除法运算。

函数 [Q,r] = deconv(P1,P2) 用于对多项式 P1 和 P2 做除法运算。其中，Q 返回多项式 P1 除以 P2 的商式，r 返回 P1 除以 P2 的余式。这里，Q 和 r 仍是多项式系数向量。deconv 是 conv 的逆函数，即有 P1 = conv(P2,Q) + r。

2）多项式的导函数

对多项式求导数的函数格式如下。

- **p = polyder(P)**：求多项式 P 的导函数。
- **p = polyder(P,Q)**：求 P · Q 的导函数。
- **[p,q] = polyder(P,Q)**：求 P/Q 的导函数，导函数的分子存入 p，分母存入 q。

上述函数中，参数 P,Q 是多项式的向量表示，结果 p,q 也是多项式的向量表示。

【例 6-14】　求有理分式的导数。

MATLAB 程序如下。

```
P = [1];
Q = [1,0,5];
[p,q] = polyder(P,Q)
```

运行结果如下。

```
p =
    -2    0

q =
     1    0    10    0    25
```

3）多项式的求值

MATLAB 提供了两种求多项式值的函数：polyval 与 polyvalm，它们的输入参数均为多项式系数向量 P 和自变量 x。两者的区别在于前者是代数多项式求值，而后者是矩阵多项式求值。

（1）代数多项式求值。

polyval 函数用来求代数多项式的值，其调用格式如下。

$$\mathbf{Y = polyval(P, x)}$$

其中，若 x 为一数值，则求多项式在该点的值；若 x 为向量或矩阵，则对向量或矩阵中的每个元素求其多项式的值。

（2）矩阵多项式求值。

polyvalm 函数用于求矩阵多项式的值，其调用格式与 polyval 相同，但含义不同。polyvalm 函数要求 x 为方阵，它以方阵为自变量求多项式的值。设 A 为方阵，P 代表多项式 $x^3 - 5x^2 + 8$，那么 polyvalm(P, A) 的含义是：

```
A* A* A- 5* A* A+ 8* eye(size(A))
```

而 polyval(P, A) 的含义是：

```
A.* A.* A- 5* A.* A+ 8* ones(size(A))
```

（3）多项式求根。

n 次多项式具有 n 个根，当然这些根可能是实根，也可能含有若干对共轭复根。MATLAB 提供的 roots 函数用于求多项式的全部根，其调用格式如下。

$$\mathbf{x = roots(P);}$$

其中，P 为多项式的系数向量，求得的根赋给向量 x，即 $x(1), x(2), \cdots, x(n)$ 分别代表多项式的 n 个根。

【例 6-15】 求多项式 $x^4 + 8x^3 - 10$ 的根。

MATLAB 程序如下。

```
A = [1,8,0,0, - 10];
x = roots(A)
```

运行结果如下。

```
x =
    - 8.0194
    1.0344
    - 0.5075+ 0.9736i
    - 0.5075- 0.9736i
```

若已知多项式的全部根，则可以用 poly 函数建立起该多项式，其调用格式如下。

$$\mathbf{P = poly(x)}$$

其中，若 x 为具有 n 个元素的向量，则 poly(x) 将建立以 x 为其根的多项式，并且将该多项式的系数赋给向量 P。

【例 6-16】 已知 $f(x)$，求：

（1）计算 $f(x) = 0$ 的全部根；

（2）由方程 $f(x) = 0$ 的根构造一个多项式 $g(x)$，并与 $f(x)$ 进行对比。

MATLAB 程序如下。

```
P = [3,0,4, - 5, - 7.2,5];
X = roots(P)              % 求方程 f(x) = 0 的根
G = poly(X)              % 求多项式 g(x)
```

运行结果如下。

```
X =
    - 0.3046 + 1.6217i
    - 0.3046 - 1.6217i
    - 1.0066
    1.0190
    0.5967
G =
    1.0000    - 0.0000    1.3333    - 1.6667    - 2.4000    1.6667
```

6.2.3 MATLAB 解方程与函数极值

1. 线性方程组求解

1) 直接解法

（1）利用左除运算符的直接解法。

对于线性方程组 $Ax = b$，可以利用左除运算符"\\"求解，MATLAB 语句如下。

```
x = A\b
```

【例 6-17】 用直接解法求解下列线性方程组。

MATLAB 程序如下。

```
A = [2,1,-5,1;1,-5,0,7;0,2,1,-1;1,6,-1,-4];
b = [13,- 9,6,0]';
x = A\b
```

运行结果如下。

```
x =
    - 66.5556
    25.6667
    - 18.7778
    26.5556
```

（2）利用矩阵的分解求解线性方程组。

矩阵分解是指根据一定的原理用某种算法将一个矩阵分解成若干个矩阵的乘积。常见的矩阵分解有 LU 分解、QR 分解、Cholesky 分解，以及 Schur 分解、Hessenberg 分解、奇异分解等。

2) 迭代解法

迭代解法非常适合求解大型系数矩阵的方程组。在数值分析中，迭代解法主要包括 Jacobi 迭代法、Gauss-Serdel 迭代法、超松弛迭代法和两步迭代法。

（1）Jacobi 迭代法。

对于线性方程组 $Ax = b$，如果 A 为非奇异方阵，即 $a_{ii} \neq 0 (i = 1,2,\cdots,n)$，则可将 A 分解为 $A = D - L - U$，其中 D 为对角阵，其元素为 A 的对角元素，L 与 U 为 A 的下三角阵和上三角阵。于是 $Ax = b$ 化为：$x = D^{-1}(L+U)x + D^{-1}b$。与之对应的迭代公式为：$x(k+1) = D^{-1}(L+U)x(k) + D^{-1}b$。这就是 Jacobi 迭代公式。如果序列 $\{x(k+1)\}$ 收敛于 x，则 x 必是方程 $Ax = b$ 的解。

Jacobi 迭代法的 MATLAB 函数文件 Jacobi.m 如下。

```
function[y,n] = jacobi(A,b,x0,eps)
ifnargin = = 3
    eps = 1.0e - 6;
elseifnargin < 3
    error
    return
end
D = diag(diag(A));        %求 A 的对角矩阵
L = - tril(A, - 1);       %求 A 的下三角阵
U = - triu(A,1);          %求 A 的上三角阵
B = D\(L + U);
f = D\b;
y = B* x0 + f;
n = 1;                    %迭代次数
whilenorm(y - x0) > = eps
    x0 = y;
    y = B* x0 + f;
    n = n + 1;
end
```

（2）Gauss-Serdel 迭代法。

在 Jacobi 迭代过程中，计算式已经得到，即原来的迭代公式 $\boldsymbol{D}x^{k+1} = (\boldsymbol{L} + \boldsymbol{U})x^k + \boldsymbol{b}$ 可以改进为 $\boldsymbol{D}x^{k+1} = \boldsymbol{L}x^{k+1} + \boldsymbol{U}x^k + \boldsymbol{b}$，于是得到如下公式。

$$x^{k+1} = (\boldsymbol{D} - \boldsymbol{L})^{-1}\boldsymbol{U}x^k + (\boldsymbol{D} - \boldsymbol{L})^{-1}\boldsymbol{b}$$

该式即为 Gauss-Serdel 迭代公式。与 Jacobi 迭代相比，Gauss-Serdel 迭代用新分量代替旧分量，精度会高些。

Gauss-Serdel 迭代法的 MATLAB 函数文件 gauseidel. m 如下。

```
function[y,n] = gauseidel(A,b,x0,eps)
ifnargin = = 3
    eps = 1.0e - 6;
elseifnargin < 3
    error
    return
end
D = diag(diag(A));        %求 A 的对角矩阵
L = - tril(A, - 1);       %求 A 的下三角阵
U = - triu(A,1);          %求 A 的上三角阵
G = (D - L)\U;
f = (D - L)\b;
y = G* x0 + f;
n = 1;                    %迭代次数
whilenorm(y - x0) > = eps
    x0 = y;
    y = G* x0 + f;
    n = n + 1;
end
```

2. 非线性方程数值求解

1）单变量非线性方程求解

在 MATLAB 中提供了一个 fzero 函数，可以用于求单变量非线性方程的根。该函数的调用格式如下。

$$z = fzero('fname', x0, tol, trace)$$

其中，fname 是待求根的函数文件名；x0 为搜索的起点；一个函数可能有多个根，但 fzero 函数只给出离 x0 最近的那个根；tol 控制结果的相对精度，默认时取 tol = eps；trace 用于指定迭代信息是否在运算中显示，为 1 时显示，为 0 时不显示，默认时取 trace = 0。

2）非线性方程组的求解

对于非线性方程组 $F(X) = 0$，用 fsolve 函数求其数值解。fsolve 函数的调用格式如下。

$$X = fsolve('fun', X0, option);$$

其中，X 为返回的解，fun 是用于定义需求解的非线性方程组的函数文件名；X0 是求根过程的初值；option 为最优化工具箱的选项设定。最优化工具箱提供了 20 多个选项，用户可以使用 optimset 命令将它们显示出来。如果想改变其中某个选项，则可以调用 optimset() 函数来完成。例如，Display 选项决定函数调用时中间结果的显示方式，其中'off'为不显示，'iter'表示每步都显示，'final'只显示最终结果。optimset('Display', 'off') 将设定 Display 选项为'off'。

3. 常微分方程初值问题的数值解法

将求得的解代回原方程，可以检验结果是否正确，其 MATLAB 程序如下。

```
q = myfun(x)
q =
1.0e - 009*
   0.2375    0.2957
```

可见得到了较高精度的结果。

4. 函数极值

MATLAB 提供了基于单纯形算法求解函数极值的函数 fmin 和 fmins，它们分别用于单变量函数和多变量函数的最小值，其调用格式如下。

$$x = fmin('fname', x1, x2); x = fmins('fname', x0)$$

这两个函数的调用格式相似。其中，fmin 函数用于求单变量函数的最小值点；fname 是被最小化的目标函数名；x1 和 x2 用于限定自变量的取值范围；fmins 函数用于求多变量函数的最小值点；x0 是求解的初始值向量。

MATLAB 没有专门提供求函数最大值的函数，但只要注意到 $-f(x)$ 在区间 (a, b) 上的最小值就是 $f(x)$ 在 (a, b) 的最大值，所以 fmin(f, x1, x2) 返回函数 $f(x)$ 在区间 (x1, x2) 上的最大值。

 6.3 MATLAB 基本程序控制语句

1. 顺序结构

1）数据的输入

从键盘输入数据，则可以使用 input 函数来进行，该函数的调用格式如下。

$$A = input(提示信息, 选项);$$

其中,提示信息为一个字符串,用于提示用户输入什么样的数据。如果在 input 函数调用时采用's'选项,则允许用户输入一个字符串。例如,想输入一个人的姓名,可采用如下语句。

```
xm = input('What''syourname?','s');
```

2)数据的输出

MATLAB 提供的命令窗口输出函数主要有 disp 函数,其调用格式如下。

disp(输出项);

其中,输出项既可以为字符串,也可以为矩阵。

【例 6-18】 输入 x,y 的值,并将它们的值互换后输出。

MATLAB 程序如下。

```
x = input('Inputxplease.');
y = input('Inputyplease.');
z = x;
x = y;
y = z;
disp(x);
disp(y);
```

运行结果如下。

```
Inputxplease.x
Inputyplease.y
x = 72
y = - 66.5556
  25.6667
    - 18.7778
  26.5556
```

【例 6-19】 求一元二次方程 $ax^2 + bx + c = 0$ 的根。

MATLAB 程序如下。

```
a = input('a = ?');
b = input('b = ?');
c = input('c = ?');
d = b* b - 4* a* c;
x = [(-b+ sqrt(d))/(2* a),(- b - sqrt(d))/(2* a)];
disp(['x1 = ',num2str(x(1)),',x2 = ',num2str(x(2))]);
```

运行结果如下。

```
a = ?6
b = ?8
c = ?12
x1 = - 0.66667+ 1.2472i,x2 = - 0.66667- 1.2472i
```

3)程序的暂停

暂停程序的执行可以使用 pause 函数,其调用格式为如下。

pause(延迟秒数);

如果省略延迟时间,直接使用 pause,则将暂停程序,直到用户按任意键后程序继续执行。若要强行中止程序的运行可使用 Ctrl + C 组合键。

2. 选择结构

1）if 语句

在 MATLAB 中，if 语句有三种格式。

（1）单分支 if 语句。其格式如下。

if 条件

       语句组

end

当条件成立时，则执行语句组，执行完之后继续执行 if 语句的后继语句，若条件不成立，则直接执行 if 语句的后继语句。

（2）双分支 if 语句。其格式如下。

if 条件

       语句组 1

  else

       语句组 2

end

当条件成立时，执行语句组 1，否则执行语句组 2，语句组 1 或语句组 2 执行后，再执行 if 语句的后继语句。

【例 6-20】 计算分段函数的值。

MATLAB 程序如下。

```
x = input('请输入 x 的值:');
ifx < = 0
y = (x + sqrt(pi))/exp(2);
    else
y = log(x + sqrt(1 + x* x))/2;
end
```

运行结果如下。

    请输入 x 的值:

（3）多分支 if 语句。其格式如下。

if 条件 1

  语句组 1

elseif   条件 2

  语句组 2

    ……

elseif   条件 m

  语句组 m

else

  语句组 n

end

该语句用于实现多分支选择结构。

【例 6-21】 输入一个字符，若为大写字母，则输出其对应的小写字母；若为小写字母，则输出其对应的大写字母;若为数字字符则输出其对应的数值,若为其他字符则原样输出。

MATLAB 程序如下。

```
c = input('请输入一个字符 ','s');
ifc > = 'A'&c < = 'Z'
    disp(setstr(abs(c) + abs('a') - abs('A')));
      elseifc > = 'a'&c < = 'z'
    disp(setstr(abs(c) - abs('a') + abs('A')));
      elseifc > = '0'&c < = '9'
    disp(abs(c) - abs('0'));
      else
    disp(c);
end
```

运行结果:

请输入一个字符D　↙

d

2) switch 语句

switch 语句根据表达式的取值不同,分别执行不同的语句,其语句格式如下。

switch 表达式

case 表达式 1

语句组 **1**

case 表达式 2

语句组 **2**

……

case　表达式 m

语句组 **m**

otherwise

语句组 **n**

end

当表达式的值等于表达式 1 的值时,执行语句组 1;当表达式的值等于表达式 2 的值时,执行语句组 2……当表达式的值等于表达式 m 的值时,执行语句组 m;当表达式的值不等于 case 所列的表达式的值时,执行语句组 n。当任意一个分支的语句执行完后,直接执行 switch 语句的下一句。

【例 6-22】　某商场对顾客所购买的商品实行打折销售,标准如下(商品价格用 price 来表示):

price < 200　　　　　　没有折扣

200 ≤ price < 500　　　3% 折扣

500 ≤ price < 1000　　5% 折扣

1000 ≤ price < 2500　8% 折扣

2500 ≤ price < 5000　10% 折扣

5000 ≤ price　　　　　14% 折扣

输入所售商品的价格,求其实际销售价格。

MATLAB 程序如下。

```
price = input('请输入商品价格 ');
switchfix(price/100)
    case{0,1}                    % 价格小于 200
      rate = 0;
    case{2,3,4}                  % 价格大于等于 200 但小于 500
      rate = 3/100;
    casenum2cell(5:9)            % 价格大于等于 500 但小于 1000
      rate = 5/100;
    casenum2cell(10:24)          % 价格大于等于 1000 但小于 2500
      rate = 8/100;
    casenum2cell(25:49)          % 价格大于等于 2500 但小于 5000
      rate = 10/100;
    otherwise                    % 价格大于等于 5000
      rate = 14/100;
end
price = price* (1- rate)         % 输出商品实际销售价格
```

运行结果如下。

```
请输入商品价格 598    ↙
price = 568.1000
```

3)try 语句

其语句格式为如下。

try

　　语句组 1

catch

　　语句组 2

end

try 语句先试探性执行语句组 1,如果语句组 1 在执行过程中出现错误,则将错误信息赋给保留的 lasterr 变量,并转去执行语句组 2。

【例 6-23】 矩阵乘法运算,要求两矩阵的维数相容,否则会出错。先求两矩阵的乘积,若出错,则自动转去求两矩阵的点乘。

MATLAB 程序如下。

```
A = [1,2,3;4,5,6];B = [7,8,9;10,11,12];
try
    C = A* B;
catch
    C = A.* B;
end
C
lasterr                 % 显示出错原因
```

运行结果如下。

```
C =
     7    16    27
    40    55    72
ans =
Errorusing = = > mtimes
Inner matrix dimensions must agree.
```

3. 循环结构

1）for 语句

for 语句的格式如下。

for 循环变量 ＝ 表达式 1：表达式 2：表达式 3

　　循环体语句

end

其中，表达式1的值为循环变量的初值，表达式2的值为步长，表达式3的值为循环变量的终值。步长为 1 时，表达式 2 可以省略。

【例 6-24】　一个三位整数各位数字的立方和等于该数本身则称该数为水仙花数。输出全部水仙花数。

MATLAB 程序如下。

```
form = 100:999
m1 = fix(m/100);              %求 m 的百位数字
m2 = rem(fix(m/10),10);    %求 m 的十位数字
m3 = rem(m,10);               %求 m 的个位数字
if m = = m1* m1* m1+ m2* m2* m2+ m3* m3* m3
disp(m)
  end
end
```

运行结果如下。

```
m = 153
   37
  371
  407
```

【例 6-25】　已知 $y = y + \dfrac{1}{(2n-1)}$，当 $n = 100$ 时，求 y 的值。

MATLAB 程序如下。

```
y = 0;
n = 100;
fori = 1:n
y = y+1/(2* i- 1);
end
y
```

运行结果如下。

```
y =
   3.2843
```

在实际 MATLAB 编程中，采用循环语句会降低其执行速度，所以前面的程序通常由下

面的程序来代替。

```
n = 100;
i = 1:2:2* n - 1;
y = sum(1,i);
y
```

for 语句更一般的格式如下。

for 循环变量 = 矩阵表达式
循环体语句

end

执行过程是依次将矩阵的各列元素赋给循环变量,然后执行循环体语句,直至各列元素处理完毕。

【例 6-26】 写出下列程序的执行结果。

MATLAB 程序如下。

```
s = 0;
a = [12,13,14;15,16,17;18,19,20;21,22,23];
    fork = a
    s = s + k;
end
disp(s');
```

运行结果如下。

```
disp(s')
    39    48    57    66
```

2）while 语句

while 语句的一般格式如下。

while（条件）
循环体语句
end

其执行过程为:若条件成立,则执行循环体语句,执行后再判断条件是否成立,如果不成立则跳出循环。

【例 6-27】 从键盘输入若干个数,当输入 0 时结束输入,求这些数的平均值和它们之和。

MATLAB 程序如下。

```
sum = 0;
cnt = 0;
val = input('Enteranumber(endin0):');
while(val ~ = 0)
    sum = sum+ val;
    cnt = cnt+ 1;
    val = input('Enteranumber(endin0):');
end
if(cnt > 0)
    sum
    mean = sum/cnt
end
```

3）break 语句和 continue 语句

与循环结构相关的语句还有 break 语句和 continue 语句,它们一般与 if 语句配合使用。

break 语句用于终止循环的执行,当在循环体内执行到该语句时,程序将跳出循环,继续执行循环语句的下一语句。continue 语句用于控制跳过循环体中的某些语句,当在循环体内执行到该语句时,程序将跳过循环体中所有剩下的语句,继续下一次循环。

【例 6-28】 求[100,200] 之间第一个能被 21 整除的整数。

MATLAB 程序如下。

```
forn = 100:200
ifrem(n,21) ~ = 0
       continue
end
break
end
n
```

运行结果如下。

```
n =
     105
```

4) 循环的嵌套

如果一个循环结构的循环体又包括一个循环结构,就称为循环的嵌套,或称为多重循环结构。

【例 6-29】 若一个数等于它的各个真因子之和,则称该数为完数,如 6 = 1+2+3,所以 6 是完数。求[1,500] 之间的全部完数。

MATLAB 程序如下。

```
form = 1:500
s = 0;
fork = 1:m/2
ifrem(m,k) = = 0
s = s + k;
end
end
ifm = = s
    disp(m);
end
end
```

运行结果如下。

```
6
28
496
```

6.4 数据的输入 / 输出及文件的读 / 写

6.4.1 交互输入与输出命令和函数

1. 键盘输入命令 input

调用格式一:　　　　　　　　u = input('提示内容')

调用格式二:　　　　　　　　u = input('提示内容','s')

该命令用于在屏幕上显示提示内容,等待从键盘输入,将输入的符号以字符串赋给文本

（字符串）变量 u。

2. 菜单输入命令 menu

功能：用于产生一个供用户输入的选择菜单。

调用格式：　　　　k = menu('title','选项 1','选项 2',…,'选项 n')

该命令用于显示以字符串变量'title'为标题的菜单,选择为字符变量:'选项 1','选项 2',…,'选项 n',并将所输入的值赋给变量 k。

3. 暂停执行命令 pause

其格式如下。

- **pause**　　常用在 M 文件中,用于停止执行,直接按任意键继续执行。
- **pause**(n)　　暂停执行 n 秒后继续执行。
- **pauseon**　　允许一系列 pause 命令暂停程序执行。
- **pauseoff**　　保证任何 pause 命令和 pausea(n) 语句不能暂停程序执行。

4. 显示命令 disp

功能：用于显示指定的变量或变量的内容。

调用格式：　　　　　　　　disp(变量名)

5. 按格式要求输出变量命令 sprintf

功能：用于按格式要求输出变量。

调用格式：　　　　　　　　sprintf(显示格式,变量)

6.4.2　文件输入输出命令与函数

1. save

功能：用于将工作空间中的变量保存到磁盘上。

调用格式一：　　　　　　　　save

功能：将工作空间中的所有变量保存在一个名为:"matlab. mat" 的二进制格式文件中,该文件可通过 load 命令来重新加载进入工作空间。

调用格式二：　　　　save　　文件名　　变量名

功能：将工作空间中指定的"变量名"保存在指定"文件名. mat"的二进制格式文件中。

调用格式三：　　　　save　　文件名　　选项

功能：使用"选项"指定 ASCII 文件格式,将工作实间中所有变量保存到"文件名"所指定的文件中。

2. load

load 用于从磁盘文件中重新调入变量内容到工作空间。

调用格式一：　　　　　　　　load

功能：将保存在"matlab. mat"文件中的所有变量调入到工作空间。

调用格式二：　　　　load　　文件名

功能：从"文件名. mat"中调入变量,可给出全部路径。

3. fopen

fopen 用于打开文件或获得打开文件信息。

调用格式一：　　　　f_id = fopen(文件名,'允许模式')

功能：以'允许模式'指定的模式打开"文件名"所指定的文件,返回文件标识 f_id。'允许模式'可以是下列几个字符串之一。

- 'r':打开文件进行读(默认形式)。
- 'w':删除已存在文件中的内容或生成一个新文件,打开进行写操作。
- 'a':打开一个已存在的文件或生成并打开一个新文件,进行写操作,在文件末尾添加数据。

调用格式二: **[f_id,message] = fopen(文件名,'允许模式',格式)**

功能:用指定的数据"格式"打开数据文件,返回文件标识和打开文件信息两个参数。

如果 fopen 成功打开文件,则返回文件标识 f_id,message 内容为空;如果不能成功打开,则返回 f_id 值为 -1,message 中返回一个有助于判断错误类型的字符串。

有如下三个值是预先定义的,不能打开或关闭。
- 0:表示标准输入,一直处于打开读入状态。
- 1:表示标准输出,一直处于打开追加状态。
- 2:表示标准错误,一直处于打开追加状态。

4. fclose

fclose 用于关闭一个或多个已打开的文件。

调用格式一: **status = fclose(f_id)**

功能:关闭指定文件,返回 0 表示成功,返回 -1 表示失败。

调用格式二: **status = fclose('all')**

功能:关闭所有文件,返回 0 表示成功,返回 -1 表示失败。

5. fread

调用格式一: **[A,count] = fread(f_id,size,'精度')**

功能:从指定文件中读入二进制数据,将数据写入到矩阵 A 中。可选输出 count 返回成功读入元素个数;f_id 为整数文件标识,其值由 fopen 函数得到;可选参数 size 确定读入多少数据,如果不指定参数 size,则一直读到文件结束为止。

参数 size 合法选择包括以下几种。
- n:读入 n 个元素到一个列向量。
- inf:读到文件结束,返回一个与文件数据元素相同的列向量。
- [m,n]:读入足够元素填充一个 m×n 阶矩阵,填充按列顺序进行,如果文件不够大,则填充 0。

'精度'表示读入数据精度的字符串,控制读入每个值的数据位,这些位可以是整数型、浮点型或字符。

调用格式二: **[A,count] = fread(f_id,size,'精度',skip)**

调用可选参数 skip,指定每次读操作跳过的字节数,如果'精度'是某一种位格式,则每次读操作将跳过相应位数。

6. fwrite

fwrite 用于向文件中写入二进制数据。

调用格式一: **count = fwrite(f_id,A,'精度')**

功能:将矩阵 A 中元素写入指定文件,将其值转换为指定的精度。

调用格式二: **count = fwrite(f_id,A,'精度',skip)**

功能:可用参数 skip 指定每次写操作跳过指定的字节。

7. fscanf

调用格式一: **A = fscanf(f_id,'格式')**

功能:从由 f_id 所指定的文件中读入所有数据,并根据'格式'字符串进行转换,并返回给矩阵 A,'格式'字符串指定被读入数据的格式。

调用格式二: $[A, count] = fscanf(f\_id, '格式', size)$

功能:读入由 size 指定数量的数据,并根据'格式'字符进行转换,并返回给矩阵 A,同时返回成功读入的数据数量 count。

8. fprintf

调用格式一: $count = fprintf(f\_id, '格式', A, \cdots)$

功能:将矩阵 A 或其他矩阵的实部数据以'格式'字符串指定的形式进行规格化,并将其写入指定的文件中,其返回值为写入数据的数量。

调用格式二: $fprintf('格式', A, \cdots)$

功能:将 A 或其他值以'格式'给定的形式输出到标准输出 —— 显示屏幕上。

9. fgets

fgets 用于以字符串形式返回文件中的下一行内容,包含行结束符。

调用格式一: $ctr = fgets(f\_id)$

功能:返回文件标识为 f_id 的文件中的下一行内容,如果遇到文件结尾(EOF),则返回 -1,所返回的字符串中包括文本结束符,用 fgetl() 则返回的字符串中不包括行结束符。

调用格式二: $str = fgest((f\_id, n)$

功能:返回下行中最多 n 个字符,在遇到行结束符或文件结束(EOF)时不追加字符。

10. fgetl

fgetl 用于以字符串形式返回文件中的下一行内容,但不含行结束符。

调用格式: $str = fgetl(f\_id)$

功能:返回文件标识为文件中的下一行内容,如果遇到文件结尾,则返回 -1,所返回的字符串中不包括行结束符。

11. ferror

ferror 用于查询 MATLAB 关于文件输入、输出操作的错误。

调用格式: $messgeg = ferror(f\_id)$

功能:将标识为 f_id 的已打开文件的错误信息返回给 message 变量。

12. feof

功能:用于测试文件结尾(EOF)。测试指定文件是否设置了 EOF;如果返回 1 则表示设置了 EOF 指示器,返回 0 表示未设置。

调用格式: $eoftest = feof(f\_id)$

13. imread

功能:用于从图像文件中读入图像。

调用格式一: $A = imread(文件名, '图像文件格式')$

功能:将文件名指定的图像文件读入 A,A 为无符号 8 位整数(uint8)。如果文件为灰度图像,则 A 为一个二维数组;如果文件是一个真彩色 RGB 图像,则 A 是一个三维数组(m * n * 3)。

调用格式二: $[A, map] = imread(文件名, '图像文件格式')$

功能:读入索引图像到矩阵 A,其调色板值返回给 map。其中,A 为无符号 8 位整数(uint8);map 为双精度浮点数,其值在[0,1]范围内。

14．imwrite

imwrite 用于将图像写入图像文件中。

调用格式一：　　　　　　　　**imwrite(A,文件名,'图像文件格式')**

调用格式二：　　　　　　　　**imwrite(A,map,文件名,'图像文件格式')**

功能：将 A 中的索引图像及其相关的调色板 map 存放到指定文件。调色板 map 必须是 MATLAB 的有效调色板。注意大多数图像文件格式不支持大于 256 条的调色板。

15．imfinfo

imfinfo 用于返回图像文件信息

调用格式：　　　　　　　　**info = imfinfo(文件名,'图像文件格式')**

功能：返回一个图像信息结构,或者结构数组。其'图像文件格式'与 imread 函数的一样。

16．auread

auread 用于读入声音文件(.au)。

调用格式一：　　　　　　　　**Y = auread(aufile)**

功能：读入由文件名 aufile 指定的声音文件,返回采样数据给变量 Y。如果文件名中没有扩展名,则自动在其后加上 .au 作为扩展名。幅值在[−1,1]范围内。支持多通道数据格式：8bitmu-law；或 8bit、16bit、32bit linear。

调用格式二：　　　　　　　　**[Y,Fs,bits] = auread(aufile)**

功能：返回采样率 Fs(Hz)以及文件中每数据编码时所用的位数(bits)。

17．Auwrite

Auwrite 用于向文件(.au)中写入声音数据。

调用格式一：　　　　　　　　**auwrite(A,'文件名.Au')**

功能：向'文件名.au'指定的文件中写入声音数据,数据在 A 中以一个通道一列的方式安排,幅值超过[−1,+1]范围时,在写入前先进行剪裁处理。

调用格式二：　　　　　　　　**auwrite(A,Fs,'文件名.au')**

功能：用指定的数据采样 Fs(Hz)写入声音数据。

18．wavread

wavread 用于读入声音文件(.wav)。

调用格式一：　　　　　　　　**A = wavread('文件名.wav')**

功能：读入由'文件名'指定的 Microsoft 声音文件(.wav),返回采样数据给变量 A。如果文件名中没有扩展名,则自动在其后加上 .wav 作为扩展名,幅值在[−1,1]范围内。

调用格式二：　　　　　　**[A, Fs, bits] = wavread('文件名.wav')**

功能：返回采样率 Fs(Hz)以及文件中每数据编码时所用的位数(bits)。

19．wavwrite

wavwrite 用于向 MicrosoftWAV 声音文件(.wav)中写入声音数据。

调用格式一：　　　　　　　　**wavwrite(A,'文件名.wav')**

功能：向指定的文件中写入声音数据,数据在 A 中以一个通道一列的方式安排,幅值超过[−1,1]范围时,在写入前先进行剪裁处理。

调用格式二：　　　　　　　　**wavwrite(A,Fs,'文件名.wav')**

功能：用指定的数据采样 Fs(Hz)写入声音数据。

6.5 MATLAB 绘图方法

6.5.1 二维数据曲线图

1. 绘制单根二维曲线

plot(x,y) 函数用于绘制单根二维曲线。

plot 函数的基本调用格式如下。

$$\mathbf{plot(x,y)}$$

其中,x 和 y 为长度相同的向量,分别用于存储 x 坐标和 y 坐标数据。

【例 6-30】 在 $0 \leqslant x \leqslant 2\pi$ 区间内,绘制曲线

$$y = 2e^{-0.5x}\cos(4\pi x)$$

MATLAB 程序如下。

```
x = 0:pi/100:2* pi;
y = 2* exp(- 0.5* x).* cos(4* pi* x);
plot(x,y)
```

运行结果如图 6-2 所示。

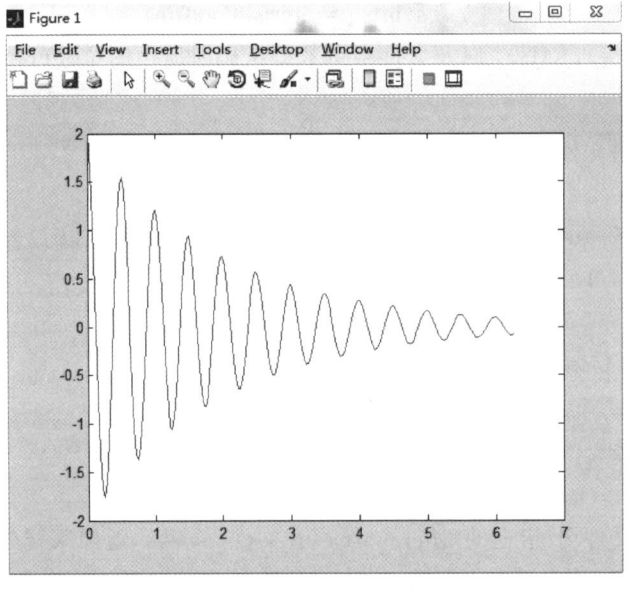

图 6-2 例 6-30 的运行结果

【例 6-31】 绘制如下曲线。

$$y = t\sin^2 t$$

MATLAB 程序如下。

```
t = 0:0.1:2* pi;
x = t.* sin(3* t);
y = t.* sin(t).* sin(t);
plot(x,y);
```

运行结果如图 6-3 所示。

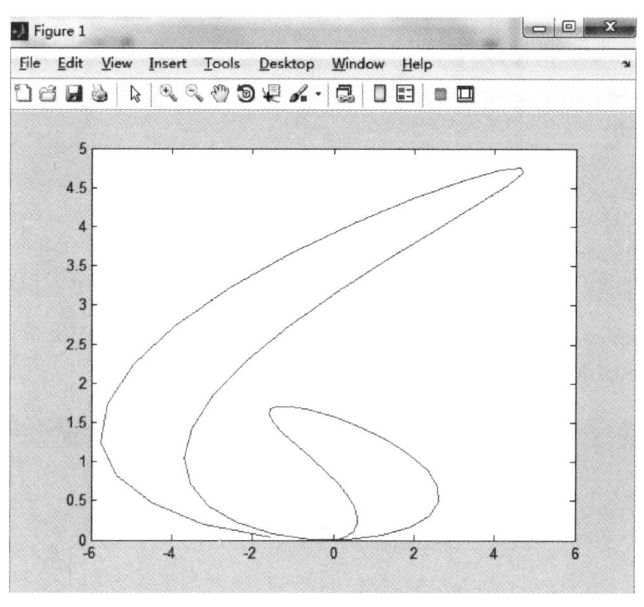

图 6-3　例 6-31 的运行结果

plot 函数最简单的调用格式是只包含一个输入参数：plot(x)。在这种情况下，当 x 是实向量时，以该向量元素的下标为横坐标，以元素值为纵坐标画出一条连续曲线，这实际上是绘制折线图。

2．绘制多根二维曲线

1）plot 函数的输入参数是矩阵形式

（1）当 x 是向量，y 是有一维与 x 同维的矩阵时，则将绘制出多根不同颜色的曲线。曲线条数等于 y 矩阵的另一维数，x 被作为这些曲线共同的横坐标。

（2）当 x，y 是同维矩阵时，则以 x、y 对应列元素为横、纵坐标分别绘制曲线，曲线的条数等于矩阵的列数。

（3）对只包含一个输入参数的 plot 函数，当输入参数是实矩阵时，则按列绘制每列元素值相对其下标的曲线，曲线的条数等于输入参数矩阵的列数。当输入参数是复数矩阵时，则按列分别以元素的实部和虚部为横、纵坐标绘制多条曲线。

2）含多个输入参数的 plot 函数

其调用格式如下。

$$plot(x1,y1,x2,y2,\cdots,xn,yn)$$

（1）当输入参数都为向量时，x1 和 y1，x2 和 y2，…，xn 和 yn 分别组成一组向量对，每一组向量对的长度可以不同。每一组向量对可以绘制出一条曲线，这样可以在同一坐标内绘制出多条曲线。

（2）当输入参数有矩阵形式时，配对的 x，y 按对应列元素为横、纵坐标分别绘制曲线，曲线的条数等于矩阵的列数。

【例 6-32】　分析下列程序绘制的曲线。

MATLAB 程序如下。

```
x1 = linspace(0,2* pi,100);
x2 = linspace(0,3* pi,100);
x3 = linspace(0,4* pi,100);
y1 = sin(x1);
y2 = 1+sin(x2);
y3 = 2+sin(x3);
x = [x1;x2;x3]';
y = [y1;y2;y3]';
plot(x,y,x1,y1-1)
```

运行结果如图 6-4 所示。

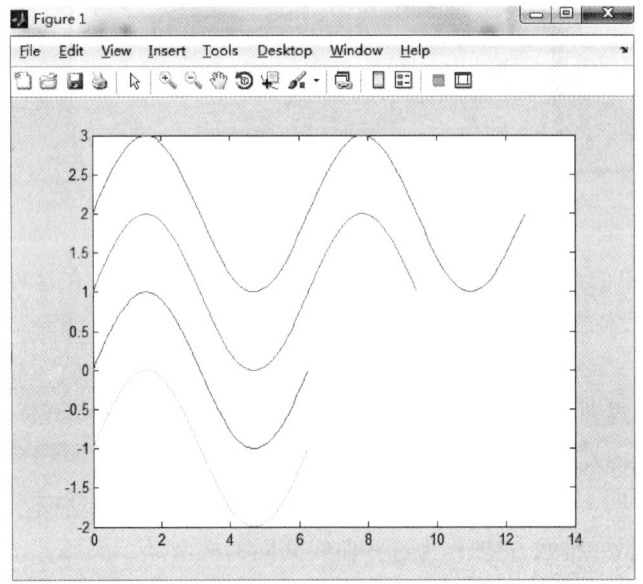

图 6-4　例 6-32 的运行结果

3）具有两个纵坐标标度的图形

在 MATLAB 中,如果需要绘制出具有不同纵坐标标度的两个图形,可以使用 plotyy 绘图函数。其调用格式如下。

$$plotyy(x1,y1,x2,y2);$$

其中,x1,y1 对应一条曲线,x2,y2 对应另一条曲线。横坐标的标度相同,纵坐标的标度有两个,左纵坐标用于 x1,y1 数据对,右纵坐标用于 x2,y2 数据对。

【例 6-33】　用不同标度在同一坐标内绘制曲线 $y_1 = 0.2e^{-0.5x}\cos(4\pi x)$ 和 $y_2 = 2e^{-0.5x}\cos(\pi x)$。

MATLAB 程序如下。

```
x = 0:pi/100:2* pi;
y1 = 0.2* exp(-0.5* x).* cos(4* pi* x);
y2 = 2* exp(-0.5* x).* cos(pi* x);
plotyy(x,y1,x,y2);
```

运行结果如图 6-5 所示。

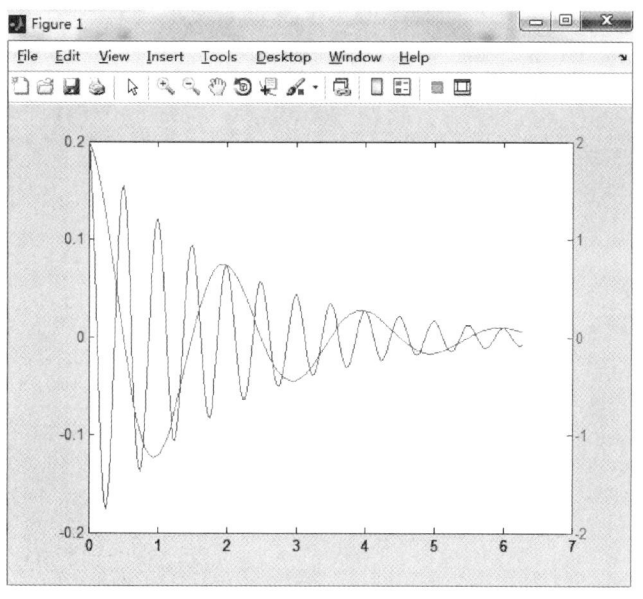

图6-5 例6-33的运行结果

4）图形保持

holdon/off命令用于控制是保持原有图形还是刷新原有图形,不带参数的hold命令为在两种状态之间进行切换。

【例6-34】 采用图形保持,在同一坐标内绘制曲线 $y_1 = 0.2e^{-0.5x}\cos(4\pi x)$ 和 $y_2 = 2e^{-0.5x}\cos(\pi x)$。

MATLAB程序如下。

```
x = 0:pi/100:2* pi;
y1 = 0.2* exp(- 0.5* x).* cos(4* pi* x);
plot(x,y1)
holdon
y2 = 2* exp(- 0.5* x).* cos(pi* x);
plot(x,y2);
holdoff
```

运行结果如图6-6所示。

3. 设置曲线样式

MATLAB提供了一些绘图选项,用于确定所绘曲线的线型、颜色和数据点标记符号,它们可以组合使用。例如,“b−.”表示蓝色点画线,“y:d”表示黄色虚线并用菱形符标记数据点。当选项省略时,MATLAB规定,线型一律用实线,颜色将根据曲线的先后顺序依次设置。要设置曲线样式可以在plot函数中加绘图选项,其调用格式如下。

plot(x1,y1,选项1,x2,y2,选项2,…,xn,yn,选项n)

【例6-35】 在同一坐标内,分别用不同线型和颜色绘制曲线 $y_1 = 0.2e^{-0.5x}\cos(4\pi x)$ 和 $y_2 = 2e^{-0.5x}\cos(\pi x)$,同时标记两曲线的交叉点。

MATLAB程序如下。

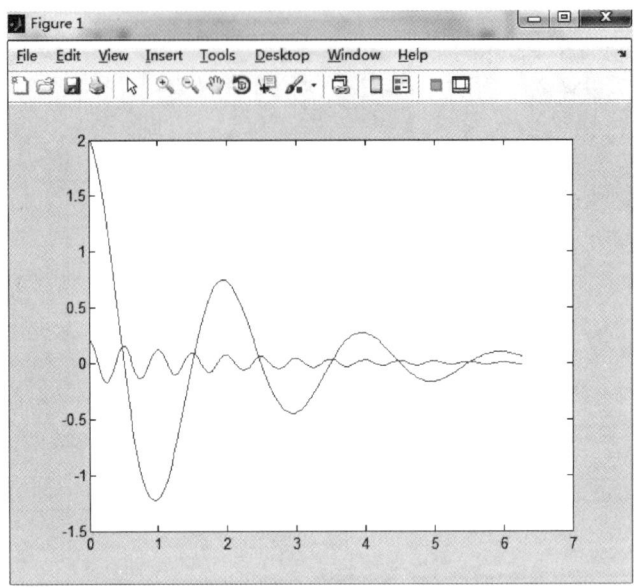

图 6-6   例 6-34 的运行结果

```
x = linspace(0,2* pi,1000);
y1 = 0.2* exp(- 0.5* x).* cos(4* pi* x);
y2 = 2* exp(- 0.5* x).* cos(pi* x);
k= find(abs(y1- y2) < 1e- 2);      %查找 y1 与 y2 相等点(近似相等) 的下标
x1 = x(k);                         %取 y1 与 y2 相等点的 x 坐标
y3 = 0.2* exp(- 0.5* x1).* cos(4* pi* x1);   %求 y1 与 y2 值相等点的 y 坐标
plot(x,y1,x,y2,'k:',x1,y3,'bp');
```

运行结果如图 6-7 所示。

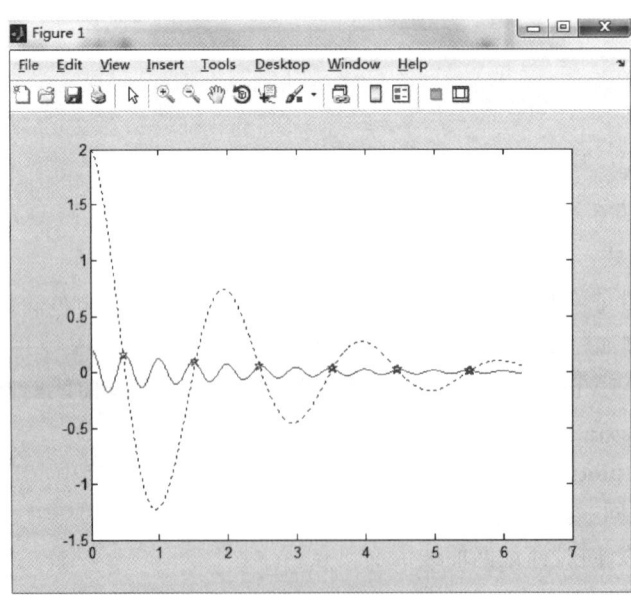

图 6-7   例 6-35 的运行结果

4. 图形标注与坐标控制

1）图形标注

有关图形标注函数的调用格式为如下。

- **title**（图形名称）
- **xlabel**（**x** 轴说明）
- **ylabel**（**y** 轴说明）
- **text**（**x**,**y**,图形说明）
- **legend**（图例 **1**,图例 **2**,…）

函数中的说明文字,除使用标准的 ASCII 字符外,还可使用 LaTeX 格式的控制字符,这样就可以在图形上添加希腊字母、数学符号及公式等内容。例如,语句 text(0.3,0.5, 'sin({\omega}t + {\beta})') 将得到标注效果:$\sin(\omega t + \beta)$。

【例 6-36】 在 $0 \leqslant x \leqslant 2\pi$ 区间内,绘制曲线 $y_1 = 2\mathrm{e}^{-0.5x}$ 和 $y_2 = \cos(4\pi x)$,并给图形添加图形标注。

MATLAB 程序如下。

```
x = 0:pi/100:2* pi;
y1 = 2* exp(- 0.5* x);
y2 = cos(4* pi* x);
plot(x,y1,x,y2)
title('xfrom0to2{\pi}');          %加图形标题
xlabel('VariableX');                %加 X 轴说明
ylabel('VariableY');                %加 Y 轴说明
text(0.8,1.5,'曲线 y1 = 2e^{- 0.5x}');  %在指定位置添加图形说明
text(2.5,1.1,'曲线 y2 = cos(4{\pi}x)');
legend('y1','y2')                  %加图例
```

运行结果如图 6-8 所示。

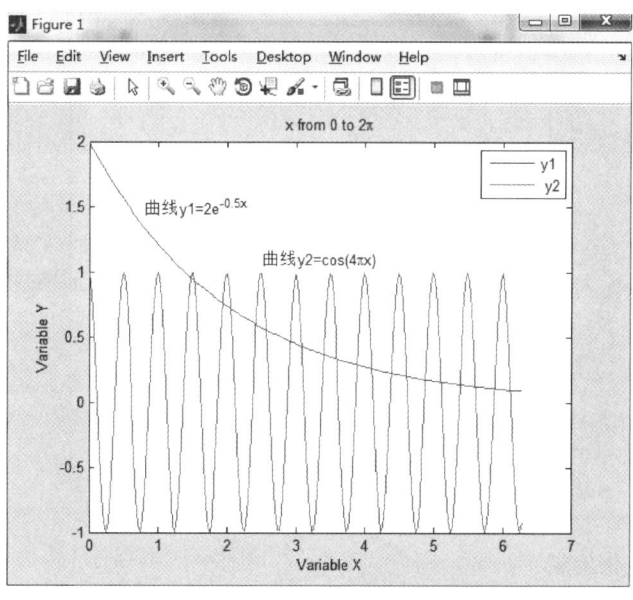

图 6-8 例 6-36 的运行结果

2）坐标控制

axis 函数的调用格式如下。

- **axis**（[**xmin xmax ymin ymax zmin zmax**]）

axis 函数功能丰富,常用的格式还有如下几种。

- **axis equal**：纵、横坐标轴采用等长刻度。
- **axis square**：产生正方形坐标系（默认为矩形）。
- **axis auto**：使用默认设置。
- **axis off**：取消坐标轴。
- **axis on**：显示坐标轴。

给坐标加网格线用 grid 命令来控制。gridon/off 命令控制是画还是不画网格线,不带参数的 grid 命令则将在两种状态之间进行切换。

给坐标加边框用 box 命令来控制。boxon/off 命令控制是加还是不加边框线,不带参数的 box 命令则将在两种状态之间进行切换。

【例 6-37】 在同一坐标中,可以绘制 3 个同心圆,并加坐标控制。

MATLAB 程序如下。

```
t = 0:0.01:2* pi;
x = exp(i* t);
y = [x;2* x;3* x]';
plot(y)
gridon;                %加网格线
boxon;                 %加坐标边框
axisequal              %坐标轴采用等刻度
```

运行结果如图 6-9 所示。

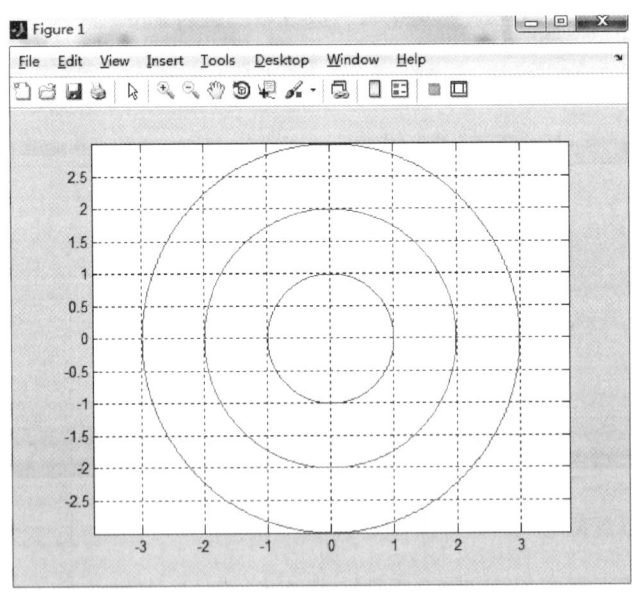

图 6-9　例 6-37 的运行结果

5. 图形的可视化编辑

MATLAB 6.5 版本在图形窗口中提供了可视化的图形编辑工具,利用图形窗口菜单栏或工具栏中的有关命令可以完成对窗口中各种图形对象的编辑处理。在图形窗口上有一个菜单栏和工具栏。菜单栏包含 File、Edit、View、Insert、Tools、Window 和 Help 共 7 个菜单项，工具栏包含 11 个命令按钮。

6. 对函数自适应采样的绘图函数

fplot 函数的调用格式如下。

fplot（fname，lims，tol，选项）

其中：fname 为函数名，以字符串形式出现；lims 为 x、y 的取值范围；tol 为相对允许误差，其系统默认值为 $2e-3$。选项定义与 plot 函数相同。

【例 6-38】　用 fplot 函数绘制 $f(x)=\cos(\tan(\pi x))$ 的曲线。

MATLAB 程序如下。

```
fplot('cos(tan(pi* x))',[0,1],1e- 4)
```

运行结果如图 6-10 所示。

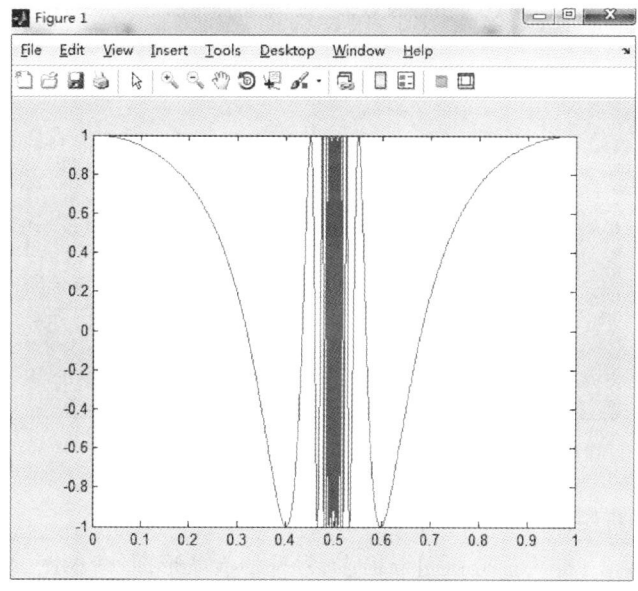

图 6-10　例 6-38 的运行结果

7. 图形窗口的分割

subplot 函数的调用格式如下。

subplot（m，n，p）

该函数将当前图形窗口分成 $m\times n$ 个绘图区，即每行 n 个，共 m 行，区号按行优先编号，并且选定第 p 个区为当前活动区。在每一个绘图区允许以不同的坐标系单独绘制图形。

6.5.2　其他二维图形

1. 其他坐标系下的二维数据曲线图

1）对数坐标图形

MATLAB 提供了绘制对数和半对数坐标曲线的函数，调用格式如下。

- **semilogx（x1，y1，选项 1，x2，y2，选项 2，…）**
- **semilogy（x1，y1，选项 1，x2，y2，选项 2，…）**
- **loglog（x1，y1，选项 1，x2，y2，选项 2，…）**

2）极坐标图

polar 函数用来绘制极坐标图,其调用格式如下。

$$\text{polar}(\textbf{theta},\textbf{rho},\text{选项});$$

其中:theta 为极坐标极角;rho 为极坐标矢径;"选项"的内容与 plot 函数相似。

【例 6-39】 绘制 $r = \sin t \cos t$ 的极坐标图,并标记数据点。

MATLAB 程序如下。

```
t = 0:pi/50:2* pi;
r = sin(t).* cos(t);
polar(t,r,'- * ');
```

运行结果如图 6-11 所示。

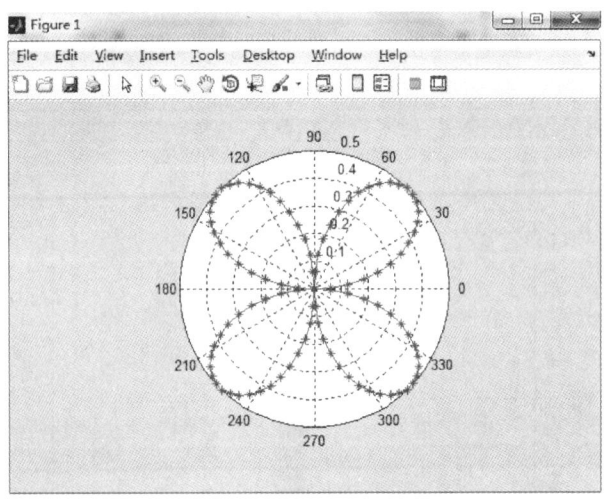

图 6-11 例 6-39 的运行结果

2. 二维统计分析图

在 MATLAB 中,二维统计分析图形很多,常见的有条形图、阶梯图、杆图和填充图等,所采用的函数的调用格式分别如下。

- **bar(x,y,选项)**
- **stairs(x,y,选项)**
- **stem(x,y,选项)**
- **fill(x1,y1,选项 1,x2,y2,选项 2,…)**

【例 6-40】 分别以条形图、阶梯图、杆图和填充图形式绘制曲线 $y = 2\sin x$。

MATLAB 程序如下。

```
x = 0:pi/10:2* pi;
y = 2* sin(x);
subplot(2,2,1);bar(x,y,'g');
title('bar(x,y,''g'')');axis([0,7,-2,2]);
subplot(2,2,2);stairs(x,y,'b');
title('stairs(x,y,''b'')');axis([0,7,-2,2]);
subplot(2,2,3);stem(x,y,'k');
title('stem(x,y,''k'')');axis([0,7,-2,2]);
subplot(2,2,4);fill(x,y,'y');
title('fill(x,y,''y'')');axis([0,7,-2,2]);
```

运行结果如图 6-12 所示。

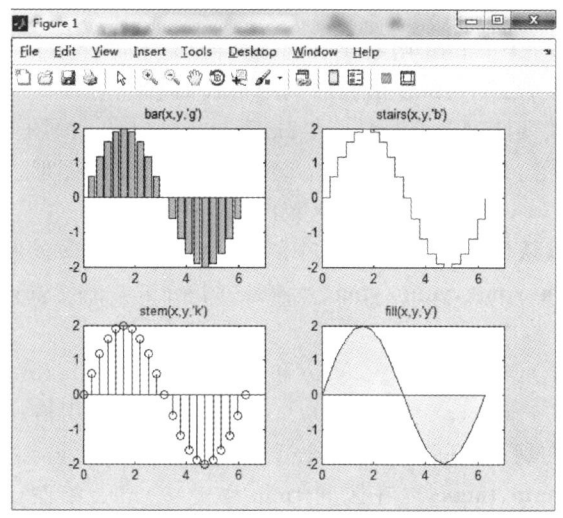

图 6-12　例 6-40 的运行结果

MATLAB 提供的统计分析绘图函数还有很多,例如,用于表示各元素占总和的百分比的饼图、复数的相量图等。

【例 6-41】　绘制如下图形。

(1) 某企业全年各季度的产值(单位:万元)分别为 2347,1827,2043,3025,试用饼图作统计分析。

(2) 绘制复数的相量图:$7 + 2.9i$、$2 - 3i$ 和 $-1.5 - 6i$。

MATLAB 程序如下。

```
subplot(1,2,1);
pie([2347,1827,2043,3025]);
title(' 饼图 ');
legend(' 一季度 ',' 二季度 ',' 三季度 ',' 四季度 ');
subplot(1,2,2);
compass([7+2.9i,2-3i,-1.5-6i]);
title(' 相量图 ');
```

运行结果如图 6-13 所示。

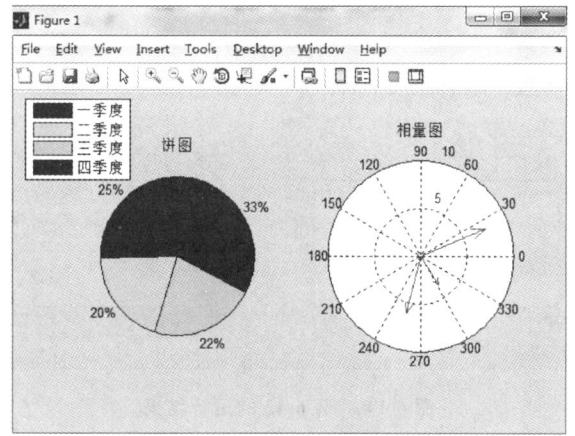

图 6-13　例 6-41 的运行结果

6.5.3 隐函数绘图

MATLAB 提供了一个 ezplot 函数绘制隐函数图形,下面介绍其用法。

(1) 对于函数 $f = f(x)$,ezplot 函数的调用格式如下。

- **ezplot(f)**:在默认区间 $-2\pi < x < 2\pi$ 绘制 $f = f(x)$ 的图形。
- **ezplot(f,[a,b])**:在区间 $a < x < b$ 绘制 $f = f(x)$ 的图形。

(2) 对于隐函数 $f = f(x,y)$,ezplot 函数的调用格式如下。

- **ezplot(f)**:在默认区间 $-2\pi < x < 2\pi$ 和 $-2\pi < y < 2\pi$ 绘制 $f(x,y) = 0$ 的图形。
- **ezplot(f,[xmin,xmax,ymin,ymax])**:在区间 $\text{xmin} < x < \text{xmax}$ 和 $\text{ymin} < y < \text{ymax}$ 绘制 $f(x,y) = 0$ 的图形。
- **ezplot(f,[a,b])**:在区间 $a < x < b$ 和 $a < y < b$ 绘制 $f(x,y) = 0$ 的图形。

(3) 对于参数方程 $x = x(t)$ 和 $y = y(t)$,ezplot 函数的调用格式如下。

- **ezplot(x,y)**:在默认区间 $0 < t < 2\pi$ 绘制 $x = x(t)$ 和 $y = y(t)$ 的图形。
- **ezplot(x,y,[tmin,tmax])**:在区间 $\text{tmin} < t < \text{tmax}$ 绘制 $x = x(t)$ 和 $y = y(t)$ 的图形。

【例 6-42】 隐函数绘图应用举例。

MATLAB 程序如下。

```
subplot(2,2,1);
ezplot('x^2+y^2-9');axisequal
subplot(2,2,2);
ezplot('x^3+y^3-5* x* y+1/5')
subplot(2,2,3);
ezplot('cos(tan(pi* x))',[0,1])
subplot(2,2,4);
ezplot('8* cos(t)','4* sqrt(2)* sin(t)',[0,2* pi])
```

运行结果如图 6-14 所示。

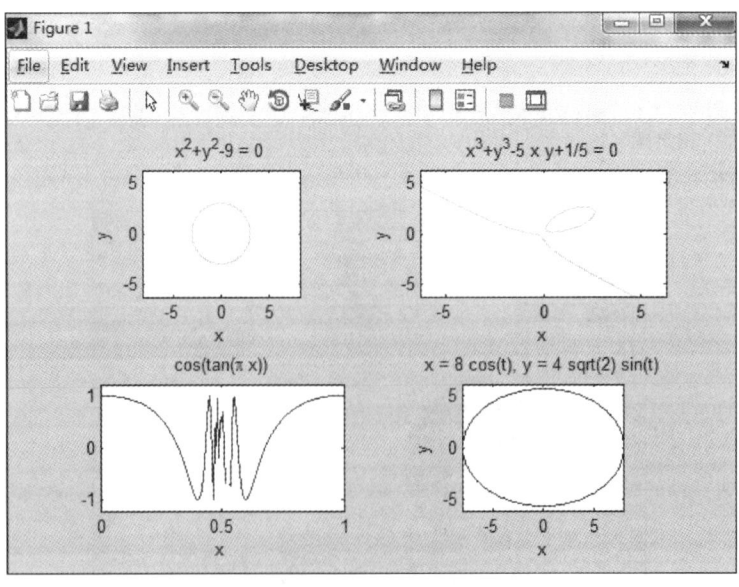

图 6-14　例 6-42 的运行结果

6.5.4　三维图形

1. 三维曲线

plot3 函数与 plot 函数用法十分相似,其调用格式如下。

$$\textbf{plot3}(\textbf{x1},\textbf{y1},\textbf{z1},选项\ \textbf{1},\textbf{x2},\textbf{y2},\textbf{z2},选项\ \textbf{2},\cdots,\textbf{xn},\textbf{yn},\textbf{zn},选项\ \textbf{n})$$

其中,每一组 x,y,z 组成一组曲线的坐标参数,选项的定义和 plot 函数相同。当 x,y,z 是同维向量时,则 x,y,z 对应元素构成一条三维曲线。当 x,y,z 是同维矩阵时,则以 x,y,z 对应列元素绘制三维曲线,曲线条数等于矩阵列数。

【例 6-43】　绘制三维曲线。

MATLAB 程序如下。

```
t = 0:pi/100:20* pi;
x = sin(t);
y = cos(t);
z = t.* sin(t).* cos(t);
plot3(x,y,z);
title('Linein3 - DSpace');
xlabel('X');ylabel('Y');zlabel('Z');
gridon;
```

运行结果如图 6-15 所示。

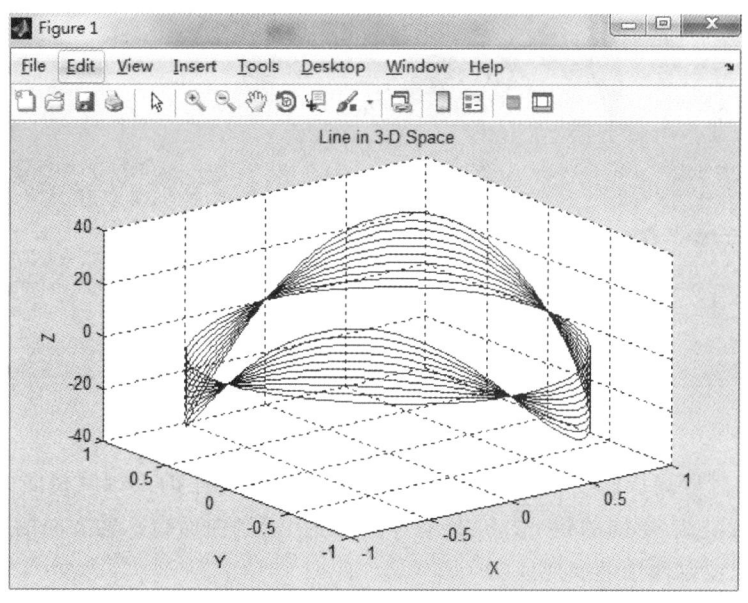

图 6-15　例 6-43 的运行结果

2. 三维曲面

1) 产生三维数据

在 MATLAB 中,利用 meshgrid 函数产生平面区域内的网格坐标矩阵。其格式如下。

$$\textbf{x = a:d1:b;y = c:d2:d;} [\textbf{X,Y}] = \textbf{meshgrid(x,y)};$$

语句执行后,矩阵 **X** 的每一行都是向量 **x**,行数等于向量 **y** 的元素的个数;矩阵 **Y** 的每一列都是向量 **y**,列数等于向量 **x** 的元素的个数。

2）绘制三维曲面的函数

surf 函数和 mesh 函数的调用格式如下。

$$\mathbf{mesh}(\mathbf{x}, \mathbf{y}, \mathbf{z}, \mathbf{c}); \mathbf{surf}(\mathbf{x}, \mathbf{y}, \mathbf{z}, \mathbf{c})$$

一般情况下，x，y，z 是维数相同的矩阵。x，y 是网格坐标矩阵，z 是网格点上的高度矩阵，c 用于指定在不同高度下的颜色范围。

【例 6-44】 绘制三维曲面图 $z = \sin(x + \sin y) - x/10$。

MATLAB 程序如下。

```
[x,y] = meshgrid(0:0.25:4* pi);
z = sin(x+ sin(y)) - x/10;
mesh(x,y,z);
axis([04* pi04* pi - 2.51]);
```

运行结果如图 6-16 所示。

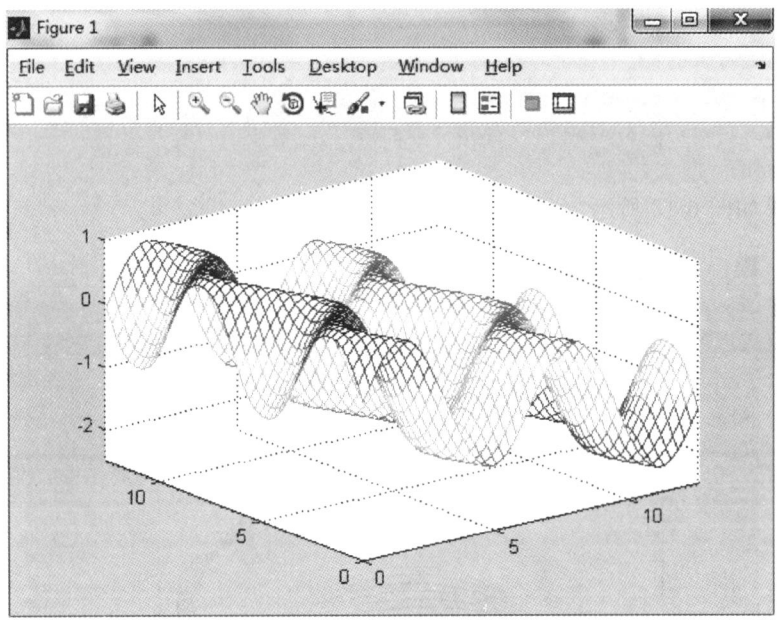

图 6-16　例 6-44 的运行结果

此外，还有带等高线的三维网格曲面函数 meshc 和带底座的三维网格曲面函数 meshz。其用法与 mesh 类似，不同的是 meshc 还在 xy 平面上绘制曲面在 z 轴方向的等高线，meshz 还在 xy 平面上绘制曲面的底座。

【例 6-45】 在 xy 平面内选择区域 $[-8,8] \times [-8,8]$，绘制 4 种三维曲面图。

MATLAB 程序如下。

```
[x,y] = meshgrid(- 8:0.5:8);
z = sin(sqrt(x.^2+y.^2))./sqrt(x.^2+y.^2+eps);
subplot(2,2,1);
mesh(x,y,z);
title('mesh(x,y,z)')
subplot(2,2,2);
meshc(x,y,z);
```

```
title('meshc(x,y,z)')
subplot(2,2,3);
meshz(x,y,z)
title('meshz(x,y,z)')
subplot(2,2,4);
surf(x,y,z);
title('surf(x,y,z)')
```

运行结果如图 6-17 所示。

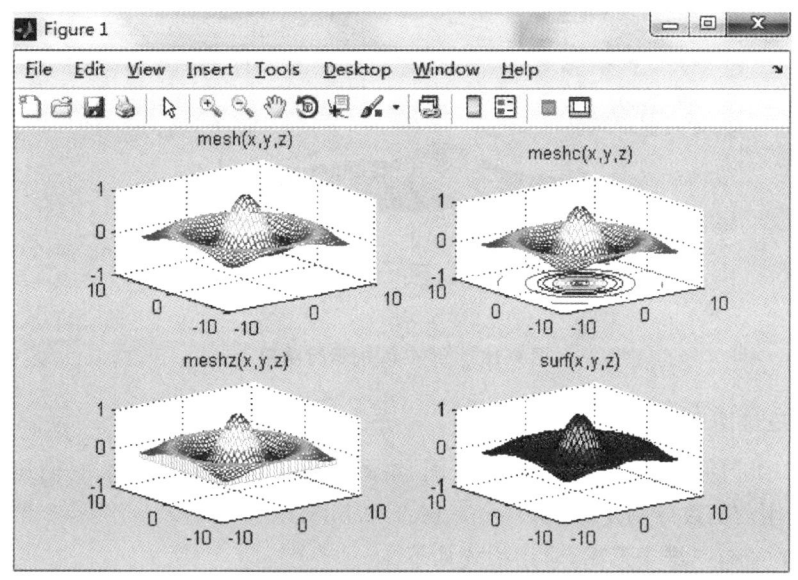

图 6-17　例 6-45 的运行结果

3）标准三维曲面

- sphere 函数的调用格式为：$[\mathbf{x},\mathbf{y},\mathbf{z}] = \mathbf{sphere}(\mathbf{n})$
- cylinder 函数的调用格式为：$[\mathbf{x},\mathbf{y},\mathbf{z}] = \mathbf{cylinder}(\mathbf{R},\mathbf{n})$

MATLAB 还有一个 peaks 函数，称为多峰函数，常用于三维曲面的演示。

【例 6-46】　绘制标准三维曲面图形。

MATLAB 程序如下。

```
t = 0:pi/20:2* pi;
[x,y,z] = cylinder(2+ sin(t),30);
subplot(2,2,1);
surf(x,y,z);
subplot(2,2,2);
[x,y,z] = sphere;
surf(x,y,z);
subplot(2,1,2);
[x,y,z] = peaks(30);
surf(x,y,z);
```

运行结果如图 6-18 所示。

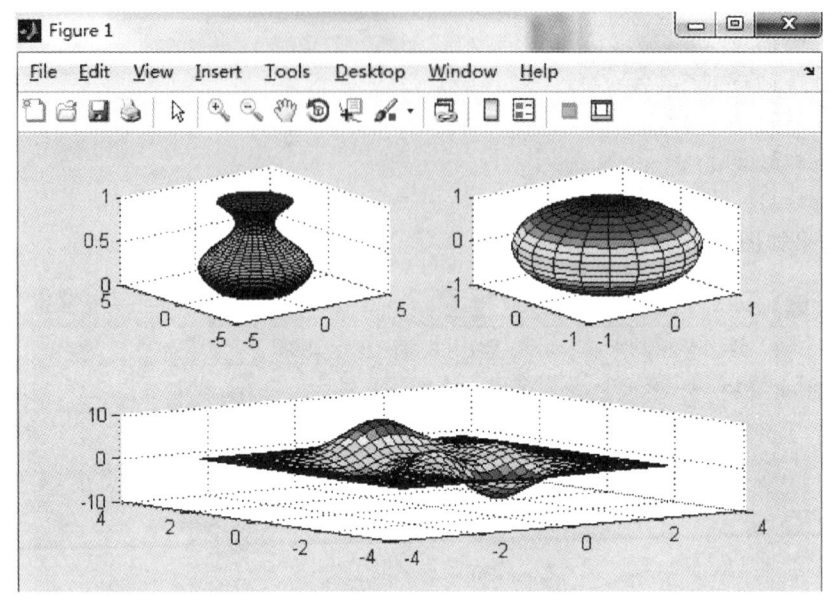

图 6-18   例 6-46 的运行结果

3. 其他三维图形

在介绍二维图形时,曾提到条形图、杆图、饼图和填充图等特殊图形,它们还可以以三维形式出现,使用的函数分别是 bar3、stem3、pie3 和 fill3。

bar3 函数绘制三维条形图,常用格式如下。

$$\textbf{bar3(y);bar3(x,y)}$$

【例 6-47】   绘制如下的三维图形。

(1) 绘制魔方阵的三维条形图。

(2) 以三维杆图形式绘制曲线 $y = 2\sin x$。

(3) 已知 $x = [2347,1827,2043,3025]$,绘制饼图。

(4) 用随机的顶点坐标值画出五个黄色三角形。

MATLAB 程序如下。

```
subplot(2,2,1);
bar3(magic(4))
subplot(2,2,2);
y = 2* sin(0:pi/10:2* pi);
stem3(y);
subplot(2,2,3);
pie3([2347,1827,2043,3025]);
subplot(2,2,4);
fill3(rand(3,5),rand(3,5),rand(3,5),'y')
```

运行结果如图 6-19 所示。

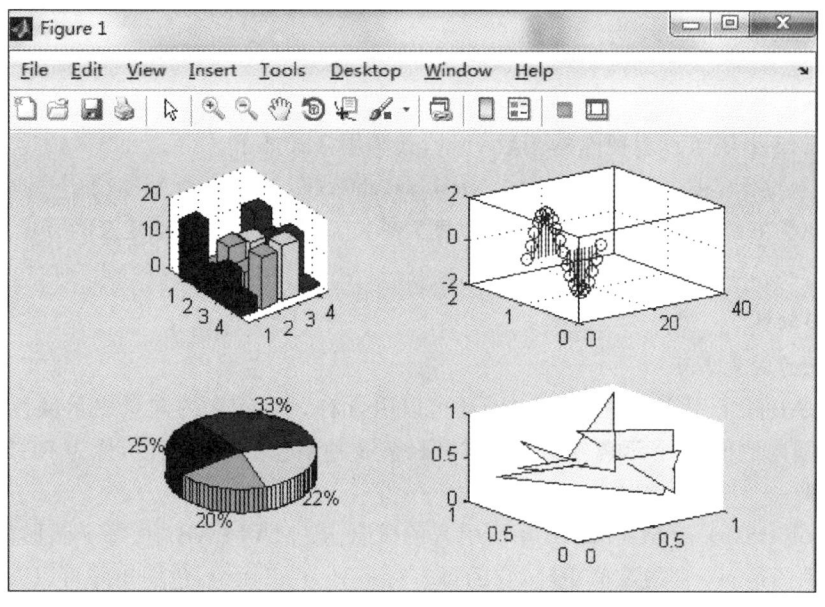

图 6-19　例 6-47 的运行结果

【例 6-48】　绘制多峰函数的瀑布图和等高线图。

MATLAB 程序如下。

```
subplot(1,2,1);
[X,Y,Z] = peaks(30);
waterfall(X,Y,Z)
xlabel('X-axis'),ylabel('Y-axis'),zlabel('Z-axis');
subplot(1,2,2);
contour3(X,Y,Z,12,'k');      % 其中 12 代表高度的等级数
xlabel('X-axis'),ylabel('Y-axis'),zlabel('Z-axis');
```

运行结果如图 6-20 所示。

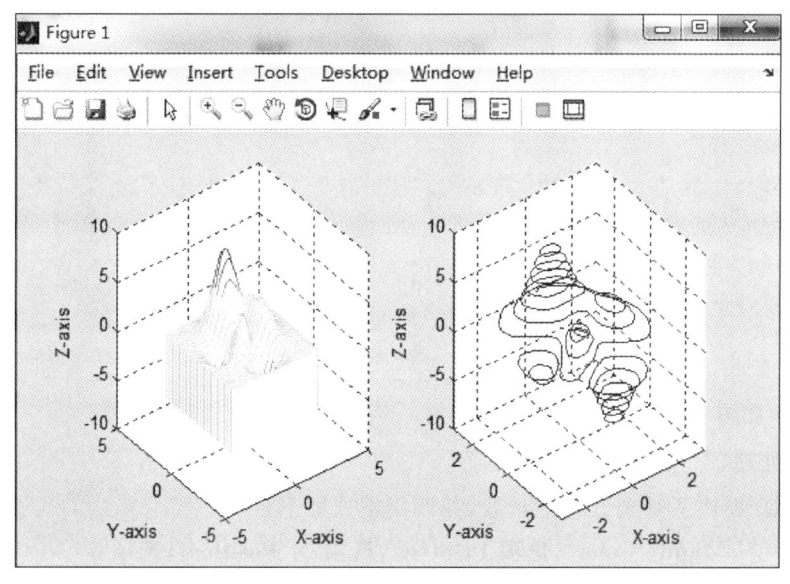

图 6-20　例 6-48 的运行结果

6.5.5 图形修饰处理

1. 视点处理

MATLAB 提供了设置视点的函数 view,其调用格式如下。

$$view(az,el)$$

其中,az 为方位角,el 为仰角,它们均以度为单位。系统默认的视点定义为方位角 $-37.5°$,仰角 $30°$。

2. 色彩处理

1) 颜色的向量表示

MATLAB 除了用字符表示颜色外,还可以用含有 3 个元素的向量表示颜色。向量元素在 $[0,1]$ 范围内取值,3 个元素分别表示红、绿、蓝 3 种颜色的相对亮度,称为 RGB 三元组。

2) 色图

色图(colormap)是 MATLAB 系统引入的概念。在 MATLAB 中,每个图形窗口只能有一个色图。色图是 $m×3$ 的数值矩阵,它的每一行是 RGB 三元组。色图矩阵可以人为地生成,也可以调用 MATLAB 提供的函数来定义色图矩阵。

3) 三维表面图的着色

三维表面图实际上就是在网格图的每一个网格片上涂上颜色。surf 函数用默认的着色方式对网格片着色。除此之外,还可以用 shading 命令来改变着色方式。

shadingfaceted 命令将每个网格片用其高度对应的颜色进行着色,但网格线仍保留着,其颜色是黑色。这是系统的默认的着色方式。

shadingflat 命令将每个网格片用同一个颜色进行着色,并且网格线也用相应的颜色,从而使得图形表面显得更加光滑。

shadinginterp 命令在网格片内采用颜色插值处理,得出的表面图显得最光滑。

【例 6-49】 3 种图形着色方式的效果展示。

MATLAB 程序如下。

```
[x,y,z] = sphere(20);
colormap(copper);
subplot(1,3,1);
surf(x,y,z);
axisequal
subplot(1,3,2);
surf(x,y,z);shadingflat;
axisequal
subplot(1,3,3);
surf(x,y,z);shadinginterp;
axisequal
```

运行结果如图 6-21 所示。

3. 光照处理

MATLAB 提供了灯光设置的函数,其调用格式如下。

$$light('Color',选项 1,'Style',选项 2,'Position',选项 3$$

【例 6-50】 光照处理后的球面。

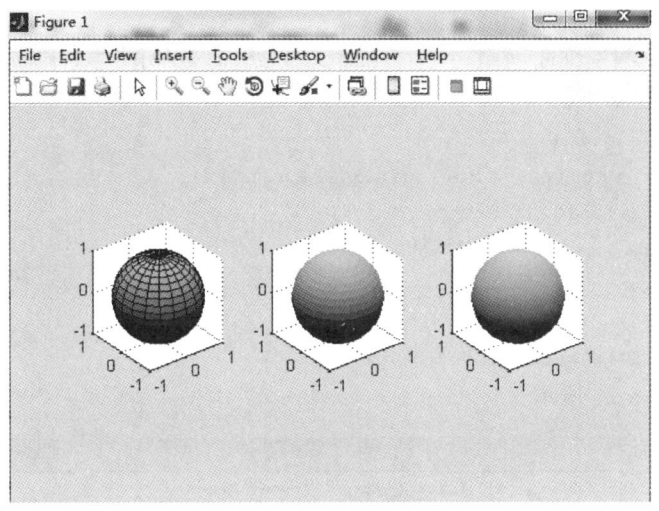

图 6-21   例 6-49 的运行结果

MATLAB 程序如下。

```
[x,y,z] = sphere(20);
subplot(1,2,1);
surf(x,y,z);axisequal;
light('Posi',[0,1,1]);
shadinginterp;
holdon;
plot3(0,1,1,'p');text(0,1,1,'light');
subplot(1,2,2);
surf(x,y,z);axisequal;
light('Posi',[1,0,1]);
shadinginterp;
holdon;
plot3(1,0,1,'p');text(1,0,1,'light');
```

运行结果如图 6-22 所示。

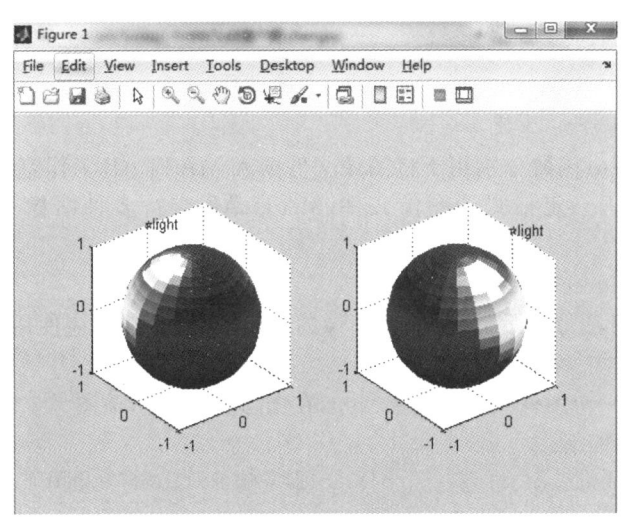

图 6-22   例 6-50 的运行结果

4. 图形的裁剪处理

【例 6-51】 绘制三维曲面图,并进行插值着色处理,裁掉图中 x 和 y 都小于 0 部分。MATLAB 程序如下。

```
[x,y] = meshgrid(- 5:0.1:5);
z = cos(x).* cos(y).* exp(- sqrt(x.^2 + y.^2)/4);
surf(x,y,z);shadinginterp;
pause                %程序暂停
i = find(x < = 0&y < = 0);
z1 = z;z1(i) = NaN;
surf(x,y,z1);shadinginterp;
```

运行结果如图 6-23 所示。

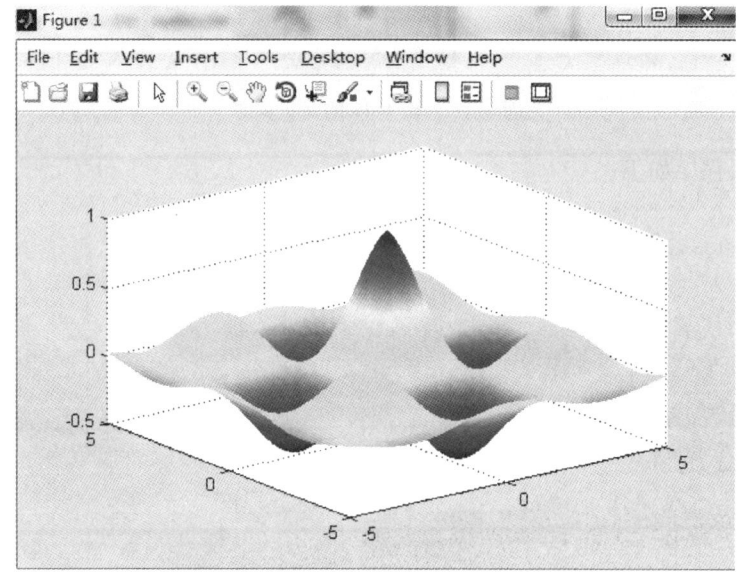

图 6-23 例 6-51 的运行结果

为了展示裁剪效果,第一个曲面绘制完成后暂停,然后显示裁剪后的曲面。

6.5.6 图像处理与动画制作

1. 图像处理

1) imread 和 imwrite 函数

imread 和 imwrite 函数分别用于将图像文件读入 MATLAB 工作空间,以及将图像数据和色图数据一起写入一定格式的图像文件。MATLAB 支持多种图像文件格式,如.bmp、.jpg、.jpeg、.tif 等。

2) image 和 imagesc 函数

这两个函数用于图像显示。为了保证图像的显示效果,一般还应使用 colormap 函数设置图像色图。

【例 6-52】 有一个图像文件 flower.jpg,在图形窗口显示该图像。
MATLAB 程序如下。

```
[x,cmap] = imread('flower.jpg');   %读取图像的数据阵和色图阵
image(x);colormap(cmap);
axisimageoff     %保持宽高比并取消坐标轴
```

运行结果如图 6-24 所示。

图 6-24　例 6-52 的运行结果

2. 动画制作

MATLAB 提供 getframe、moviein 和 movie 函数进行动画制作。

1）getframe 函数

getframe 函数可截取一幅画面信息（称为动画中的一帧），一幅画面信息形成一个很大的列向量。显然，保存 n 幅图面就需一个大矩阵。

2）moviein 函数

moviein(n) 函数用于建立一个足够大的 n 列矩阵。该矩阵用来保存 n 幅画面的数据，以备播放。之所以要事先建立一个大矩阵，是为了提高程序运行速度。

3）movie 函数

movie(m,n) 函数播放由矩阵 m 所定义的画面 n 次，默认时播放一次。

【例 6-53】　绘制 peaks 函数曲面并且将它绕 z 轴旋转。

MATLAB 程序如下。

```
[X,Y,Z] = peaks(30);
surf(X,Y,Z)
axis([- 3,3, - 3,3, - 10,10])
axisoff;
shadinginterp;
colormap(hot);
m = moviein(20);                   %建立一个 20 列大矩阵
fori = 1:20
view(- 37.5 + 24* (i- 1),30)       %改变视点
m(:,i) = getframe;                 %将图形保存到 m 矩阵
end
movie(m,2);                        %播放画面 2 次
```

运行结果如图 6-25 所示。

图 6-25　例 6-53 的运行结果

6.6　数字信号处理常用函数介绍

1. 离散时间信号系统常用函数

1）单位抽样序列（单位冲激）$\delta(n)$

$$\delta(n) = \begin{cases} 1, & n = 0 \\ 0, & n \neq 0 \end{cases}$$

单位抽样序列如图 6-26 所示。

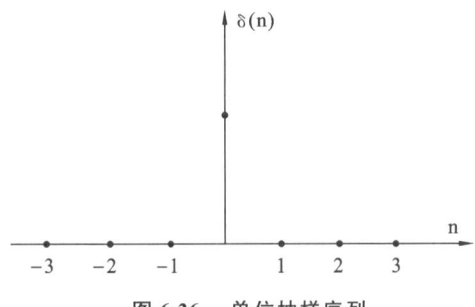

图 6-26　单位抽样序列

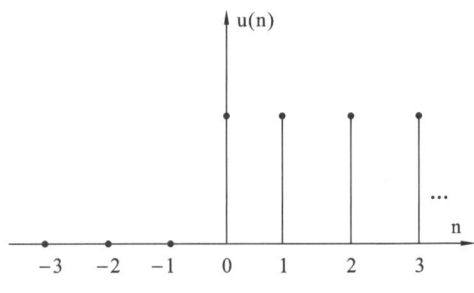

图 6-27　单位阶跃序列

直接实现：$x = zeros(1, N); x(1, n0) = 1;$

函数实现：$function[x, n] = impseq(n0, ns, nf)$

$n = [ns:nf]; x = [(n - n0) == 0];$

2）单位阶跃序列 $u(n)$

$$u(n) = \begin{cases} 1, & n \geqslant 0 \\ 0, & n < 0 \end{cases}$$

单位阶跃序列如图 6-27 所示。

直接实现：$n = [ns:nf]; x = [(n - n0) >= 0];$

函数实现：$function[x, n] = stepsep(n0, ns, nf)$

$n = [ns:nf]; x = [(n - n0) >= 0];$

3）实指数序列

$$x(n) = a^n u(n)$$

实指数序列如图 6-28 所示。

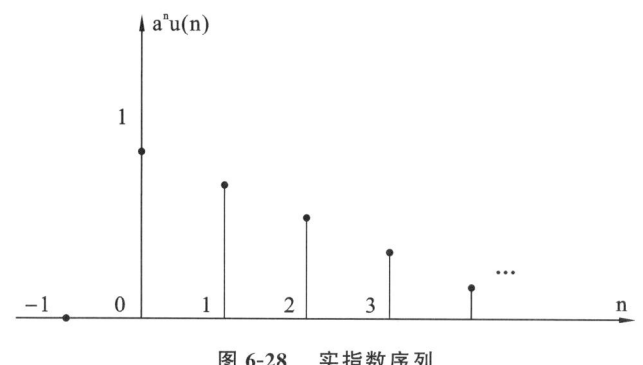

图 6-28　实指数序列

直接实现：$\mathbf{n} = [\mathbf{ns};\mathbf{nf}];\mathbf{x} = \mathbf{a}.\hat{\ }\mathbf{n};$

函数实现：$\mathbf{function}[\mathbf{x},\mathbf{n}] = \mathbf{rexpsep}(\mathbf{a},\mathbf{ns},\mathbf{nf})$

$\qquad\qquad\mathbf{n} = [\mathbf{ns};\mathbf{nf}];\mathbf{x} = \mathbf{a}.\hat{\ }\mathbf{n};$

4）复指数序列

$$x(n) = \mathrm{e}^{(\sigma + j\omega_0)} u(n)$$

直接实现：$\mathbf{n} = [\mathbf{ns};\mathbf{nf}];\mathbf{x} = \mathbf{exp}((\mathbf{sigema} + \mathbf{jw}) * \mathbf{n});$

函数实现：$\mathbf{function}[\mathbf{x},\mathbf{n}] = \mathbf{cexpsep}(\mathbf{sigema},\mathbf{w},\mathbf{ns},\mathbf{nf})$

$\qquad\qquad\mathbf{n} = [\mathbf{ns};\mathbf{nf}];\mathbf{x} = \mathbf{exp}((\mathbf{sigema} + \mathbf{jw}) * \mathbf{n});$

5）正弦型序列

$$x(n) = A \sin(n\omega_0 + \phi)$$

直接实现：$\mathbf{n} = [\mathbf{ns};\mathbf{nf}];\mathbf{x} = \mathbf{A} * \mathbf{sin}(\mathbf{w} * \mathbf{n} + \mathbf{sita});$

函数实现：$\mathbf{function}[\mathbf{x},\mathbf{n}] = \mathbf{sinsep}(\mathbf{w},\mathbf{ns},\mathbf{nf},\mathbf{sita})$

$\qquad\qquad\mathbf{n} = [\mathbf{ns};\mathbf{nf}];\mathbf{x} = \mathbf{A} * \mathbf{sin}(\mathbf{w} * \mathbf{n} + \mathbf{sita});$

2．序列的运算

（1）信号相加：这是一种对应的样本与样本之间的相加。具体表示如下。

$$\{x_1(n)\} + \{x_2(n)\} = \{x_1(n) + x_2(n)\}$$

在 MATLAB 中它可用算数符"+"实现。然而 $x_1(n)$ 和 $x_2(n)$ 的长度必须相等。如果序列长度不等，或者长度虽然相等但采样的位置不同，就不能用运算符"+"了。必须首先给 $x_1(n)$ 和 $x_2(n)$ 以适当的参数使它们有同样的位置向量 n（因而也有同样的长度）。下面用 sigadd 函数演示运算。

```
function[y,n] = sigadd(x1,n1,x2,n2)
% 实现 y(n) = x1(n) + x2(n)
%---------------------
% [y,n] = sigadd(x1,n1,x2,n2)
% y = 在包括 n1 和 n2 的 n 的上求序列
% x1 = 长为 n1 的第一个序列
% x2 = 长为 n2 的第二个序列(n2 不等于 n1)
%
n = min(min(n1),min(n2));max(max(n1),max(n2));% y(n) 的长度
y1 = zeros(1,length(n));y2 = y1;                % 初始化
y1(find((n > = min(n1))&(n < = max(n1)) = = 1)) = x1;% 具有 y(n) 的长度的 x1
y2(find((n > = min(n2))&(n < = max(n2)) = = 1)) = x2% 具有 y(n) 的长度的 x2
y = y1 + y2;                              % 序列相加
```

（2）信号相乘：这是对应采样值之间的相乘（即"点"乘），具体表示如下。

$$\{x_1(n)\} \cdot \{x_2(n)\} = \{x_1(n) + x_2(n)\}$$

在 MATLAB 中，它由数组运算符". *"实现。但它受到"+"运算符的限制。因此必须建立一个新的与 sigadd 相仿的 sigmult 函数。

```
function[y,n] = sigmult(x1,n1,x2,n2)
% 实现 y(n) = x1(n)* x2(n)
%----------------------
% [y,n] = sigadd(x1,n1,x2,n2)
% y = 在包括 n1 和 n2 的 n 上求序列
% x1 = 长为 n1 的第一个序列
% x2 = 长为 n2 的第二个序列(n2 不等于 n1)
%
n = min(min(n1),min(n2)); max(max(n1),max(n2)); %y(n) 的长度
y1 = zeros(1,length(n)); y2 = y1;                    % 初始化
y1(find((n > = min(n1))&(n < = max(n1)) = = 1)) = x1; %具有 y(n) 的长度的 x1
y2(find((n > = min(n2))&(n < = max(n2)) = = 1)) = x2 %具有 y(n) 的长度的 x2
y = y1* y2;                                          %序列相乘
```

（3）倍率：在这个运算中，每个采样值乘以一个常数 a，具体如下。

$$\sigma \mid x(n) \mid = \mid ax(n) \mid$$

在 MATLAB 中可用算数运算符"*"来实现倍率运算。

（4）位移：在这个运算中，$x(n)$ 的每一个样本都移动 k 个周期，移位后的序列 $y(n)$。

$$y(n) = \{x(n-k)\}$$

令 $m = n - k$，因而 $n = m + k$，上述运算变换为如下形式。

$$y(m + k) = \{x(m)\}$$

因为这一运算并不影响向量 **x**。但是向量 **n** 却因为每个元素都加了一个 k 而变化了。这些可在 sigshift 函数中看到。

```
function[y,n] = sigshift(x,m,n0)
% 实现 y(n) = x(n-n0)
% ----------------------
% [y,n] = sigshift(x,m,n0)
%
    n = m+ n0; y = x;
```

（5）折叠：在这个运算中，$x(n)$ 的每个样本都对 $n = 0$ 翻转，得到一个折叠后的序列 $y(n)$。在 MATLAB 中，这一运算对采样值由 fliplr(x) 函数实现，而对采样位置则由 — fliplr(n) 函数得到，这可从函数 sigfold 中看到。

```
function[y,n] = sigshift(x,m,n0)
% 实现 y(n) = x(-n)
% ----------------------
% [y,n] = sigfold(x,m)
%
y = fliplr(x); n = - fliplr(n);
```

（6）样本和：本运算和信号相加运算不同，它把 n_1 和 n_2 之间所有的样本 $x(n)$ 加起来，具

体如下。

$$\sum_{n=n_1}^{n_2} = x(n_1) + \cdots + x(n_2)$$

它由 sum(x(n1:n2)) 函数实现。

（7）样本积：该运算与信号相乘运算不同，它把 n_1 和 n_2 之间所有的样本 $x(n)$ 乘起来，具体如下。

$$\prod_{n_1}^{n_2} x(n) = x(n_1) \times \cdots \times x(n_2)$$

它由 prod(x(n1:n2)) 函数实现。

（8）信号能量：序列 $x(n)$ 的能量由下式给出。

$$E_x = \sum_{-\infty}^{+\infty} x(n)x^k(n) = \sum_{-\infty}^{+\infty} \mid x(n) \mid^2$$

其中，上标 $*$ 表示共轭转置运算。有限长度序列的能量可用以下的 MATLAB 命令求得。

```
Ex = sum(x.* conj(x));          %一种方法
Ex = sum(abs(x).^2);            % 另一种方法
```

（9）信号功率：基本周期为 N 的周期序列的平均功率由下式求得。

$$P_x = \frac{1}{N}\sum_{0}^{N-1} \mid x(n) \mid^2$$

3. 卷积

卷积运算描述一个 LTT 系统的响应。在数字信号处理中它是一个重要的运算，它在信号处理中有很多的用处。如果任意序列是无线长度的就不能用 MATLAB 来直接卷积。MATLAB 提供了一个内部函数 conv 来计算两个有现场序列的卷积。conv 函数假定两个序列都从 $n = 0$ 开始。其调用格式如下。

$$y = conv(x, h)$$

【例 6-54】 将矩形脉冲 $x(n) = u(n) - u(n-10)$ 作为对一个脉冲响应为 $h(n) = (0.9)^n u(n)$ 的 LTI 系统的输入，求输出 $y(n)$。

MATLAB 程序如下。

```
x = [3,11,7,0, - 1,4,2];
h = [2,3,0, - 5,2,1];
y = conv(x,h)
```

运行结果如下。

```
y =
    6  31  47  6  - 51  - 5  41  18  - 22  - 3  8  2
```

将函数 conv 稍加扩展为函数 conv_m，它可以对任意基底的序列卷积。MATLAB 程序如下。

```
function[y,ny] = conv_m(x,nx,h,nh)
% 信号处理的改进卷积程序
%-------------------------------------
% [yny] = conv_m(x,nx,h,nh)
% [yny] = 卷积结果
% [xnx] = 第一个信号
```

```
%  [hnh] = 第二个信号
%
nyb = nx(1) + nh(1);nye = nx(length(x)) + nh(length(h));
ny = [nyb:nye];
y = conv(x,b);
```

4. 差分方程

LTI 离散系统也能用下列形式的线性长系数差分方程来描述。

$$\sum_{k=0}^{N} a_k y(n-y) = \sum_{m=0}^{M} b_k y(n-m), \forall n$$

MATLAB 有一个称为 filter 的子程序，专门用来在给定输入和差分方程系数时求差分方程的数值解。子程序调用的最简单格式如下。

$$\mathbf{y = filter(b,a,x)}$$

其中，$b = [b0,b1,\cdots,bM]$；$a = [a0,a1,\cdots,aN]$；。

【例 6-55】 给出如下差分方程：$y(n) - y(n-1) + 0.9y(n-2) = x(n)$；$\forall n$。

(1) 计算并画出脉冲响应 $h(n)(n = -20,\cdots,100)$。

(2) 计算并画出阶跃响应 $s(n)(n = -20,\cdots,100)$。

(3) 由此 $h(n)$ 规定的系统是否稳定。

MATLAB 程序如下。

(1)
```
b = [1];a = [1,- 1,0,9];
x = impseq(0,- 20,120);n = [- 20;120];
h = filter(b,a,x);
subplot(2,1,1);stem(n,h)
axis([- 20,120,- 1.1,1.1])
title('脉冲响应 ');xlabel('n');ylabel('h(n)')
```

(2)
```
x = stepseq(0,- 20,120);n = [- 20;120];
h = filter(b,a,x);
subplot(2,1,2);stem(n,s)
axis([- 20,120,- 2.5,2.5])
title('阶跃响应 ');xlabel('n');ylabel('s(n)')
```

(3)
```
sum(abs(h))
ans = 14.8785
```

另一种方法利用稳定条件求根函数 roots，MATLAB 程序如下。

```
z = roots(a);
magz = abs(z)
magz = 0.9487
0.9487
```

因为这两个根的模都小于 1，所以系统是稳定系统。

6.7 GUI 图形界面编程描述

6.7.1 GUI 基本概念

用户界面(或接口)是指人与机器(或程序)之间交互作用的工具和方法。例如,键盘、鼠标、跟踪球、话筒都可成为与计算机交换信息的接口。

图形用户界面(graphical user interfaces,GUI)则是由窗口、光标、按键、菜单、文字说明等对象(objects)构成的一个用户界面。用户通过一定的方法(如鼠标或键盘)选择、激活这些图形对象,使计算机产生某种动作或变化,如实现计算、绘图等。

假如用户所从事的数据分析、解方程、计算结果可视工作比较单一,那么一般不会考虑GUI 的制作。但是如果用户想向别人提供应用程序,想进行某种技术、方法的演示,想制作一个供反复使用且操作简单的专用工具,那么图形用户界面也许是最好的选择之一。

MATLAB 为表现其基本功能而设计的演示程序 demo 是使用图形界面的最好范例。MATLAB 的用户,在指令窗中运行 demo 打开那图形界面后,只要用鼠标进行选择和点击,就可浏览那丰富多彩的内容。

1. 控件对象及属性

1) GUI 控件对象类型

控件对象是事件响应的图形界面对象。当某一事件发生时,应用程序会做出响应并执行某些预定的功能子程序。

2) 控件对象的描述

MATLAB 中的控件大致可分为两种:一种为动作控件,鼠标点击这些控件时会产生相应的响应;一种为静态控件,是一种不产生响应的控件,如文本框等。

每种控件都有一些可以设置的参数,用于表现控件的外形、功能及效果,即属性。属性由两部分组成:属性名和属性值,它们必须是成对出现的。下面介绍一些常用的控件。

* 按钮(Push Buttons):用于执行某种预定的功能或操作。
* 开关按钮(Toggle Button):用于产生一个动作并指示一个二进制状态(开或关),当鼠点击它时按钮将下陷,并执行 Callback(回调函数)中指定的内容,再次点击,按钮复原,并再次执行 callback 中的内容。
* 单选框(Radio Button):单个的单选框用于在两种状态之间切换,多个单选框组成一个单选框组时,用户只能在一组状态中选择单一的状态,或称为单选项。
* 复选框(Check Boxes):单个的复选框用来在两种状态之间切换,多个复选框组成一个复选框组时,可使用户在一组状态中作组合式的选择,或称为多选项;
* 文本编辑器(Editable Texts):用于使用键盘输入字符串的值,可以对编辑框中的内容进行编辑、删除和替换等操作。
* 静态文本框(Static Texts):仅仅用于显示单行的说明文字。
* 滚动条(Slider):可输入指定范围的数量值。
* 边框(Frames):用于在图形窗口圈出一块区域。
* 列表框(List Boxes):在其中可以定义一系列可供选择的字符串。
* 弹出式菜单(Popup Menus):用于让用户从一列菜单项中选择一项作为参数输入。
* 坐标轴(Axes):用于显示图形和图像。

3）控件对象的属性

用户可以在创建控件对象时，应设定其属性值，未指定时将使用系统默认值。控件对象属性有两大类：第一类是所有控件对象都具有的公共属性；第二类是控件对象作为图形对象所具有的属性。

（1）控件对象的公共属性。

● Children：取值为空矩阵，因为控件对象没有自己的子对象。

● Parent：取值为某个图形窗口对象的句柄，该句柄表明了控件对象所在的图形窗口。

● Tag：取值为字符串，定义了控件的标识值，在任何程序中都可以通过这个标识值控制该控件对象。

● Type：取值为 uicontrol，表明图形对象的类型。

● UserDate：取值为空矩阵，用于保存与该控件对象相关的重要数据和信息。

● Visible：取值为 no 或 off。

（2）控件对象的基本控制属性。

● BackgroundColor：取值为颜色的预定义字符或 RGB 数值。

● Callback：取值为字符串，可以是某个 M 文件名或一小段 MATLAB 语句，当用户激活某个控件对象时，应用程序就运行该属性定义的子程序。

● Enable：取值为 on（默认值），inactive 和 off。

● Extend：取值为四元素矢量[0,0width,height]，记录控件对象标题字符的位置和尺寸。

● ForegroundColor：取值为颜色的预定义字符或 RGB 数值。

● Max，Min：取值都为数值。

● String：取值为字符串矩阵或数组，定义控件对象标题或选项内容。

● Style：取值可以是 pushbutton，radiobutton，checkbox，edit，text，slider，frame，popupmenu 或 listbox。

● Units：取值可以是 pixels，normalized，inches，centimeters 或 points。

● Value：取值可以是矢量，也可以是数值，其含义及解释依赖于控件对象的类型 C，控件对象的修饰控制属性。

● FontAngle：取值为 normal，italic，oblique。

● FontName：取值为控件标题等字体的字库名。

● FontSize：取值为数值。

● FontWeight：取值为 points，normalized，inches，centimeters 或 pixels。

● HorizontalAligment：取值为 left，right，定义对齐方式 D，控件对象的辅助属性。

● ListboxTop：取值为数量值。

● SliderStop：取值为两元素矢量[minstep，maxstep]，用于 slider 控件。

● Selected：取值为 on 或 off。

● SlectionHoghlight：取值为 on 或 off。

● Callback：管理属性。

● BusyAction：取值为 cancel 或 queue。

● ButtDownFun：取值为字符串，一般为某个 M 文件名或一小段 MATLAB 程序。

● Creatfun：取值为字符串，一般为某个 M 文件名或一小段 MATLAB 程序。

● DeletFun：取值为字符串，一般为某个 M 文件名或一小段 MATLAB 程序。

● HandleVisibility：取值为 on，callback 或 off。

● Interruptible：取值为 on 或 off。

2. GUI 开发环境

MATLAB 提供了一套可视化的创建图形窗口的工具,使用用户界面开发环境可以方便地创建GUI应用程序,它可以根据用户设计的GUI布局,自动生成M文件的框架,用户使用这一框架编制自己的应用程序。

MATLAB 提供了一套可视化的创建图形用户接口(GUI)的工具,包括以下几种。

(1) 布局编辑器(Layout Editor)：在图形窗口中加入和安排对象。布局编辑器是可以启动用户界面的控制面板,上述工具都必须从布局编辑器中访问,用 guide 命令可以启动,或在启动平台窗口中选择 GUIDE 来启动布局编辑器。

(2) 几何排列工具(Alignment Tool)：调整各对象相互之间的几何关系和位置。

(3) 属性编辑器(Property Inspector)：查询并设置属性值。

(4) 对象浏览器(Object Browser)：用于获得当前 MATLAB 图形用户界面程序中所有的全部对象信息和对象的类型,同时显示控件的名称和标识,在控件上双击鼠标可以打开该控件的属性编辑器。

(5) 菜单编辑器(Menu Editor)：建立窗口菜单条的菜单和任何构成布局的弹出菜单。

6.7.2 GUI 层次结构

在 MATLAB 中,GUI 的设计是以 M 文件的编程形式实现的,GUI 的布局代码存储在 M 文件和 MAT 文件中,而在 MATLAB 6 中有了很大的改变,MATLAB 6 将 GUI 的布局代码存储在 FIG 文件中,同时还产生一个 M 文件用于存储调用函数,在 M 文件中不再包含 GUI 的布局代码,在开发应用程序时代码量大大减少。MATLAB 图形界面中的基本元素如图 6-29 所示。

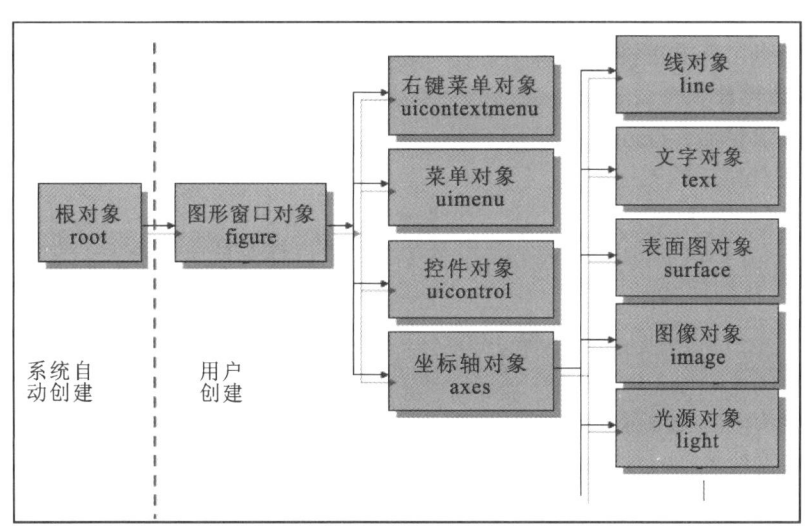

图 6-29 MATLAB 图形界面中基本元素

1. 布局编辑器

布局编辑器(Layout editor)用于从控件选择板上选择控件对象并放置到布局区去,布局区被激活后就成为图形窗口。在命令窗口输入 guide 命令或点击工具栏中的 guide 图标都可以打开空白的布局编辑器,在命令窗口输入 *guide filename* 可以打开一个已存在的名为 filename 图形用户界面。

1）将控件对象放置到布局区

具体操作步骤如下。

（1）用鼠标选择并放置控件到布局区内。

（2）移动控件到适当的位置。

（3）改变控件的大小。

（4）选中多个对象的方法。

2）激活图形窗口

选择【Tools】/【Activate Figure】命令，或点击工具条上的 Activare Figure 按钮，在激活图形窗口的同时将存储 M 文件和 FIG 文件，如果所建立的布局还没有进行存储，用户界面开发环境将弹出一个【Save As】对话框，按输入的文件的名字，存储一对同名的 M 文件和带有.fig 扩展名的 FIG 文件。

3）运行 GUI 程序

在命令窗口直接键入文件名或用 openfig，open 或 hgload 命令运行 GUI 程序。

4）布局编辑器参数设置

选择【File】/【Preferences】命令打开参数设置窗口，点击树状目录中的 GUIDE，即可以设置布局编辑器的参数。

5）布局编辑器的弹出菜单

在任一控件上按下鼠标右键，会弹出一个菜单，通过该菜单可以完成布局编辑器的大部分操作。

2．几何位置排列工具

几何位置排列工具（alignment tool）用于调节各控件对象之间的相对位置。

3．属性编辑器

用属性编辑器设置控件属性（set attributes of controller with property inspector）：在属性编辑器中提供了所有可设置的属性列表并显示出当前的属性。

1）属性编辑器

打开属性编辑器（opening property inspector）有如下三种方法。

● 用工具栏上的图标打开。

● 选择【View】/【Property Inspector】命令。

● 右击，在弹出的【Property Inspector】菜单中选择菜单项。

2）使用属性编辑器

使用属性编辑器（using property inspector）具体操作如下。

（1）布置控件。

（2）定义文本框的属性。

（3）定义坐标系。

（4）定义按钮属性。

（5）定义复选框。

4．菜单编辑器

菜单编辑器（menu editor）包括菜单的设计和编辑，菜单编辑器有八个快捷键，可以利用它们任意添加或删除菜单，可以设置菜单项的属性，包括名称、标识、选择是否显示分隔线、是否在菜单前加上选中标记和调用函数等。

5．对象浏览器

对象浏览器（object browsers）用于浏览当前程序所使用的全部对象信息，可以在对象浏览器中选择一个或多个控件来打开该控件的属性编辑器。

6. GUI 程序设计

GUI 程序设计(GUI program design) 包括图形界面的设计和功能设计两个方面。

6.7.3 利用 GUIDE 创建 GUI

1. 启动 GUI

选择【File】/【New GUI】命令或在命令窗口输入 guide,如图 6-30 所示。

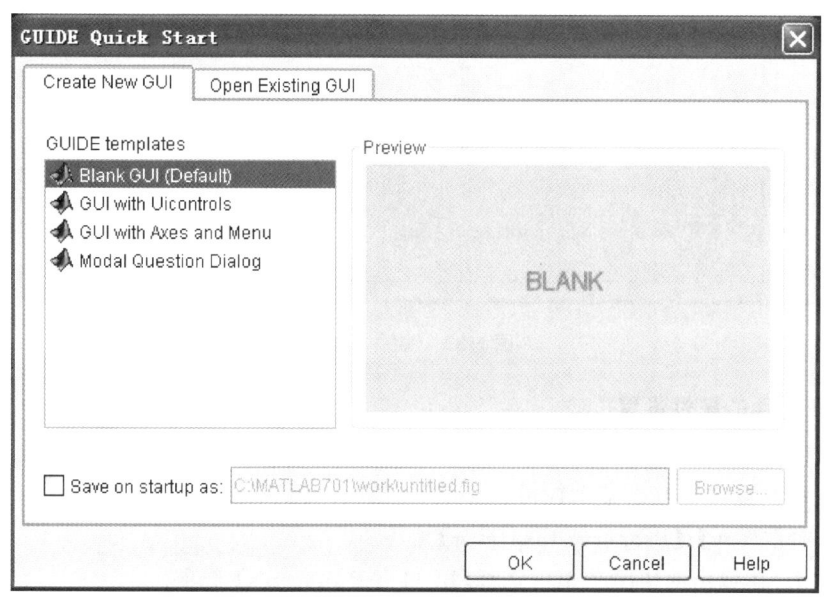

图 6-30　启动 GUI

2. 创建 GUI 对象

当用户在 GUIDE 中打开一个 GUI 时,该 GUI 将显示在 Layout 编辑器中,Layout 编辑器是所有 GUIDE 工具的控制面板,如图 6-31 所示。

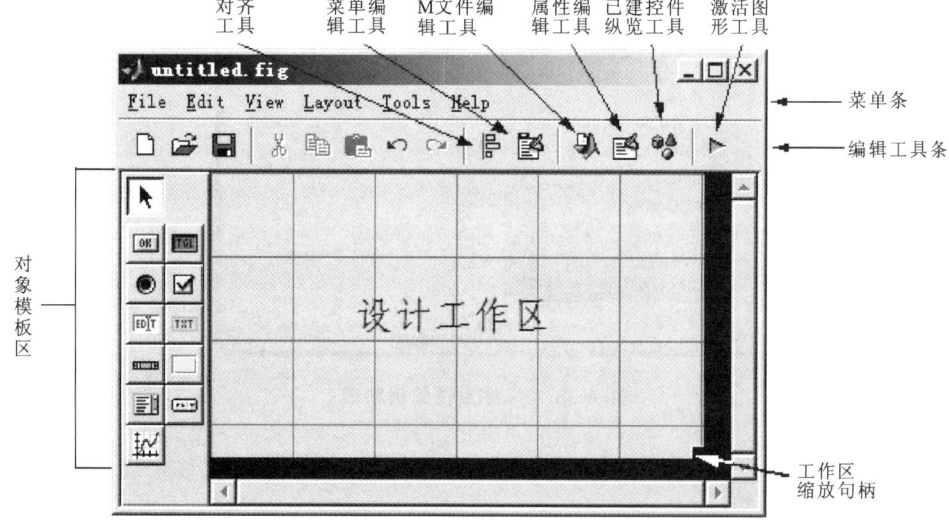

图 6-31　Layout 编辑器

用户可以使用鼠标拖动模板区的控件(如按钮、坐标轴、单选按钮等)到中间的设计工作区域,如图 6-32 所示。

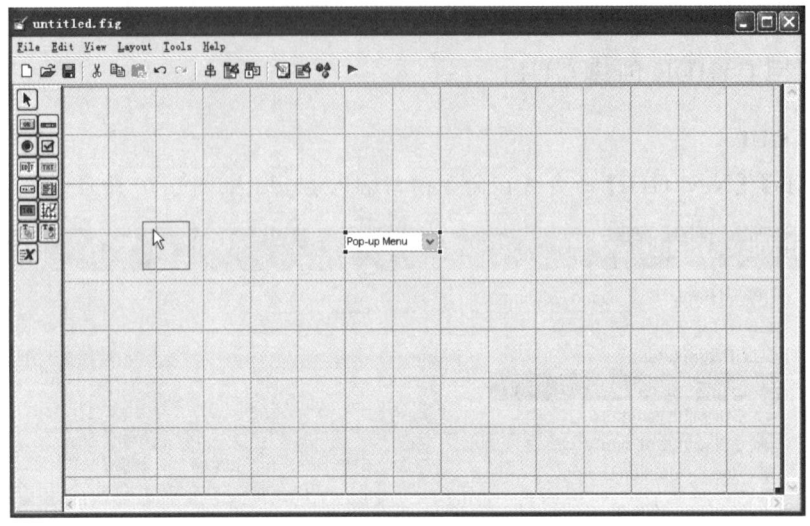

图 6-32　控件编辑

3. GUI 控件的属性设置

用户可以使用如下三种方式打开属性编辑窗口,如图 6-33 所示。

- 在布局窗口中双击某个控件。
- 选择【View】/【Property Inspector】命令。
- 右击,在弹出的快捷菜单中选择【Inspect Properties】选项。

图 6-33　控件属性编辑窗口

4. 主菜单的创建

1) 菜单属性的设置

单击图 6-34 中的菜单标题【Untitled1】,将在菜单编辑器对话框的右侧显示该菜单的属性提供给用户进行编辑，如【Label】、【Tag】、【Accelerator】、【Separator】和【Checked】等属性。

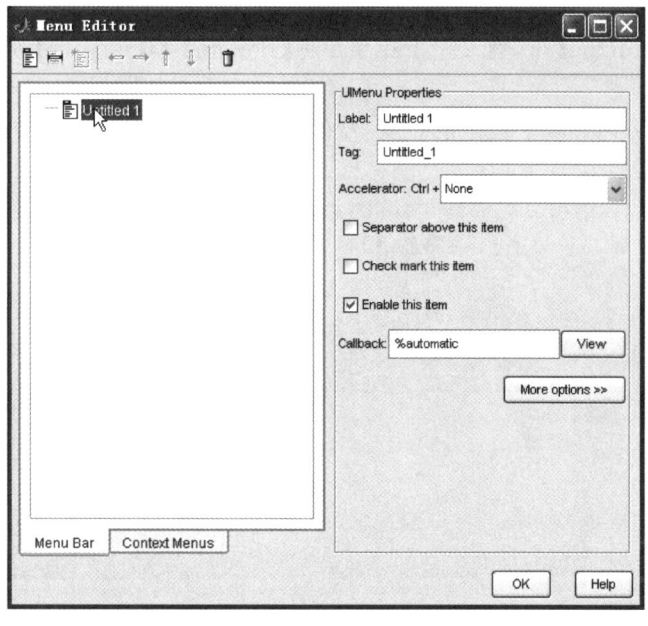

图 6-34　菜单属性设置

2）给菜单增添菜单项

用户可以使用工具栏上的【New Menu Item】图标给当前菜单增添菜单项，如图 6-35所示。

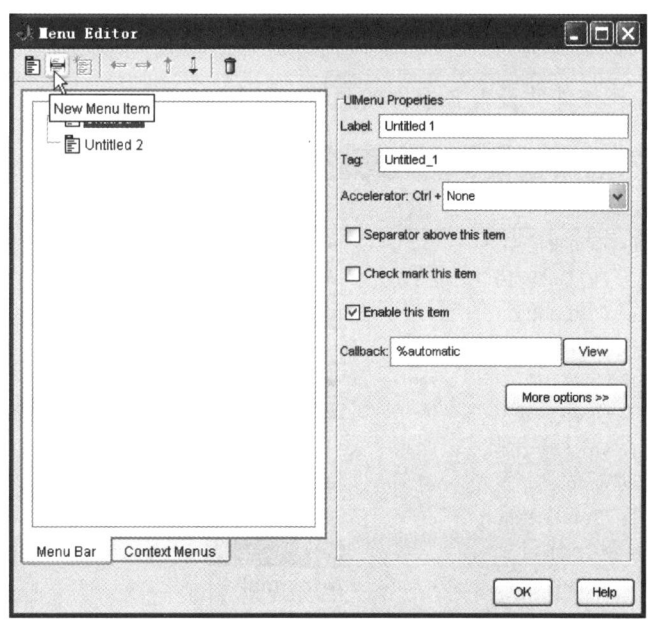

图 6-35　增添菜单项设置

5. 利用 GUIDE 创建 GUI 应用示例

【例 6-56】　使用 guide 来创建一个如图 6-36 所示的图形用户界面。该界面具有如下功能。

（1）在点击【绘图】按钮时，绘制三维曲面图。

（2）在点击【Grid on】或【Grid off】键时，在轴上画出或删除"分格线"；默认时，无分格线。

（3）在菜单【Options】下，有 2 个下拉菜单项【Box on】和【Box off】；默认时为【Box off】状态。

（4）所设计的界面和其上的图形对象、控件对象都按比例缩放。

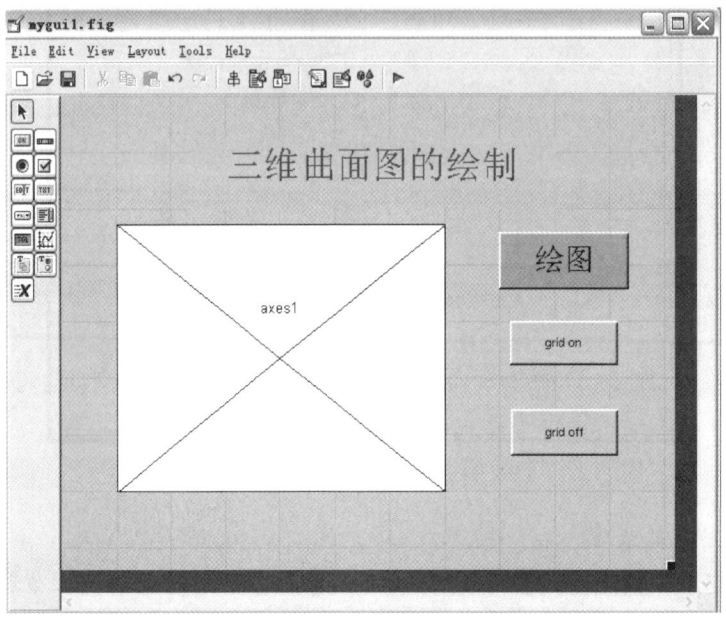

图 6-36　选择控件

具体步骤如下。

- 步骤一：选择控件并设置各控件的属性，如图 6-37 所示。

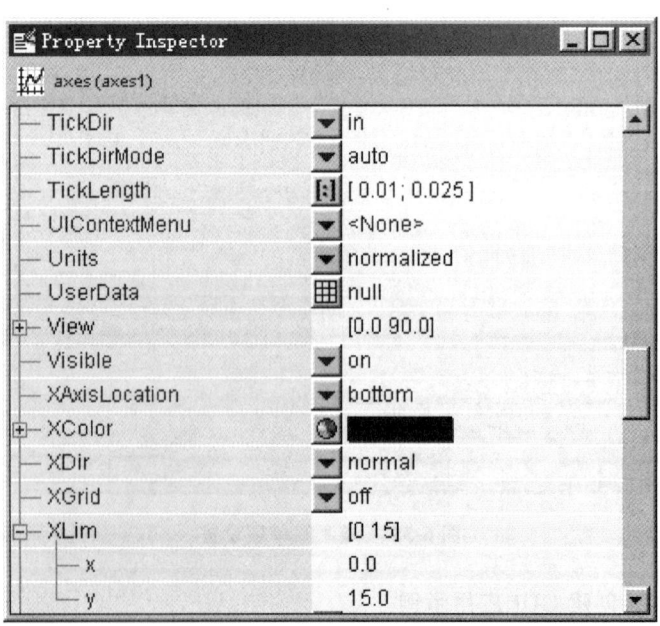

图 6-37　设置各控件的属性

- 步骤二：控件布局，如图 6-38 所示。

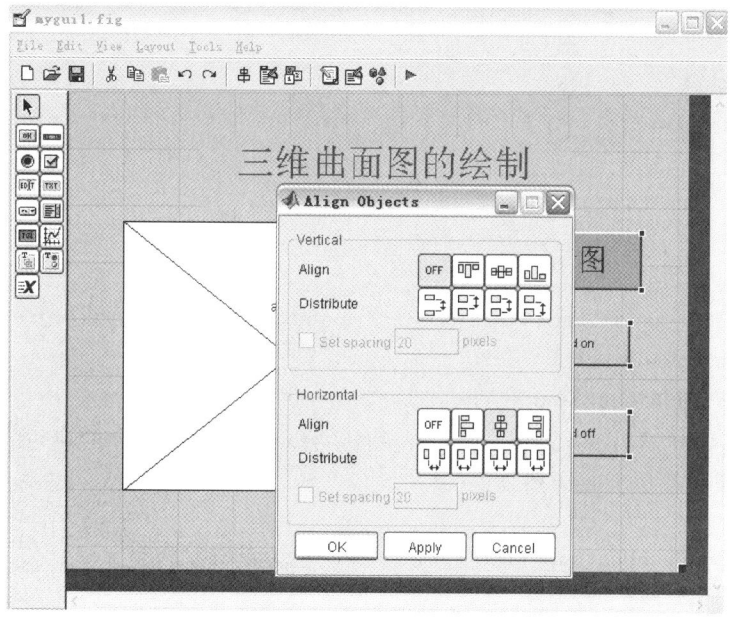

图 6-38 选择控件步骤

- 步骤三：编辑菜单，如图 6-39 所示。

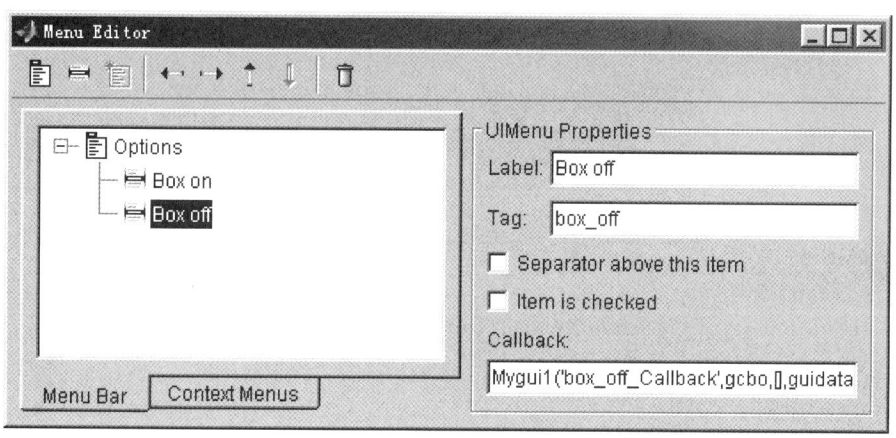

图 6-39 编辑菜单

- 步骤四：回调函数及程序设计。

```
functionvarargout = mygui1(varargin)
gui_Singleton = 1;
gui_State = struct('gui_Name',        mfilename,...
                  'gui_Singleton',  gui_Singleton,...
                  'gui_OpeningFcn',@ mygui1_OpeningFcn,...
                  'gui_OutputFcn',  @ mygui1_OutputFcn,...
                  'gui_LayoutFcn',  [],...
                  'gui_Callback',   []);
```

```
ifnargin&&ischar(varargin{1})
    gui_State.gui_Callback = str2func(varargin{1});
end
ifnargout
    [varargout{1:nargout}] = gui_mainfcn(gui_State,varargin{:});
else
    gui_mainfcn(gui_State,varargin{:});
end

functionmygui1_OpeningFcn(hObject,eventdata,handles,varargin)
handles.output = hObject;
guidata(hObject,handles);
  functionvarargout = mygui1_OutputFcn(hObject,eventdata,handles)
varargout{1} = handles.output;

functionpushbutton1_Callback(hObject,eventdata,handles)
x = - 8:0.5:8;y = x;
[X,Y] = meshgrid(x,y);
R = sqrt(X.^2+ Y.^2)+eps;
Z = sin(R)./R;
surf(X,Y,Z)

functionpushbutton2_Callback(hObject,eventdata,handles)
gridon

functionpushbutton3_Callback(hObject,eventdata,handles)
gridoff

functionbox_on_Callback(hObject,eventdata,handles)
boxon

functionbox_off_Callback(hObject,eventdata,handles)
boxoff

functionoptions_Callback(hObject,eventdata,handles)
```

> **注意**：使用界面设计工具设计 guide 时，保存后即生成其 M 文件，我们只需在相应控件的 Callback 函数下面添加程序行即可。本例只是一个简单的应用，要掌握其高级编程，还需深入学习。

- 步骤五：调试运行，如图 6-40 所示。

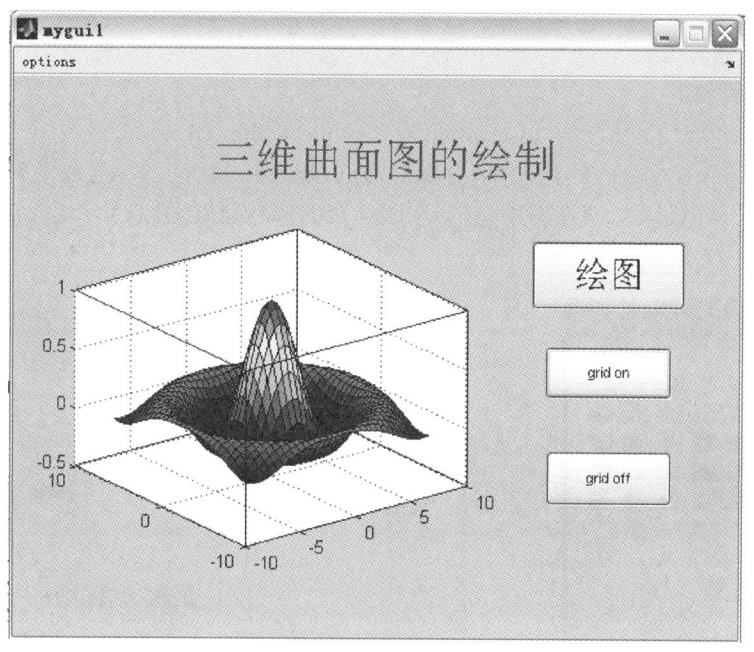

图 6-40　调试运行

6.7.4　利用编程创建 GUI

1. 窗口对象的建立及其属性设定

其调用格式如下。

$$\textbf{handle} = \textbf{figure}(\text{属性 1, 属性值 1, 属性 2, 属性值 2, …})$$

其中, handle 为图形窗口的句柄, matlab 环境允许打开多个窗口, 每个窗口都对应自己的句柄,

通过该句柄可以进一步对窗口的属性等进行操作。各参数介绍如下。

- handle = gcf:获得当窗口的句柄。
- value = get(handle, 属性 1, …):获得属性值。
- value = set(handle, 属性 1, 属性值 1, …):获得属性值。

2. 回调函数(callbackfunction)、响应函数

- CloseRequestFcn:关闭窗口时响应函数。
- KeyPressFcn:键盘按下时响应函数。
- windowButtonDownFcn:鼠标按下时响应函数。
- WindowButtonMotionFcn:鼠标移动时响应函数。
- CreateFcn 和 DeleteFcn:建立和删除对象时响应函数。
- CallBack:对象被选中时响应函数。

3. 标准对话框及其调用

1) 文件名操作函数

uigetfile() 和 uiputfile() 函数:打开一个文件进行读、写的对话框。其调用格式如下。

$$[\textbf{fname, pname}] = \textbf{uigetfile}(\textbf{ffilter, strtitle, x, y})$$

其中, ffilter 为文件名过滤器; strtiltle 为对话框窗口标题栏的显示内容; x、y 为对话框出现的位置,省略则采用默认位置。

2）颜色设置对话框

其调用格式如下。

$$c = uisetcolor；或 c = uisetcolor(c0)；$$

函数返回一个 1×3 的颜色向量,分别对应红、绿、蓝三原色,单击【取消】按钮后返回空的向量；如果给出向量 c0,则在图中指向 c0 所定义的颜色位置,并且单击【取消】按钮时返回 c0 的值,如图 6-41 所示。

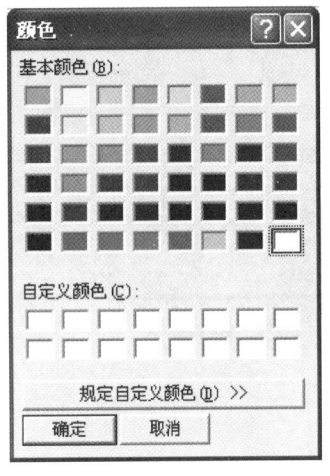

图 6-41　颜色设置对话框

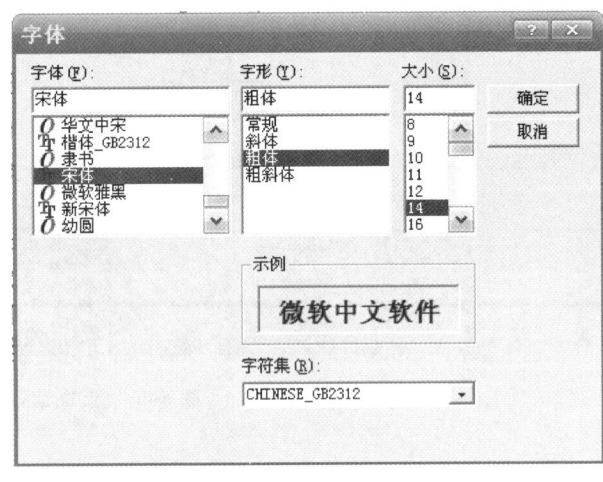

图 6-42　字体设置对话框

3）字体设置对话框

其调用格式如下。

$$h\_Font = uisetfont；　或 h\_Font = uisetfont(h\_Text, strTitle)；$$

其中,h_Font 为字体属性的结构体；h_Text 为要设置的字符句柄,strTitle 为对话框的标题栏内容。如图 6-42 所示为以下例子。

```
s =
    FontName:'宋体'
    FontUnits:'points'
    FontSize:14
    FontWeight:'bold'
    FontAngle:'normal'ontName:'楷体 _GB2312'
```

4）警告与错误信息对话框

warndlg 和 errordlg 函数,二者的显示图标不同。如图 6-43 和图 6-44 所示为以下例子。

```
?h = warndlg({'error:','code1111.'},'Warning')
?h = errordlg({'error:','code1111.'},'Error')
```

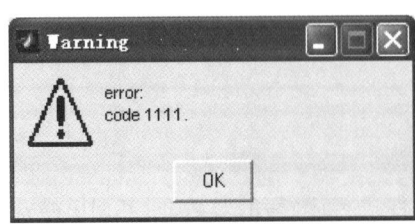

图 6-43　警告信息对话框

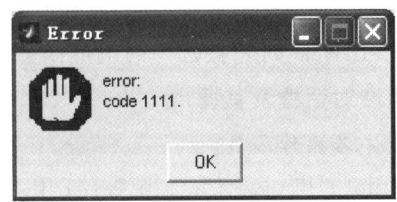

图 6-44　错误信息对话框

5）帮助信息对话框

其与警告、错误信息对话框基本一致，仅仅是图标的不同。如图 6-45 所示为以下例子。

?h = helpdlg({' 帮助信息：',' 帮助信息对话框和警告错误对话框基本一致，只是图标不同!'},' 帮助 ')

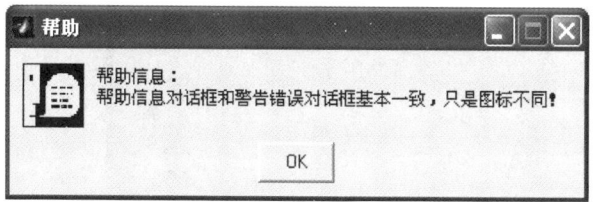

图 6-45　帮助信息对话框

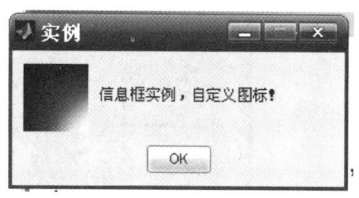

图 6-46 通用信息框

6）通用信息框

其调用格式如下。

msgbox（'显示信息'，'标题'，'图标'）

图标包括：Error、Help、Warn 以及 Custom，如果默认则为 None。如图 6-46 所示为以下例子。

```
> > data = 1:64;data = (data'* data)/64;
> > msgbox(' 信息框实例，自定义图标!',' 实例 ','cumstom',data,hot(64))
```

【例 6-57】　利用编程创建如图 6-47 所示的 GUI 界面。

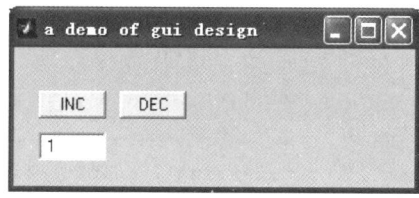

图 6-47　"加一减一"的 GUI 界面

MATLAB 程序如下。

```
h_main = figure('name','ademoofguidesign','menubar','none',…
    'numbertitle','off','position',[100100300100]);
h_edit = uicontrol('style','edit','backgroundcolor',[111],'position',[20205020],...
    'tag','myedit','string','1','horizontalalignment','left');
h_but1 = uicontrol('style','pushbutton','position',[20505020],'string','INC',...
    'callback',['v = eval(get(h_edit,''string''));',...
        'set(h_edit,''string'',int2str(v+1));']);
h_but2 = uicontrol('style','pushbutton','position',[80505020],'string','DEC',...
    'callback',['v=eval(get(h_edit,''string''));','set(h_edit,''string'',int2str(v-1));']);
```

【例 6-58】　利用编程创建如图 6-48 所示的 GUI 绘图界面。

MATLAB 程序如下。

```
functiongui_demo()
% GUI_demoisanotherdemoofGUIdesign.
h_main = figure('units','normalized','position',[0.30.30.50.4],...
    'name','GUIdemostration','numbertitle','off');
h_axis = axes('units','normalized','position',[0.30.150.60.7],...
```

233

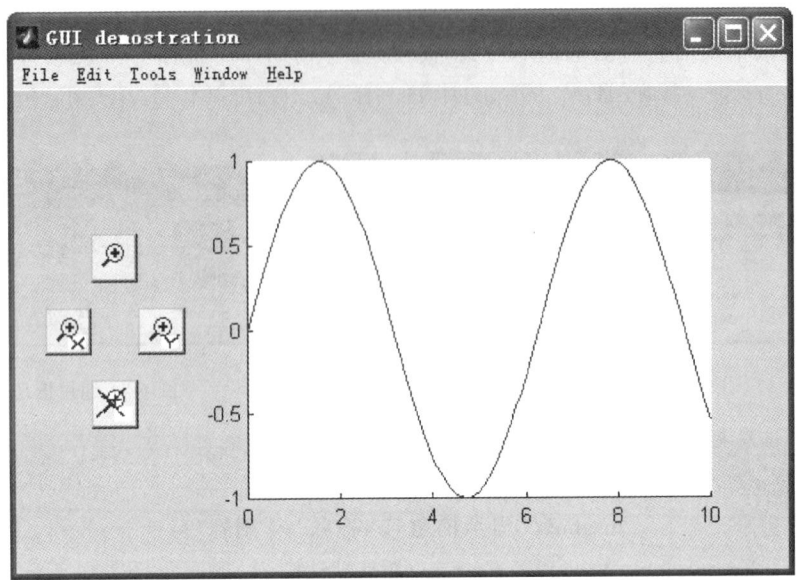

图 6-48　GUI 绘图界面

```
'tag','axplot','xlim',[010],'ylim',[- 11]);
t = 0:0.1:10;y = sin(t);line(t,y);
bmp1 = imread('1.bmp');bmp2 = imread('2.bmp');
bmp3 = imread('3.bmp');bmp4 = imread('4.bmp');
h_1 = uicontrol('style','pushbutton','units','normalized',...
    'position',[0.10.60.060.1],'cdata',bmp1,...
    'callback','zoomon','tooltipstring','Enablezooming');
h_2 = uicontrol('style','pushbutton','units','normalized',...
    'position',[0.040.450.060.1],'cdata',bmp2,...
    'callback','zoomxon','tooltipstring','Enablezoomonx - axisonly');
h_3 = uicontrol('style','pushbutton','units','normalized',...
    'position',[0.160.450.060.1],'cdata',bmp3,...
    'callback','zoomyon','tooltipstring','Enablezoomony - axisonly');
h_4 = uicontrol('style','pushbutton','units','normalized',...
    'position',[0.10.30.060.1],'cdata',bmp4,...
    'callback','zoomoff','tooltipstring','Disablezooming');
```

3. 菜单系统编程设计

1）菜单系统的生成

其调用格式如下。

> 菜单项句柄 = uimenu(窗口句柄,属性 1,属性值 1,属性 2,属性值 2,…)
>
> 子菜单句柄 = uimenu(菜单项句柄,属性 1,属性值 1,…)

2）属性

其各项属性如下。

- 菜单条名称：label。

- 回调函数：callback。

- 热键名称：accelerator。

- 背景颜色:backgroundcolor。
- 前景颜色:foregroundcolor。
- 选中状态:checked。
- 使能状态:enabled。
- 菜单条位置:position。
- 分隔符:separator。

【例 6-59】 接例 6-58,完成菜单设计,如图 6-49 所示。

```
ctxmenu = uicontextmenu;
set(gcf,'uicontextmenu',ctxmenu);
uimenu(ctxmenu,'label','zoomon','callback','zoomon');
uimenu(ctxmenu,'label','x-axiszoomon','callback','zoomxon');
uimenu(ctxmenu,'label','y-axiszoomon','callback','zoomyon');
uimenu(ctxmenu,'label','zoomoff','callback','zoomoff');
uimenu(ctxmenu,'label','checked','checked','on','separator','on');
uimenu(ctxmenu,'label','disabled','enable','off');
```

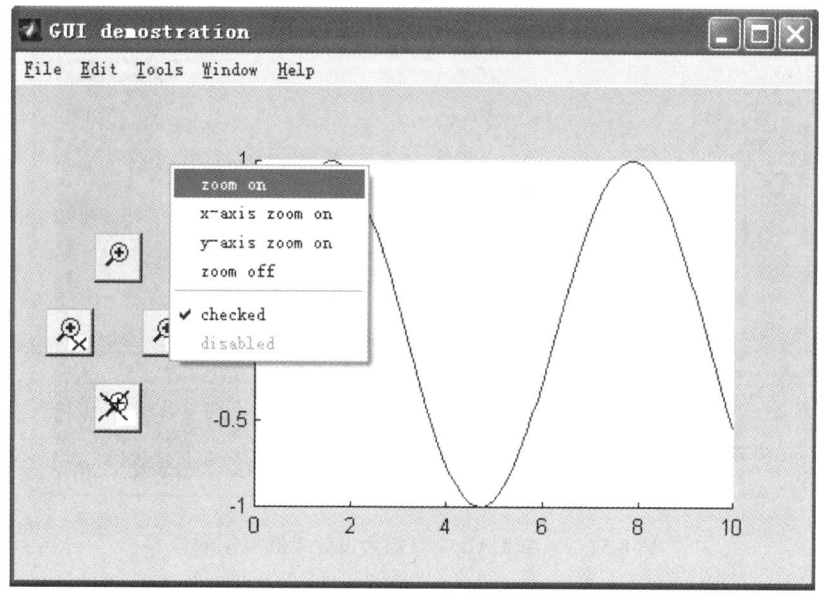

图 6-49 菜单设计

6.7.5 MATLAB GUI 综合设计实例

下面通过一个实例来体会 MATLAB GUI 综合设计。

【例 6-60】 利用 GUI 工具箱设计一个界面使其满足如下的功能。

（1）在编辑框中,可输入表示阻尼比的标量或"行数组"数值,并在按【Enter】键后,在轴上画出相应的蓝色曲线(坐标范围:X 轴[0,15],Y 轴[0,2])。

（2）在点击【Grid on】或【Grid off】键时,在轴上画出或删除"分格线";默认时无分格线。

（3）在菜单【Options】下,有 2 个下拉菜单【Box on】和【Box off】;默认时为【Box off】状态。

（4）所设计的界面和其上的图形对象、控件对象都按比例缩放。界面的最终效果如图 6-50 所示。

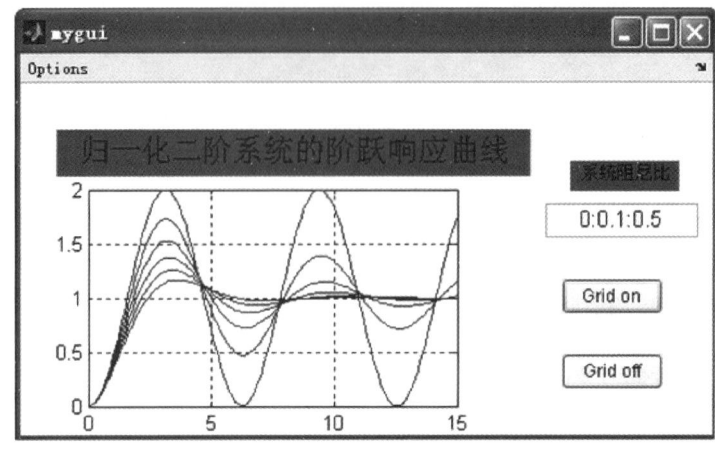

图 6-50   MATLAB GUI 综合设计实例

步骤一:启动 GUI 工具箱以后,布置如图 6-51 所示的界面。

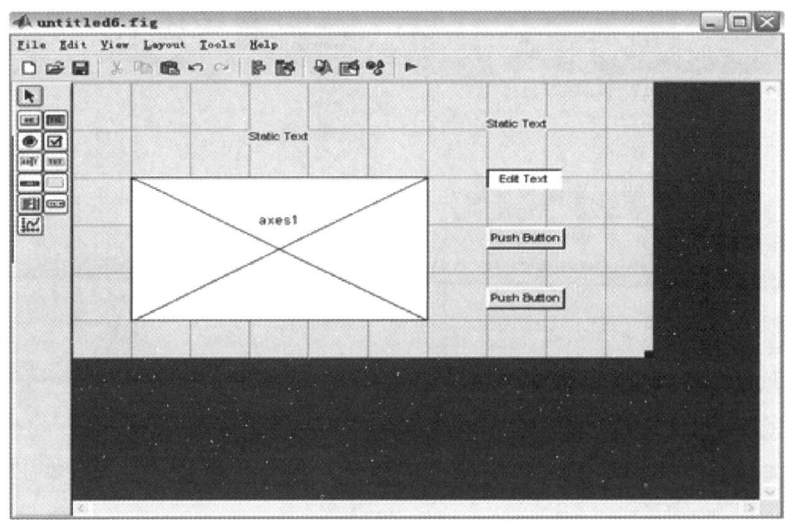

图 6-51   MATLAB GUI 综合设计实例控件布局

上述界面包含一个坐标轴控件、两个静态文本框控件、一个可编辑文本框、两个按钮控件。

步骤二:对各控件进行属性设置。

① 双击工作区或控件可弹出图形窗和相应控件的属性编辑框(property inspector)。在图形窗的属性编辑框中,设置如下属性值。

Name	Myguil	%图形窗的名称
Resize	on	%图形窗可以缩放
Tag	figurel	%生成 handles.figure1 域存放图形窗句柄

② 在轴属性编辑框中,设置如下属性值。

Units	normalized	%采用相对度量单位,缩放时保持比例
Box	off	%坐标轴不封闭
Tag	axes1	%生成 handles.axes1 域存放轴句柄 n
XLim	[0,15]	%X 轴范围
YLim	[0,2]	%Y 轴范围

③ 在图形区上方的静态文本的属性编辑框中,设置如下属性值。

```
Fontsize        0.696              %字体大小
FontUnits    normalized            %采用相对度量单位,缩放时保持字体比例
nString    归一化二阶系统的阶跃响应曲线     %显示在界面上的字符
Tag          title_text            %生成 handles.title_text 域存放静态文本句柄
HorizontalAlignment    Center      %文字中心对齐
Units            normalized        %采用相对度量单位,缩放时保持该区比例
```

④ 在可编辑文本上方的静态文本的属性编辑框中,设置如下属性值。

```
Fontsize        0.351              %字体大小
FontUnits    normalized            %采用相对度量单位,缩放时保持字体比例
nHorizontalAlignment    Center     %文字中心对齐
String 系统阻尼比                    %显示在界面上的字符
Tag          edit_text             %生成 handles.edit_text 域存放静态文本句柄
Units            normalized        %采用相对度量单位,缩放时保持该区比例
```

⑤ 在可编辑文本的属性编辑框中,设置如下属性值。

```
Fontsize        0.626              %字体大小
FontUnits    normalized            %采用相对度量单位,缩放时保持字体比例
HorizontalAlignment  Center        %文字中心对齐
String                             %在界面上显示为空白
Tag  zeta_edit                     %生成 handles.zeta_edit 域存放弹出式选单句柄
Units  normalized                  %采用相对度量单位,缩放时保持该区比例
```

⑥ 在上按键的属性编辑框中,设置如下属性值。

```
Fontsize        0.485              %字体大小
FontUnits    normalized            %采用相对度量单位,缩放时保持字体比例
HorizontalAlignment  Center        %文字中心对齐
String    Gridon                   %在按键上显示 Gridon
Tag    GridOn_push                 %生成 handles.GridOn_push 域存放该键句柄柄
Units    normalized                %采用相对度量单位,缩放时保持该键比例
```

⑦ 在下按键的属性编辑框中,设置如下属性值。

```
Fontsize        0.485              %字体大小
FontUnits    normalized            %采用相对度量单位,缩放时保持字体比例
nHorizontalAlignment    Center     %文字中心对齐
String        Gridoff              %在按键上显示 Gridoff
Tag        GridOff_push            %生成 handles.GridOff_push 域存放该键句柄
nUnits        normalized           %采用相对度量单位,缩放时保持该键比例
```

至此对控件属性的设置基本结束,得到如图 6-52 所示的界面。

步骤三:创建菜单。

点击【菜单编辑器】图标,弹出空白菜单编辑对话框,再点击该对话窗最左上方的【新菜单(New Menu)】图标,在左侧空白窗口中,出现【Untitled1】图标;点击此图标,则在右侧【Lable】中填写【Options】,在【Tag】中填写【Options】,于是左侧的【Untitled1】图标变成【Options】图标,表示此菜单已生成。先点击左侧的【Options】图标,再点击菜单编辑对话框上的【新菜单项(New Menu Item)】图标,就弹出等待定义的菜单项;在右侧的【Label】中填写【Box on】,在【Tag】中填写【box_on】;重复该操作,建立另一个菜单项【Box off】。如图 6-53所示。

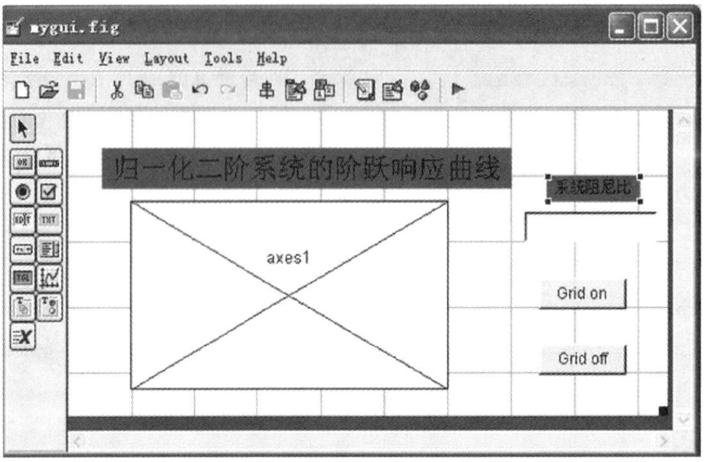

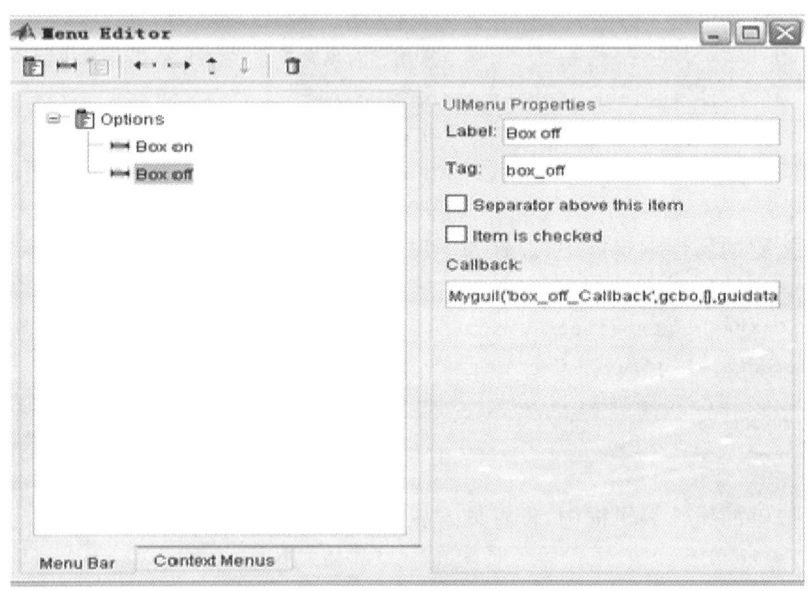

图 6-52 控件属性的设置

图 6-53 创建菜单

注意:菜单编辑对话窗上的"Callback"不要填写,由计算机自动生成。

步骤四:界面的激活与回调函数的生成。

点击工作台上的【运行界面】的工具图标,会弹出一个询问对话框,当按提示对以上的设计进行存储以后,就会弹出 2 个界面:名为【Mygui1】的待激活的图形用户界面;名为【Mygui1】的待填写回调指令的 M 函数文件的文件编辑器界面。同时,在当前目录或给定目录上,由 MATLAB 自动生成了 2 个文件,即【Mygui1.fig】和【Mygui1.m】。

① 在 Mygui1.m 文件中,填写如下的回调指令。

```
functionvarargout = zeta_edit_Callback(hObject,eventdata,handles,varargin)
z = str2num(get(handles.zeta_edit,String))%从编辑框中获取 zeta 数据 t = 0:0.1:15;
                    %设置时间采样数组组

cla                             %clearcurrentaxis
fork = 1:length(z)
y(:,k) = step(1,[1,2* z(k),1],t);          %计算阶跃输出
line(t,y(:,k));                 %绘制曲线
end
```

② 对 Gridon 与 Gridoff 控件的回调函数的编写如下。

```
Functionvarargout = GridOn_push_Callback(hObject,eventdata,handles,varargin)
gridon
functionvarargout = GridOff_push_Callback(hObject,eventdata,handles,varargin)
gridoff
```

③ 对 box_on 与 box_off 回调函数的编写如下。

```
functionvarargout = box_on_Callback(hObject,eventdata,handles,varargin)
boxon                   %配合菜单 Boxon 的操作指令
set(handles.box_on,enable,off)    %使菜单项 Boxon 失能
set(handles.box_off,enable,on)    %使菜单项 Boxoff 使能


functionvarargout = box_off_Callback(hObject,eventdata,handles,varargin)
boxoff
%配合菜单 Boxoff 的操作指令
set(handles.box_off,enable,off)    %使菜单项 Boxoff 失能
set(handles.box_on,enable,on)      %使菜单项 Boxon 使能
```

经过以上几个步骤生成的图形用户界面已经可以使用了,只要 Myguil.m 和 Myguil. fig 在当前目录或在 MATLAB 搜索路径上,那么在指令窗运行 Myguil 就能使用该界面,如图 6-54 所示。

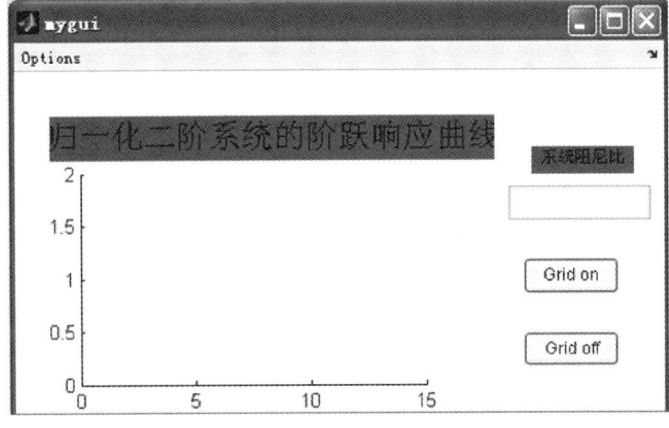

图 6-54 Myguil 的图形用户界面

输入阻尼比后,显示如图 6-55 所示。

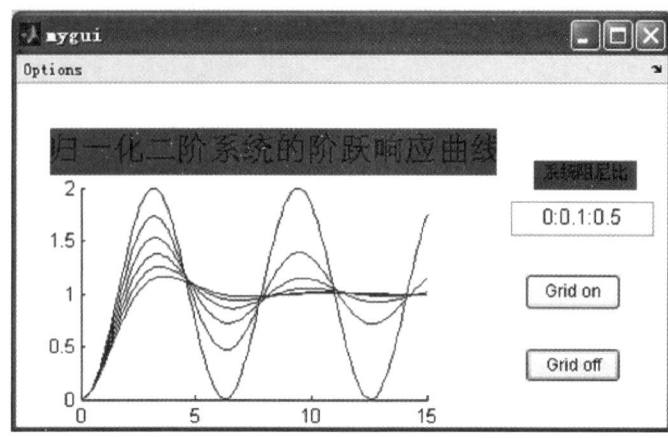

图 6-55　输入阻尼比后运行界面

　　点击【Grid on】按钮后弹出的界面如图 6-56 所示,点击【Grid off】按钮后弹出的界面如图 6-55 所示。

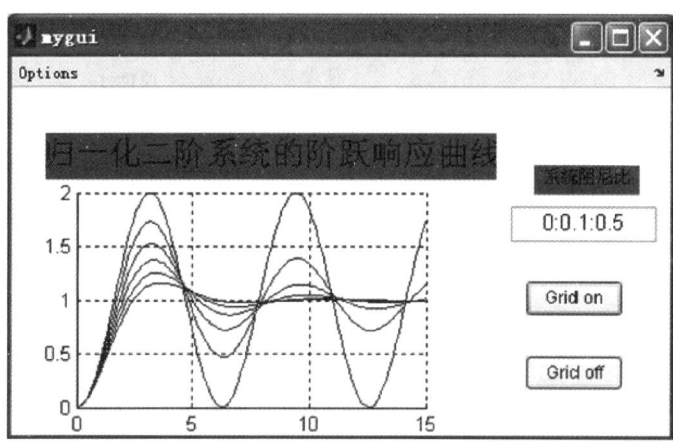

图 6-56　点击【Grid on】后的界面

本 章 小 结

　　本章简单介绍了 MATLAB 程序设计语言的基本知识及数字信号处理中的常用MATLAB 函数。利用 MATLAB 程序设计语言可以进行简单的数字信号处理。

习题及上机练习 6

　　1. 与其他计算机语言相比较,MATLAB 语言突出的特点是什么?

　　2. MATLAB 系统由哪些部分组成?

　　3. MATLAB 操作桌面有几个窗口?如何使某个窗口脱离桌面成为独立窗口?又如何将脱离出去的窗口重新放置到桌面上?

　　4. 存储在工作空间中的数组能编辑吗?如何操作?

5. 如何设置当前目录和搜索路径,在当前目录上的文件和在搜索路径上的文件有什么区别?

6. 在 MATLAB 中有几种获得帮助的途径?

7. 不同的方法建立数组 $A = \begin{bmatrix} 1 & 1.5 & 2.0 & 2.5 & 3.0 \end{bmatrix}$,了解怎样访问数组 A 的第二个元素,然后将其更换为 4.0。

8. 已知矩阵 $B = \begin{bmatrix} 1 & 2 & 5 \\ 0 & 7 & 2 \\ 6 & 3 & 1 \end{bmatrix}$,试用 MATLAB 提供的关系运算命令将 B 中所有大于 2 的元素全改为 0。

9. 矩阵 $A = \begin{bmatrix} 1 & 2 & 3 \\ 4 & 5 & 6 \\ 7 & 8 & 9 \end{bmatrix}$,试求矩阵 A 的左右翻转矩阵、上下翻转矩阵,然后在工作空间中利用 size 命令查看矩阵 A 的大小。

10. 计算 $a = \begin{bmatrix} 6 & 9 & 3 \\ 2 & 7 & 5 \end{bmatrix}$ 与 $b = \begin{bmatrix} 2 & 4 & 1 \\ 4 & 6 & 8 \end{bmatrix}$ 的数组乘积。

11. 由 $AX = B$,如果 $A = \begin{bmatrix} 4 & 9 & 2 \\ 7 & 6 & 4 \\ 2 & 4 & 7 \end{bmatrix}$,$B = \begin{bmatrix} 37 \\ 26 \\ 28 \end{bmatrix}$,求解 X。

12. $a = \begin{bmatrix} 1 & 2 & 3 \\ 4 & 5 & 6 \\ 7 & 8 & 9 \end{bmatrix}$,分别计算 a 的数组平方和矩阵平方,并观察其结果。

13. 求 x 的正弦、余弦、正切和余切。

14. $a = \begin{bmatrix} 4 & 2 \\ 5 & 7 \end{bmatrix}$,$b = \begin{bmatrix} 7 & 1 \\ 8 & 3 \end{bmatrix}$ 和 $c = \begin{bmatrix} 5 & 9 \\ 6 & 2 \end{bmatrix}$ 组合成两个新矩阵。

15. 将 $(x-6)(x-3)(x-8)$ 展开为系数多项式的形式。

16. 求解多项式 $x^3 - 7x^2 + 2x + 40$ 的根。

17. 求解在 $x = 8$ 时多项式 $(x-1)(x-2)(x-3)(x-4)$ 的值。

18. 计算多项式 $(x-1)(x-2)(x-3)(x-4)$ 的微分和积分。

19. 解方程组 $\begin{bmatrix} 2 & 9 & 0 \\ 3 & 4 & 11 \\ 2 & 2 & 6 \end{bmatrix} x = \begin{bmatrix} 13 \\ 6 \\ 6 \end{bmatrix}$。

20. 已知矩阵 $a = \begin{bmatrix} 4 & 2 & -6 \\ 7 & 5 & 4 \\ 3 & 4 & 9 \end{bmatrix}$,计算 a 的行列式和逆矩阵。

21. $y = \sin x$,x 从 0 到 2π,$\Delta x = 0.02\pi$,求 y 的最大值、最小值、均值和标准差。

22. 求矩阵 $A = \begin{bmatrix} a_{11} & a_{12} \\ a_{21} & a_{22} \end{bmatrix}$ 的行列式值、逆和特征根。

23. 对下列多项式进行因式分解:$x^4 - 5x^3 + 5x^2 + 5x - 6$。

24. 已知 $f = \begin{bmatrix} a & x^2 & \dfrac{1}{x} \\ e^{ax} & \lg x & \sin x \end{bmatrix}$,用符号微分求 df/dx(应用 syms 函数,diff 函数)。

25. 编制一个函数,使得该函数能对输入的两个数值进行比较,并返回其中的最小值。

26. 编制一个 m 程序,计算阶乘 $n! = 1 \times 2 \times 3 \times \cdots \times n$。

27. 编程计算 $k = \sum\limits_{i=0}^{63} 2^i$。

28. 用 subplot 命令在同一图形输出窗口中绘制以下 4 个函数的图形：$y = x, x \in [0, 3]$；$y = x\sin x, x \in [-1, 1]$；$y = x^2, x \in [0, 1.5]$；$y = \tan x, x \in [0, 1.3]$。

29. 画出衰减振荡曲线 $y = \mathrm{e}^{-\frac{t}{3}}\sin 3t$ 及其包络线 $y_0 = \mathrm{e}^{-\frac{t}{3}}$，$t$ 的取值范围是 $[0, 4\pi]$。

30. 画出 $z = \dfrac{\sin\sqrt{x^2 + y^2}}{\sqrt{x^2 + y^2}}$ 所表示的三维曲面。x, y 的取值范围是 $[-8, 8]$。

31. 在 $[0, 2\pi]$ 范围内绘制二维曲线图 $y = \sin x\cos 5x$。

32. 用 MATLAB 计算序列 $\{-2, 0, 1, -1, 3\}$ 和序列 $\{1, 2, 0, -1\}$ 的离散卷积。

33. 对连续的单一频率周期信号，按采样频率 $f_s = 8f_a$ 采样，截取长度 N 分别选 $N = 20$ 和 $N = 16$，观察其 DFT 结果的幅度谱。

34. 设采样周期 $T = 250\mu s$（采样频率 $f_s = 4\mathrm{kHz}$），用脉冲响应不变法和双线性变换法设计一个三阶巴特沃思滤波器，其 3dB 边界频率为 $f_c = 1\mathrm{kHz}$。

35. 设计一个数字高通滤波器，它的通带为 $400 \sim 500\ \mathrm{Hz}$，通带内容许有 $0.5\mathrm{dB}$ 的波动，阻带内衰减在小于 $317\ \mathrm{Hz}$ 的频带内至少为 $19\mathrm{dB}$，采样频率为 $1\,000\ \mathrm{Hz}$。

36. 设计一个巴特沃思带通滤波器，其 3dB 边界频率分别为 $f_2 = 110\mathrm{kHz}$ 和 $f_1 = 90\mathrm{kHz}$，在阻带 $f_3 = 120\mathrm{kHz}$ 处的最小衰减大于 $10\mathrm{dB}$，采样频率 $f_s = 400\mathrm{kHz}$。

37. 用凯泽窗设计一个 FIR 低通滤波器，低通边界频率 $\omega_c = 0.3\pi$，阻带边界频率 $\omega_r = 0.3\pi$，阻带衰减 A_t 不小于 $50\mathrm{dB}$。

38. 绘制一条 S_a 曲线，创建一个与之相联系的现场菜单，用以控制 S_a 曲线的颜色，如图 6-57 所示。

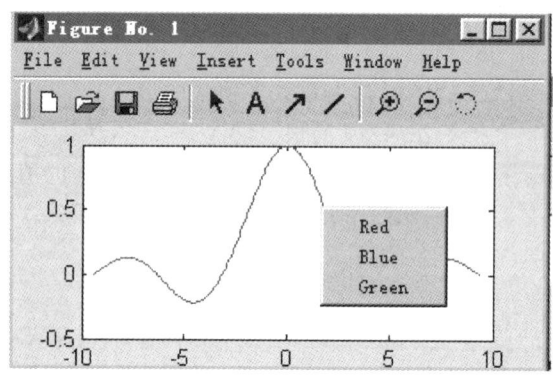

图 6-57   题 38 图

39. 制作一个能绘制任意图形的交互界面。它包括：可编辑文本框、弹出框、列表框。本例的关键内容是：如何使编辑框允许输入多行指令。如图 6-58 所示。

图 6-58   题 39 图

参 考 文 献

[1] 程佩青. 数字信号处理教程[M]. 4 版. 北京：清华大学出版社，2013.

[2] 赵春晖，陈立伟，马惠珠等. 数字信号处理[M]. 2 版. 北京：电子工业出版社，2011.

[3] A. V. 奥本海姆，R. W. 谢弗，J. R. 巴克. 离散时间信号处理 [M]. 刘树棠，黄建国译. 2 版. 西安：西安交通大学出版社，2001.

[4] 陈怀琛. 数字信号处理教程 ——MATLAB 释义与实现[M]. 3 版. 北京：电子工业出版社，2013.

[5] 王艳芬，王刚，张晓光等. 数字信号处理原理及实现[M]. 北京：清华大学的出版社，2008.

[6] 万永革. 数字信号处理的 MATLAB 实现[M]. 2 版. 北京：科学出版社，2012.

[7] 王华奎，张立毅. 数字信号处理及应用[M]. 北京：高等教育出版社，2004.

[8] 高西全，丁玉美. 数字信号处理[M]. 3 版. 西安：西安电子科技大学出版社，2008.

[9] 张立材，王民，高有堂. 数字信号处理 —— 原理、实现及应用[M]. 北京：北京邮电大学出版社，2011.

[10] 丛玉良，王宏志. 数字信号处理原理及其 MATLAB 实现[M]. 2 版. 北京：电子工业出版社，2009.

[11] 唐向宏，孙闽红. 数字信号处理原理 —— 原理、实现与仿真[M]. 2 版. 北京：高等教育出版社，2012.

[12] 刘兴钊，李力利. 数字信号处理原理[M]. 北京：电子工业出版社，2010.

[13] 楼顺天，刘小东，李博菡. 基于 MATLAB 7. x 的系统分析与设计 —— 信号处理[M]. 2 版. 西安：西安电子科技大学出版社，2005.

[14] 刘泉，阚大顺，郭志强. 数字信号处理原理与实现[M]. 2 版. 北京：电子工业出版社，2009.

[15] 赵春晖，乔玉龙，崔颖. 数字信号处理学习指导及实验[M]. 北京：电子工业出版社，2008.